U0282073

一本书读懂ESG

安永ESG课题组 

A Path Guide to ESG

机械工业出版社
CHINA MACHINE PRESS

当前，ESG（环境、社会、治理）作为一种价值理念，高度契合新发展理念，它已成为企业高质量发展的助推器。本书介绍了ESG的内涵、ESG政策发展、ESG评级与标准及企业未来发展面临的ESG方面的机遇与挑战，从战略规划、治理架构到风险管理、科技创新，从人才培养、负责任投资到报告披露、行业实践，描绘了一幅企业ESG行动路线图，以帮助读者了解ESG相关知识及发展趋势，推动企业以ESG为抓手实现绿色可持续发展。

图书在版编目（CIP）数据

一本书读懂ESG / 安永ESG课题组著．—北京：机械工业出版社，2024.3（2024.11重印）

ISBN 978-7-111-75390-2

Ⅰ.①一…　Ⅱ.①安…　Ⅲ.①企业环境管理－研究　Ⅳ.① X322

中国国家版本馆CIP数据核字（2024）第058085号

机械工业出版社（北京市百万庄大街22号　邮政编码100037）
策划编辑：秦　诗　　　　　　责任编辑：秦　诗　岳晓月
责任校对：郑　雪　牟丽英　　责任印制：常天培
北京机工印刷厂有限公司印刷
2024年11月第1版第4次印刷
170mm×230mm・19.75印张・1插页・239千字
标准书号：ISBN 978-7-111-75390-2
定价：79.00元

电话服务　　　　　　　　　　网络服务
客服电话：010-88361066　　机　工　官　网：www.cmpbook.com
　　　　　010-88379833　　机　工　官　博：weibo.com/cmp1952
　　　　　010-68326294　　金　　书　　网：www.golden-book.com
封底无防伪标均为盗版　　机工教育服务网：www.cmpedu.com

推荐语

ESG既是企业的使命也是企业可持续发展的根基，本书解读了ESG的战略意义、治理架构、科技创新、人才培养、投资方向、信息披露和评价标准等。这本书结合中国国情，以翔实的案例展示了企业建立完善的ESG管理体系和提升ESG管理水平的成功之路。

——邬贺铨　中国工程院院士、中国互联网协会专家咨询委员会主任

党的二十大报告指出，中国式现代化是人与自然和谐共生的现代化。ESG理念与中国式现代化本质要求高度契合。ESG将创新、协调、绿色、开放、共享的新发展理念，有机统一于中国式现代化建设实践中，践行ESG是推动高质量发展的应有之义。全书分析框架严谨全面，是帮助全民了解和实现ESG的很好的研究学习手册。只有越来越多的人投入其中并坚定地行动起来，我们的世界才有可能获得持续发展，变得越来越好。

——王战　上海市社会科学界联合会主席、
中国经济体制改革研究会副会长、中国国际经济交流中心常务理事

国务院国资委高度重视ESG工作，明确提出要“抓好中央企业社会责任体系构建工作，指导推动企业积极践行ESG理念，主动适应、

引领国际规则标准制定，更好推动可持续发展”，释放出积极推进企业ESG体系建设的明确信号，也标志着迈入ESG“中国话语”的新阶段。这本书将带你全面了解ESG在现代社会存在的原因和意义，从中国视角探讨重要的ESG议题。

——焦捷　清华大学五道口金融学院教授、清华大学经济管理学院教授、清华大学国有资产管理研究院院长、清华大学经济管理学院中国产业发展研究中心主任

绿色低碳可持续发展已成为时代主题。技术进步和产业进步带来成本下降，可持续投资在全球范围内呈现出迅猛增长的态势。建立行业ESG标准，培育ESG评价机构，丰富ESG金融产品，促进ESG投融资，有助于提升中国金融市场的核心竞争力。这本书从理论到实践，为众多行业和群体提供了很好的参考。

——马蔚华　招商银行原行长、联合国可持续发展目标影响力指导委员会委员、联合国开发计划署在华特别顾问

目前，中国已成为全球最大的绿色信贷市场和全球第二大的绿色债券市场。在“双碳”目标的推动下，企业有更大的压力和更强的动力提升自身的ESG表现。ESG不仅是塑造企业品牌形象的“软实力”，更是推动企业践行长期主义的“硬准则”。企业必须做好自己的功课，努力提升ESG表现，这样才能够充分运用绿色金融支持工具。这本书为企业提供了一份全景式指南，非常值得研读。

——马骏　中国金融学会绿色金融专业委员会主任、北京绿色金融与可持续发展研究院院长

人类社会正从工业文明向生态文明跃升，可持续发展已成为全球共同认可的价值准则。作为建设生态文明的重要力量，企业通过践行ESG理念、实施ESG战略，不断强化ESG管理能力，追求经济与社会价值的高度统一。

中国始终是全球生态文明建设的重要推动者和倡导者，人与自然和谐共生是中国式现代化的重要特征。ESG与中国式现代化的本质要求高度契合，故此，积极参与、践行ESG，不仅是中国企业对接国际潮流、增强全球竞争力的外部需要，更是实现自身高质量发展、推进中国式现代化建设的必然任务和历史使命。

这本书基于安永在ESG领域深耕多年的深厚经验和卓越智慧，不仅从ESG理论层面进行了简明扼要的梳理，更难能可贵的是在实务层面提供了一份全面、清晰且高水平、规范化的ESG实操规程，并提供了大量不同行业的范例以供借鉴。无论读者出于何种目的阅读此书，应该都会有所启迪、收获满满。

ESG仍在不断发展前进，中国更需要在促进全球可持续发展的价值共识和实践传播中做出自己的重要贡献。中国ESG的未来期待更好更多的安永，愿与同行的每一位读者共勉！

——王彤　中国发展研究院院长

ESG不是一项慈善活动，而是企业经营战略的一部分。企业践行ESG，不仅关乎企业的社会和环境责任，而且是企业自身可持续发展的基本要求。通过ESG实践，企业能够提升自身的声誉和竞争力，吸引更多的投资者和客户，实现长期价值。

——姚洋　北京大学博雅特聘教授

ESG是一种内驱力，有了这种内驱力，科技创新才会是企业的自愿行为而非成本支出。将ESG理念落到实处，不仅关乎企业的长期发展，更是实现可持续发展的必由之路。这本书的出版恰逢其时，值得一读。

——管清友　如是金融研究院院长、首席经济学家

无论是中国企业出海所到地的要求，还是全球从二级市场到一级市场对可持续发展以及ESG的强调，以及国务院国资委和沪深交易所对上市公司ESG披露的强调，都表明ESG时代已经到来，ESG行动日益成为企业的必选项。安永ESG课题组《一本书读懂ESG》系统全面地对此做了解读，是一部很好的ESG实践向导。

——秦朔　人文财经观察家，秦朔朋友圈发起人

推荐序

ESG 非无源之水，它因人类福祉绵长来之有据、应运而生。自2004 年诞生以来，20 年间 ESG 的内涵和外延不断拓展，逐渐成为影响投资决策的重要参考。

中国 ESG 投资市场仍处在起步阶段。从理念层面来看，ESG 涵盖环境责任、社会责任、合规经营等企业表现，但也曾被简单归纳为无纸化办公、减少商务差旅、节能减排技术研发、均衡资源配置和捐款扶贫。然而，当我们真正躬身入局时，上市公司和监管、评级、投资等机构或许会发现一系列相关工作的烦冗和无序，甚至会为实现 ESG 各项指标反而加大投资成本，这无疑给股东权益最大化目标提出了艰巨挑战。因此，建立完善的 ESG 管理体系至关重要。

本书不仅全面介绍了 ESG 发展现状和理论沿革，详细梳理了 ESG 内涵和 ESG 风险、评级、信息披露等外延以及 ESG 与资本市场、ESG 创新机遇和智能化管理、ESG 人才培养等重要议题，还呈现了各行业的优秀实践案例，并且极为注重所引用的资料和数据的权威性和时效性。中国企业 ESG 实践面临多重挑战，希望这本书能恰逢其时地给出价值参考。

ESG 理论和内涵随着时代的变迁也在不断革新发展，不断焕发新的生命力，ESG 管理体系势必随之不断完善与改进。当前，聚焦“双碳”目标，国家提出共建 ESG 生态体系，加快推进中国式现代化进程。安永[一]将继续加强 ESG 新型人才培养，并以此书为总结和新起点，持续带领大家了解 ESG 最前沿的发展趋势，并运用创新技术和先进经验协助更多中国企业在促进经济社会发展以及全面绿色转型进程中实现知行合一。

为国家的高质量发展贡献专业力量是安永的责任。我们期待与志同道合的伙伴共赴 ESG 引领资本向善、行业焕发新生、城市乡村日新月异、社会公正包容的可持续发展的新未来。

陈凯

安永中国主席、大中华区首席执行官

[一] 安永，本书中均指安永大中华区。

PREFACE
前　言

在全球范围内，环境、社会及治理（ESG）日益成为企业经营的重要组成部分，同时也引领着全球的投资潮流。在中国，ESG 理念也正逐渐被认可，企业和投资者开始认识到，只有在经营中积极关注 ESG 议题，才能行稳致远。

本书的目的是提供全面的 ESG 知识普及和指南，帮助企业领袖将 ESG 融入企业战略，落实企业转型，提升企业竞争力；帮助投资者识别 ESG 投资机会，评估企业的环境、社会和治理风险；帮助学生及普通读者了解 ESG 的基本概念和影响力，以及 ESG 对塑造未来商业和社会的重要性。

安永大中华区依托专业服务团队支持客户着眼于长期价值，帮助客户加速向低碳未来过渡，应对气候风险，实现可持续发展。安永大中华区气候变化与可持续发展服务团队及各业务条线，协助客户洞察气候变化和可持续性问题带来的风险和机遇，积极推进绿色金融、ESG 管理咨询、ESG 投资咨询、碳中和转型咨询等可持续发展领域的服务及工具创新，助力客户绿色低碳转型，促进未来价值成长。过往几年来，安永大中华区在知名独立第三方研究机构发布的报告中，以在气候变化、ESG 管理咨询等领域具有的市场领先能力，连续被评为 ESG 领导者之一。[1]

[1] 资料来源：Verdantix,“Green Quadrant: Climate Change Consulting 2023”, June 2023.

我们基于安永大中华区在可持续发展领域多年的实践经验，深入探讨ESG的基础概念及发展趋势，企业如何提升ESG管理和ESG评级表现，投资人如何开展ESG投资，详细为你解释各项工作的重要性以及如何在实际商业场景中进行应用。

本书不仅介绍ESG的概念及趋势，还展示实际案例、优秀实践并提供专业见解。本书收录了多个在可持续发展领域表现优异的企业案例，多维度展现ESG理念在企业实际发展中发挥的作用，以帮助你更好地理解和应用ESG原则。

我们相信，通过本书，你将能够更清晰地看到ESG如何影响我们的世界，如何推动企业发展以及如何实现更加可持续的未来。

ESG不仅是一种商业策略，更是一种使命，是我们对子孙后代的承诺。在这个共同的地球村中，我们每个人都有责任关心环境、社会和治理，以确保未来的可持续性。我们希望本书能够激发你对ESG的兴趣，成为你追求可持续发展的起点。

安永ESG课题组

CONTENTS 目录

chapter 1 | 第1章

认识ESG，紧跟时代发展节奏

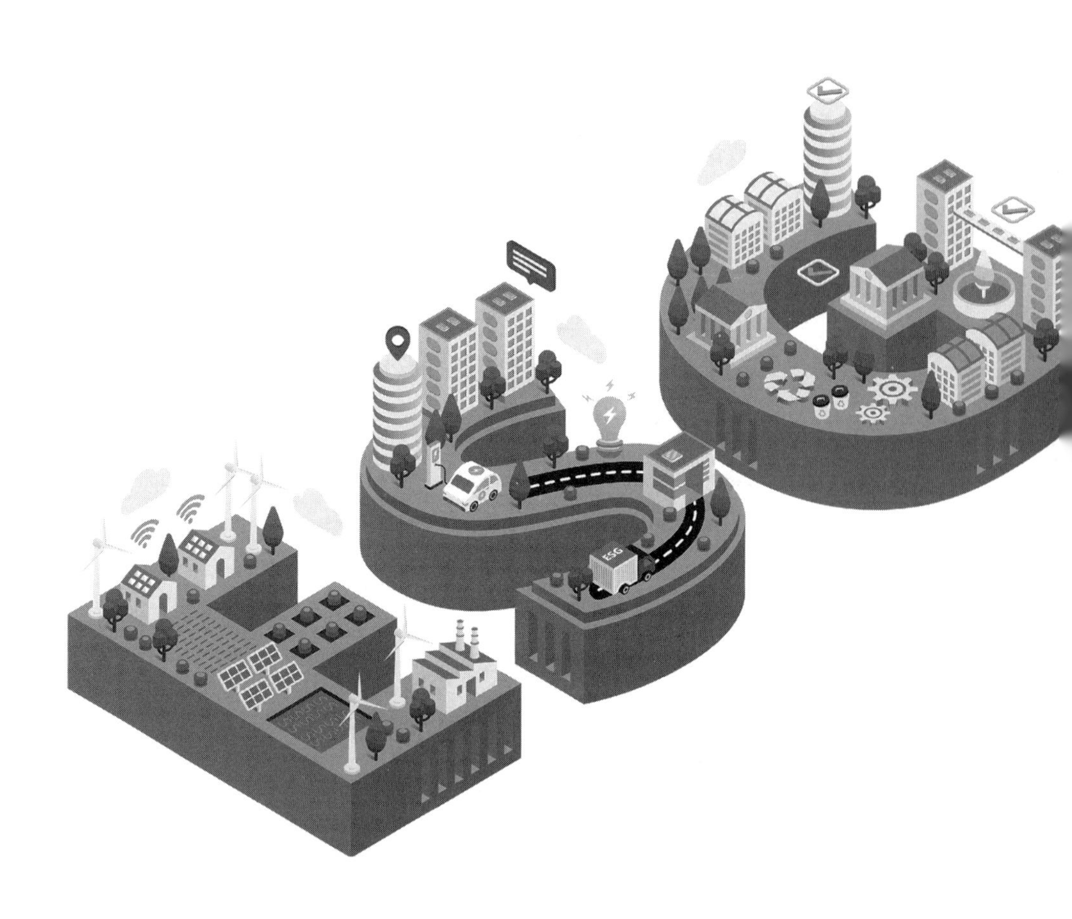

什么是 ESG

ESG 的定义及内涵

ESG 是环境（environmental）、社会（social）和治理（governance）的缩写，是一种新兴的，关注企业环境、社会、治理绩效而非财务绩效的投资理念和企业评价标准。

ESG 主要从三个方面对企业进行评价：

环境方面，主要考虑企业对环境的影响，例如企业在生产过程中如何管理和控制各类污染物（包括自身生产经营产生的直接污染和带动上下游产生的间接污染）的排放以及自身生产经营产生的温室气体排放，对废物的处理方式等气候变化影响等。

社会方面，主要考虑企业对社会造成的各种影响，如员工管理、福利与薪酬、员工安全、与上下游供应商及服务商的关系、产品安全性，以及企业对所在社区产生的影响等。

治理方面，主要考虑公司组织架构、股东和管理层的利益关系、是否存在腐败与财务欺诈、信息披露的透明度及商业道德等。

ESG 生态体系

在当前复杂的国际形势和世界经济形势下，全球投资者重新审视企业增长模式，资本市场更加重视企业的可持续发展，ESG 理念也随之受到社会大众热议，很多国家利用 ESG 衡量企业社会责任与可持续发展能力。相比国际市场，中国 ESG 信息披露、ESG 评级和 ESG 投资还处在起步加速发展期，容易出现 ESG 乱象、“漂绿”和绿色低碳转型风险。

《中华人民共和国国民经济和社会发展第十四个五年规划和 2035 年

远景目标纲要》（简称“十四五”规划）提出，经济社会发展要“以推动高质量发展为主题”“贯彻新发展理念”“推动经济社会发展全面绿色转型”，这给 ESG 理念在中国的落地实践提供了宝贵的历史机遇。构建具有中国特色的 ESG 生态体系，完善 ESG 体系各项制度安排，对于推动经济高质量发展、促进共同富裕具有重要意义。

ESG 理念要在中国落地，促使 ESG 评级从金融市场的“决策工具”转变为企业行为改善的“驱动力”，就需要构建具有中国特色的 ESG 生态体系。ESG 生态体系的形成和运作主要依靠监管机构、第三方中介机构、研究 / 评级机构、资管机构、企业和国际组织等标准与服务提供方（见图 1-1）。

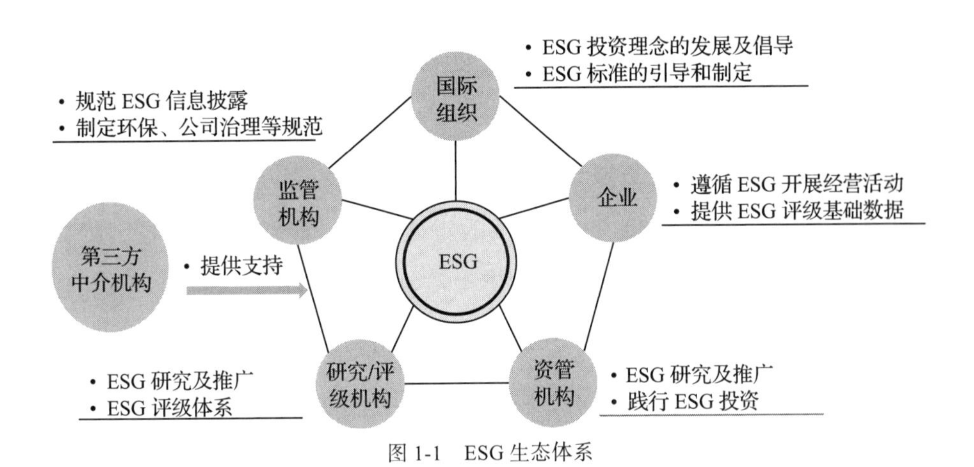

图 1-1　ESG 生态体系

1. 宏观层面

（1）ESG 信息披露要求不断完善

目前中国 ESG 信息披露要求日趋严格。一是强制信息披露的范围将逐步扩大。综合欧美等发达国家或地区的经验，强制信息披露是大趋势。据最新的 A 股可持续信息披露指引，目前国内部分板块已强制要求披露

ESG 信息，包括上海证券交易所（简称“上交所”）的上证 180 指数、科创 50 指数样本公司以及境内外同时上市的公司，深圳证券交易所（简称“深交所”）的深证 100 指数、创业板指数样本公司以及境内外同时上市的公司。但中国经济发展阶段和欧美国家尚有差距，预计未来政策仍以提倡和鼓励单独发布 ESG 报告为主，并逐步扩大强制信息披露的公司范围，央企和金融机构将率先实现 ESG 信息披露全覆盖。二是信息披露标准将逐步统一。国内 ESG 信息披露标准较多，国资委、深交所和上交所等机构都发布了与 ESG、可持续发展报告信息披露相关的指引。国际标准引用较多的发布自全球报告倡议组织（GRI）、可持续发展会计准则委员会（SASB）、国际可持续准则理事会（ISSB）等，企业进行体系选择时难以准确定位并满足所有体系的要求。预计国内将继续吸收国际 ESG 信息披露标准的优点，同时结合国内实践情况，逐步推出中国本土特色的标准。

（2）ESG 评级百花齐放

ESG 评级是衡量企业 ESG 绩效的重要方法，能够为 ESG 投资提供重要的数据依据，同时为企业实践提供衡量标准。目前，国内外 ESG 评级机构数量超过 600 家，海外 ESG 评级体系发展较早，MSCI（明晟）、富时罗素、标准普尔等评级机构都具有很大的国际影响力。从国内来看，随着 ESG 投资的快速发展，市场上也涌现出不少 ESG 评级机构，呈现出“百花齐放”的态势。

（3）ESG 投资快速发展

近年来，ESG 投资理念在中国进一步提升，风电、光伏、储能、新能源车及相关产业链以及生物降解塑料等领域都是 ESG 投资的关注重点。特别是 2021 年以来，ESG 投资发展驶入快车道。2022 年国内市场以 ESG 为主题的公募基金已超过 200 只，基金规模跃升至近 2500

亿元，[1]其中环保及低碳的新能源主题基金已然成为资本市场上的新兴力量。

2. 微观层面

第一，企业要做好 ESG 治理的顶层设计，建立由决策层、管理层、执行层构成的 ESG 组织体系。决策层面，董事会对 ESG 工作负主体责任，要确立董事会 ESG 治理的工作机制；管理层面，明确 ESG 工作责任部门、岗位和职责，制定适合的 ESG 工作目标和绩效指标；各相关部门和业务单位作为执行层面，具体落实 ESG 指标，形成完整的组织和工作架构。

第二，企业要构建符合自身特点的 ESG 关键指标体系。基于业务战略，构建适合行业和企业业务特点的 ESG 关键指标体系。ESG 关键要素和核心指标体系应分层、分级、分类，制定可量化的标准，为要素评价、风险管控提供可量化的工具。

第三，企业要建立 ESG 治理的闭环管理。企业不仅应将 ESG 理念融入业务战略、业务规划、投资决策、运营管理等流程，还需要将 ESG 纳入考核、评价体系，与绩效挂钩，形成闭环管理，以实现 ESG 投资的长期价值。

第四，企业要支持本土 ESG 评级体系建设。ESG 评级结果是国内外投资机构衡量企业 ESG 绩效的重要参考依据，影响企业的融资成本、品牌塑造。上市公司要加强与国内外 ESG 评级机构交流，积极参与接轨国际、符合国情的本土 ESG 评级体系的建设。

第五，企业要加强 ESG 信息的沟通和传播。在监管机构日趋严格的要求下，上市公司要更加重视 ESG 信息披露工作，主动发布 ESG 报告，

---

[1] 如无特别说明，以下涉及货币单位均为人民币元。

稳步提升报告质量，塑造企业可持续发展的品牌形象；要及时研究和了解 ESG 的政策制定、规则修订、评级评价等最新动态。

可持续发展已成为全球共识

ESG 投资飞速发展

根据全球可持续投资联盟的数据，截至 2022 年，ESG 投资在欧洲等发达地区的管理资产总额中占比已经超过 1/3，ESG 理念有望成为全球主要经济体未来发展的价值共识。[㊀]与此同时，中国 ESG 投资也迎来发展黄金期。截至 2023 年 6 月底，签署加入联合国负责任投资原则组织（UN PRI）的中国内地机构已达 140 家，中国成为过去 3 年签署数量增长最快的国家之一。

ESG 对企业财务的影响

大家都知道，在投资者做出投资决策的过程中，非常重要的一环就是通过阅读企业的财务报表来了解企业的经营情况和财务表现。中国资产评估协会及国际评估准则理事会（IVSC）发布的《ESG 和企业价值》指出，ESG 代表了评估企业长期财务可行性和可持续性的众多因素，是财务业绩的先行指标。企业在 ESG 各个方面的举措，对当期和以后期间的财务报表都会产生直接或者间接的影响。我们在这里举两个例子。

1. 研发费用的增加

企业研发投入是 ESG 中 S（社会）部分需要披露的指标。首先，提升研发能力，可以通过为客户提供能源运用效率高的绿色新能源产品降低产业链上的碳排放，提升企业在 E（环境）的表现；其次，研发能力的

㊀ 资料来源：GSIA, “Global Sustainable Investment Review 2022”, 2023.

加强，也可以提升企业的产品质量，增加企业在 S（社会）的积极影响；最后，持续加大研发力度，也可以助力企业获取市场份额、扩大生产规模、提高经济效益，通过优异的财务表现、股利分红等方式实现对股东的积极回报（G，治理）。

再看年度报告的财务报表，我们可以从利润表中看到有关研发投入的金额。可能有人会问，研发费用作为费用项目不是会降低公司的利润么，那么这些提升 ESG 表现的研发举措难道是以牺牲公司盈利为代价的吗？答案是否定的。研发费用的增加，只会增加研发对公司财务报表的短期影响。但有效的研发举措在提升公司 ESG 表现的同时，还可以提升公司的产品竞争力、生产运营效率，提升公司的收入规模和经营效益，从而提高公司的长期盈利能力以实现长期价值的增长。

2. 社区投入

我们再举一个 S（社会）方面的例子。ESG 报告中要求披露公司对社区的投入与贡献。例如，通过捐赠帮助需要关怀的群体，就是提升积极的社会影响的一种形式。

相应地，年报中也能看到对外捐赠体现在利润表的营业外支出中。社区投入除了增加费用，根据会计准则规定，其中部分公益性捐赠可以在计算应纳税所得额时扣除，这样就可以降低公司利润表中的所得税费用和减少现金流量表中的相应资金流出。

投资者关注企业 ESG 表现

现阶段，越来越多的投资者在投资决策过程中会关注上市公司的 ESG 表现，当公司的行为表现与投资者的价值取向产生共鸣时，投资者对公司的发展前景便会产生信心。良好的 ESG 表现对投资者信心的促进作用主要体现在以下三个方面。

第一，ESG评价高的企业更能体现企业的整体实力。对于企业来说，ESG能促使企业内部形成共识，设立相关治理架构，重塑企业文化，改进企业管理，并且，企业的ESG管理水平与报告很可能成为考核效能的“另一项财报”。财务报表只考核财务收益盈亏，而ESG考核的是环境保护、社会得失、公司健康度等，把以往不明确的信息量化并摆到台面，这对很多企业来说是个挑战，但同时也指明了企业未来经营的方向。ESG评价高的企业往往更能抓住未来的发展机遇。

第二，良好的ESG表现能够降低投资者面临的风险。上市公司的ESG表现向投资者传递了非财务方面的相关信息，为客观评价公司价值、降低投资风险提供了基础信息。一些存在财务造假等风险的上市公司潜存着巨大的非财务风险，“丑闻”一经曝出可能会导致股价暴跌，会给投资者带来巨大的损失，甚至对社会造成严重的负面影响。一般而言，ESG表现良好的公司不仅积极贯彻绿色发展理念、承担社会责任，还具有科学合理的内部治理与监督体系，能够有效地进行风险管理，提高经营决策的科学性和有效性，确保公司运营符合正确的战略目标和发展方向，尽可能避免投资暴雷，减少因无视或低估非财务风险给投资者带来损失等，从而提高投资者的信心。

第三，良好的ESG表现能够为投资者带来稳定的收益。ESG表现作为衡量公司可持续发展能力的一个关键指标，可以帮助投资者有效地甄别投资目标的质量。通常ESG表现良好的上市公司在资源利用、社会关系和公司治理等方面更具优势，在市场波动时仍能保持良好的收益性和稳定性。由于需要兼顾多方需求，ESG表现良好的公司具有较好的利益冲突协调能力，能有效减少内耗，维护各方利益的平衡，为公司发展创造良好的内外部环境，保证投资者在资本市场获得合理回报的同时，提高投资者获得稳定回报的概率，从而增强投资者的信心。

国际 ESG 相关政策及指引不断升级

国际 ESG 标准发展趋势

随着加速低碳转型成为全球经济可持续发展的共识，可持续信息披露准则的制定进入提速期。2022 年以来，ISSB、美国证券交易委员会（SEC）和欧洲财务报告咨询组（EFRAG）陆续发布气候信息披露准则征求意见稿，进一步规范了企业在气候与可持续发展方面的信息披露。

2022 年 11 月 28 日，欧盟通过《企业可持续发展报告指令》（简称“CSRD”），扩大了须遵守强制性可持续发展报告义务的公司的范围，要求遵循财务实质性和环境及社会实质性的双重重要性原则，进一步强化了 ESG 披露要求。

2023 年 4 月 14 日，香港联合交易所（简称“香港联交所”）发布了有关《优化环境、社会及管治框架下的气候相关信息披露（咨询文件）》（简称“咨询文件”）的气候信息披露咨询文件，加强了港股上市公司气候相关信息的披露。咨询文件建议规定上市公司在其 ESG 报告中强制披露气候相关信息，并推出符合 ISSB 准则的新气候相关信息披露要求，将原先气候信息披露规定扩充至基于“管治—战略—风险管理—指标和目标”四大核心支柱的系统性框架。修订后的《环境、社会及管治报告指引》（简称《ESG 报告指引》）计划于 2025 年 1 月 1 日生效，并适用于在生效日期或之后开始的财政年度的 ESG 报告。香港联交所根据循序渐进地与国际接轨的 ESG 监管方针，逐步加强与国际 ESG 框架的一致性。

ISSB 于 2023 年 6 月 26 日正式对外发布《国际财务报告可持续披露准则第 1 号——可持续相关财务信息披露一般要求》（IFRS S1）和《国际财务报告可持续披露准则第 2 号——气候相关披露》（IFRS S2）（统称“ISSB 准则”），标志着可持续信息披露从以自愿披露为主向强制披露要求的重大转变。ISSB 准则已于自 2024 年 1 月 1 日开始的年度期间生效，但对企业的具体影响时间取决于各国家或地区采纳以及强制要求适用的时间。ISSB 准则的发布，是全球可持续披露基线准则建设中的重要里程碑，付诸实施后，对提升全球可持续发展信息披露的透明度、问责制和效率，以及推动全球经济、社会和环境的可持续发展意义非凡。

ISSB 带来的影响

ISSB 的发起方是国际财务报告准则基金会（IFRS Foundation）。IFRS Foundation 广为人知的是下辖国际会计准则理事会（IASB），IASB 制定了国际财务报告会计准则，为全球很多国家所采纳。

- ISSB 的目标：建立一套可持续发展的披露准则，与 IASB 的国际财务报告会计准则形成 IFRS 的两大支柱。
- ISSB 的任务：制定和发展与可持续发展相关的财务报告标准，以满足投资者对可持续相关信息的披露需求。

2022 年 3 月，ISSB 发布 IFRS S1 和 IFRS S2 的征求意见稿，吸收合并了市场上多个标准体系，并公开征求意见。中国财政部和中国证监会都正式反馈了意见，在肯定总体方案的同时，提出一些中方关切的技术问题，特别是加强 ISSB 所制定准则的包容性，以便能够适应发展中国家、新兴市场、中小企业等不同情况。

此外，中国机构积极参与 ISSB 的工作，2022 年 6 月 ISSB 任命中国财政部会计司处长冷冰担任首任理事；8 月 ISSB 任命世界银行原副行长华敬东担任理事会副主席。此前的 4 月 ISSB 成立了特别工作组以加强全球基线和世界各地标准的兼容性，成员包括中国财政部。2023 年 6 月 19 日，ISSB 在北京设立办公室，进一步促进 ISSB 的全球化布局和合作。

2023 年 6 月 26 日，ISSB 正式发布 IFRS S1 和 IFRS S2。

IFRS S1 的核心内容包括治理、战略、风险管理、指标和目标四个方面（见图 1-2）。该核心内容的框架参考了受到广泛认可的气候相关财务信息披露工作组（TCFD）框架的四大核心要素。四个方面的核心内容旨在向通用目的财务报告使用者全面展示企业所面临的可持续相关风险和机遇的信息。

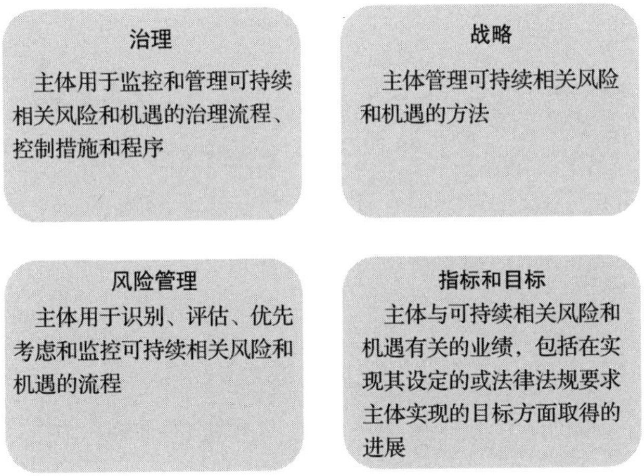

治理

主体用于监控和管理可持续相关风险和机遇的治理流程、控制措施和程序

战略

主体管理可持续相关风险和机遇的方法

风险管理

主体用于识别、评估、优先考虑和监控可持续相关风险和机遇的流程

指标和目标

主体与可持续相关风险和机遇有关的业绩，包括在实现其设定的或法律法规要求主体实现的目标方面取得的进展

图 1-2　IFRS S1 的核心内容

IFRS S2 从治理、战略、风险管理、指标和目标四个方面的核心内容出发具体规定了气候相关风险和机遇的披露要求。在治理方面，IFRS S2 对董事会的监督职责提出了更详细的要求。IFRS S2 要求提供治理机构或个人对气候相关风险和机遇的责任，以及如何反映在职权范围、授权、岗位描述和适用于该机构或个人的其他相关政策中。在战略方面，IFRS S2 还要求主体披露其战略和商业模式对气候相关变化以及与发展和不确定性有关的韧性分析。在风险管理方面，IFRS S2 要求主体详细披露气候相关机遇的信息。相较于 TCFD 只对识别、评估和管理与气候相关的风险做出要求，IFRS S2 还关注主体对气候相关机遇的管理，要

求主体披露气候相关机遇的识别、评估、排序与监控的整个流程，并说明主体是如何把这个流程融合到其风险管理体系中的。在指标和目标方面，IFRS S2 要求主体披露的目标既包括主体设定的目标，也包括法律法规要求主体实现的目标。IFRS S2 要求披露的气候相关指标包括根据《温室气体核算体系：企业核算与报告标准》（GHGP）计量的范围 1、范围 2 和范围 3[⊖]的温室气体排放、气候相关转型风险和物理风险、气候相关机遇等信息。

两项信息披露标准已于 2024 年 1 月 1 日的年度报告期生效，这意味着第一批采用该标准的报告将在 2025 年发布。该标准被视为各国 ESG 信息披露标准的基线，对中国企业将会产生如下影响：

- 预计中国 ESG 信息披露标准将考虑国内经济发展水平，更加契合国内企业实际情况。
- 相关上市公司应提前做好数据准备。
- 中国企业此前由于披露缺失导致国际机构评分存在偏差的情况有可能减少，因此有望带来外资流入增量。

“双碳”目标下的中国 ESG 发展

中国 ESG 政策及指引的发展

相较于欧美发达国家，中国 ESG 监管政策建设起步较晚，监管责任也主要落脚在社会责任和环境方面，但中国整体 ESG 监管政策在不断推进，制度体系在不断完善，尤其是在“碳达峰、碳中和”的“双碳”目标背景下，在党的十八届五中全会“创新、协调、绿色、开放、共享”

⊖ 范围 1：直接温室气体排放。范围 2：外购电力所产生的间接排放，也包括蒸汽、加热、冷气等。范围 3：企业在范围 2 以外的间接排放，包括企业供应链或价值链上下游可能产生的所有排放，比如原材料的采掘、生产和运输，消费者使用产品和服务等。

的新发展理念的指引下，ESG 理念与我国发展的新理念、新目标方向一致，也因此 ESG 得到了政府、监管机构和市场投资主体的高度重视。

1. ESG 投资与碳中和

面对碳达峰目标、碳中和愿景，中国提出“1+N”政策体系：“1”是中国实现“碳达峰、碳中和”的指导思想和顶层设计；“N”是重点领域和行业实施方案，包括能源绿色转型行动、工业领域碳达峰行动、交通运输绿色低碳行动、循环经济降碳行动等。

2021 年 10 月，我国发布了《关于完整准确全面贯彻新发展理念做好碳达峰碳中和工作的意见》和《2030 年前碳达峰行动方案》。自 2021 年下半年至今，我国多个行业部门已经陆续发布碳达峰实施方案等政策文件。

ESG 中的环境（E）因素关注企业经营活动对环境造成的影响，与中国目前贯彻绿色发展理念、实现“碳达峰、碳中和”目标相一致。同时，实现碳中和目标需要庞大的资金投入研发低碳节能等技术，需要全产业链的绿色升级。

2. ESG 投资与绿色投资

响应国家“碳达峰、碳中和”政策的号召，ESG 投资在中国重点表现为绿色投资。自 2015 年中共中央和国务院印发《生态文明体制改革总体方案》，首次提出要建立我国的绿色金融体系开始，绿色产业、绿色产品、绿色债券等政策相继出台。根据基金业协会的定义，绿色投资是指以促进企业环境绩效、发展绿色产业和减少环境风险为目标，采用系统性绿色投资策略，对能够产生环境效益、降低环境成本与风险的企业或项目进行投资的行为。

2021 年 5 月，中国生态环境部发布《环境信息依法披露制度改革方案》，从明确披露主体、确定披露内容、及时披露信息、完善披露形式、强化企业管理五个方面，明确了建立健全环境信息依法强制性披露规范要求的工作任务。为深入推进环境信息依法披露制度改革，同年12月，中国生态环境部印发《企业环境信息依法披露管理办法》。

2021年6月，中国证监会发布修订后的上市公司年度报告和半年度报告格式准则，《公开发行证券的公司信息披露内容与格式准则第2号——年度报告的内容与格式》和《公开发行证券的公司信息披露内容与格式准则第3号——半年度报告的内容与格式》，将与环境保护、社会责任有关内容统一整合至其第五节"环境和社会责任"，鼓励企业主动披露履行环境保护、社会责任的工作情况，进一步促进ESG信息披露和ESG意识普及。

2021年7月，中国人民银行发布《金融机构环境信息披露指南》，系统描述了金融机构环境信息披露的原则、形式、频次、应披露的定性及定量信息，其中对金融机构投融资业务的碳核算的披露要求，填补了相关领域标准的空白。同年中国人民银行印发《金融机构环境信息披露操作手册（试行）》和《金融机构碳核算技术指南（试行）》，在绿色金融改革创新试验区选择有条件、有意愿的金融机构探索开展碳核算，并试编制环境信息披露报告，为金融机构绿色低碳转型和更好支持实体经济高质量发展提供数据支持。

2023年8月，深交所发布《深圳证券交易所上市公司自律监管指引第11号——信息披露工作评价（2023年修订）》，鼓励公司披露社会责任报告，并将"是否主动披露环境、社会责任和公司治理（ESG）履行情况，报告内容是否充实、完整"作为信息披露工作的考核内容，形成了ESG信息披露的基本框架。

国家发改委、中国证监会、中国人民银行、中国基金业协会、国家金融监督管理总局[1]以及香港特别行政区监管机构不断出台相关政策，对企业 ESG 信息披露提出要求。

（1）中国内地

- 2018 年 9 月，修订后的《上市公司治理准则》发布，确立了 ESG 信息披露的基本框架。
- 2018 年 11 月，《中国上市公司 ESG 评价体系研究报告》和《绿色投资指引（试行）》发布，构建了衡量上市公司 ESG 绩效的核心指标体系。
- 2020 年 12 月，中央全面深化改革委员会审议通过了《环境信息依法披露制度改革方案》。
- 2021 年 2 月，中国证监会在《上市公司投资者关系管理指引（征求意见稿）》中纳入了 ESG 内容。
- 2021 年 5 月，中国生态环境部印发《环境信息依法披露制度改革方案》。
- 2021 年 6 月，中国证监会修订上市公司年度报告与半年度报告格式准则，增设了两个 ESG 专章。
- 2021 年 7 月，中国人民银行印发金融行业标准《金融机构环境信息披露指南》，系统阐述了金融机构环境信息披露的原则、形式与内容要求。
- 2022 年 4 月，中国证监会发布《上市公司投资者关系管理工作指引》，进一步规范了上市公司投资者关系管理，明确要求在上市公司与投资者的沟通内容中增加关于 ESG 的信息，自 2022 年 5 月 15 日起施行。
- 2024 年 4 月 12 日，上交所、深交所、北交所分别发布《上市公

[1] 银保监会现已改组成立了国家金融监督管理总局。

司自律监管指引——可持续发展报告（试行）》，首次对国内上市公司可持续发展信息披露原则、框架和各议题指标提出明确要求。

（2）中国香港

香港监管机构不断强化企业的ESG信息披露责任，提升上市公司ESG信息披露的一致性及有效性。

- 2016年1月1日，香港联交所正式实施披露要求更为严格的《ESG报告指引》。
- 2020年7月1日及之后开始的财政年度，ESG报告指引新规正式生效。
- 2021年度，香港上市公司的ESG报告已应按新规执行。
- 2021年11月，香港联交所刊发《气候信息披露指引》，对TCFD建议的四大支柱——治理、战略、风险管理以及指标和目标进行解释。
- 2023年4月，香港联交所发布《优化环境、社会及管治框架下的气候相关信息披露（咨询文件）》，拟修订香港联交所《上市规则》附录二十七《ESG报告指引》为《ESG报告守则》。

中国ESG发展的机遇与挑战

1. 中国ESG体系建设任重道远

尽管中国也提高了对ESG的重视程度，但因ESG建设起步较晚，市场规模较小，目前ESG存在披露标准不统一、ESG评级透明度较低的问题。部分评级机构对自己内部评级方法、细节等选择性公开，甚至以商业机密为由不予公开，导致公布信息有限，投资者因而很难对其进行准确评价。此外，不同机构的ESG评价缺乏一致性，存在指标差异、权重差异及范围差异，导致评价结果不一致甚至差别巨大，这也是亟待解决的关键问题。

2. 中国 ESG 发展趋向：国际化与本土化并举

ESG 理念与标准源于海外。中国的 ESG 发展，既要与国际 ESG 标准积极接轨，也要推动 ESG 的本土化，尤其是乡村振兴、共同富裕等具有中国特色的 ESG 议题。近年来，中国监管机构、金融机构等积极参与国际交流合作，持续提升中国在 ESG 领域的话语权和影响力。

具体工作体现在两方面：一方面，由中国参与的多项可持续发展标准陆续出台；另一方面，中国高度关注和参与国际 ESG 标准的制定工作。总体来说，未来还需要完善中国上市公司 ESG 信息披露和管理体系，真正将其制度化、规范化，建立一套围绕 ESG 信息披露的严格监管体系，继续完善 ESG 法律政策体系。

chapter 2 | 第2章

把握ESG，企业实务行动建议

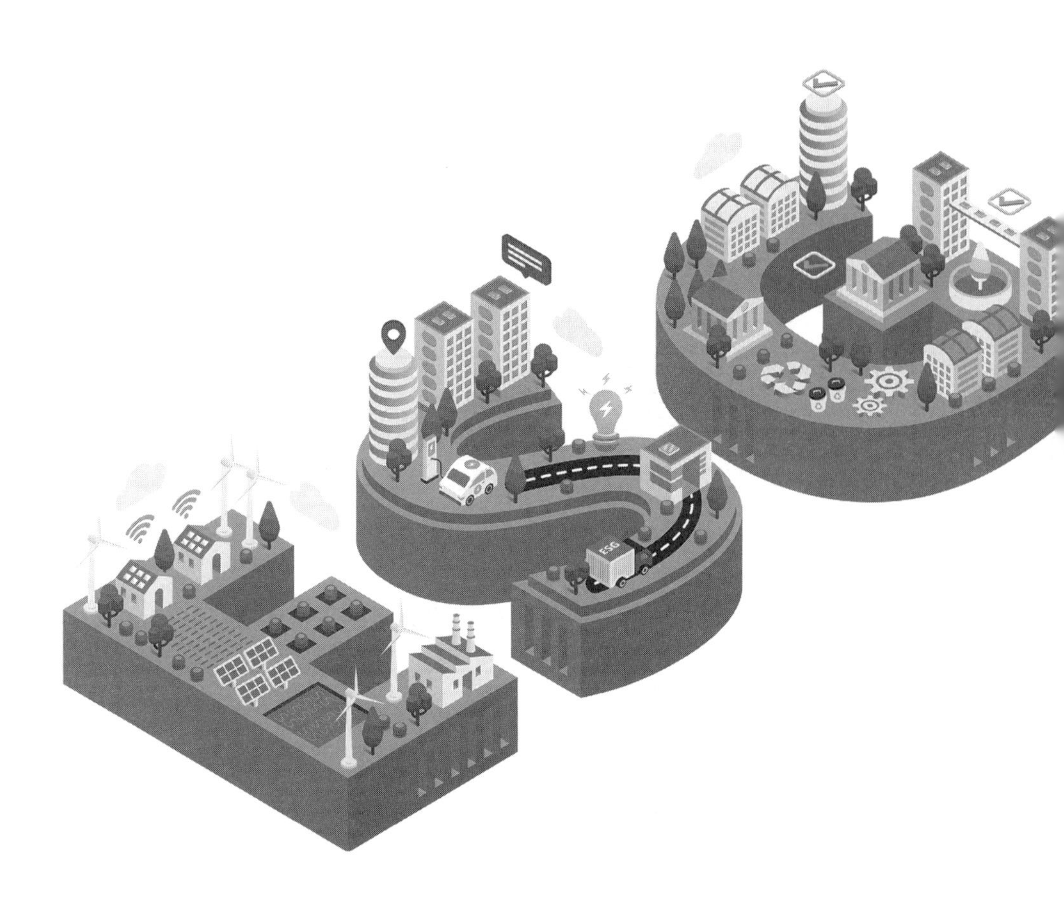

ESG 治理架构搭建

治理（G）不仅是 ESG 三个维度之一，更是贯彻于整个 ESG 体系的核心。对于企业来说，ESG 涉及碳排放、资源消耗、气候变化、生物多样性等环境议题，人才吸引与发展、职业健康与安全、产品责任、社区投资等社会议题，以及董事会运作、内部控制、商业道德等治理议题等众多议题。这不仅需要多个部门的相互协同，也需要相关资源的协调与投入。

成熟的 ESG 管理是一项系统性的工作。企业需要搭建一套适合自身情况，清晰且明确的 ESG 治理架构，为有效推进 ESG 相关工作奠定基础，进而制定 ESG 战略规划，并且落地实施相应的考核指标，推动相关部门进行协同配合。

相关标准对 ESG 治理架构的披露要求

作为推动企业提升 ESG 表现的有效方式，搭建 ESG 治理架构已经成为相关政策及标准的共识。

1. GRI 对治理架构的披露要求

GRI 标准在一般披露 2-9 治理架构和组成中提出要求：

> 组织应：
>
> (a) 说明其治理架构，包括最高治理机构的委员会；
>
> (b) 列出在组织管理对经济、环境和人的影响方面，最高治理机构中负责决策和监督的委员会；
>
> (c) 说明最高治理机构及其委员会的组成，按照：
>
> i. 执行成员和非执行成员；
>
> ii. 独立性；

iii. 治理机构成员的任期；

iv. 每个成员所担任的其他重要职务和承诺的数量，以及承诺的性质；

v. 性别；

vi. 未被充分代表的社会群体；

vii. 与组织的影响有关的胜任能力；

viii. 利益相关方的代表性。

2. ISSB 对治理架构的披露要求

《国际财务报告可持续披露准则第 1 号——可持续相关财务信息披露一般要求》中提出：

26. 在治理方面，可持续相关财务信息披露的目标是使通用目的财务报告使用者了解主体监控、管理和监督可持续相关风险和机遇时所用的治理流程、控制措施和程序。

27. 为实现此目标，主体应披露以下信息：

（a）负责监督可持续相关风险和机遇的治理机构（包括董事会、委员会或其他同等的治理机构）或个人。具体而言，主体应识别这些机构或个人并披露下列有关信息：

i. 可持续相关风险和机遇的责任如何反映在适用于该机构或个人的职权范围、任务、角色描述和其他相关政策中；

ii. 该机构或个人如何确定是否具备或将后续培养适当的技能和胜任能力，以监督为应对可持续相关风险和机遇而制定的战略；

iii. 该机构或个人获悉可持续相关风险和机遇的方式和频率；

iv. 该机构或个人在监督主体的战略、重大交易决策、风险管理流程和相关政策时如何考虑可持续相关风险和机遇，包括该机构或个人是否考虑这些风险和机遇之间的权衡；

v. 该机构或个人如何监督可持续相关风险和机遇的目标的设定，并监控此目标的实现进展（参见第 51 段），包括是否以及如何将相关业绩指标纳入薪酬政策。

（b）管理层在监控、管理和监督可持续相关风险和机遇时所用的治理流程、控制和程序中的角色，包括：

i. 该角色是否被授权给特定的管理层人员或管理层委员会，以及如何对该人员或委员会进行监督；

ii. 管理层是否使用控制和程序监督可持续相关风险和机遇。如果是，如何将这些控制和程序与其他内部职能进行整合。

3. 香港联交所对管治架构的披露要求

香港联交所在《ESG 报告指引》中提出：

管治架构

13. 由董事会发出的声明，当中载有下列内容：

i. 披露董事会对环境、社会及管治事宜的监管；

ii. 董事会的环境、社会及管治管理方针及策略，包括评估、优次排列及管理重要的环境、社会及管治相关事宜（包括对发行人业务的风险）的过程；

iii. 董事会如何按环境、社会及管治相关目标检讨进度，并解释它们如何与发行人业务有关联。

一般形式的 ESG 治理架构

ESG 治理架构是传统公司治理架构的有益补充，甚至是重要组成部分。将 ESG 事项提升至公司治理的重要位置，建立覆盖决策层、管理层、执行层且分工负责、权责清晰的 ESG 治理架构（见图 2-1），保证 ESG 事项融入各层级的履责过程，有助于提升公司的综合治理水平。

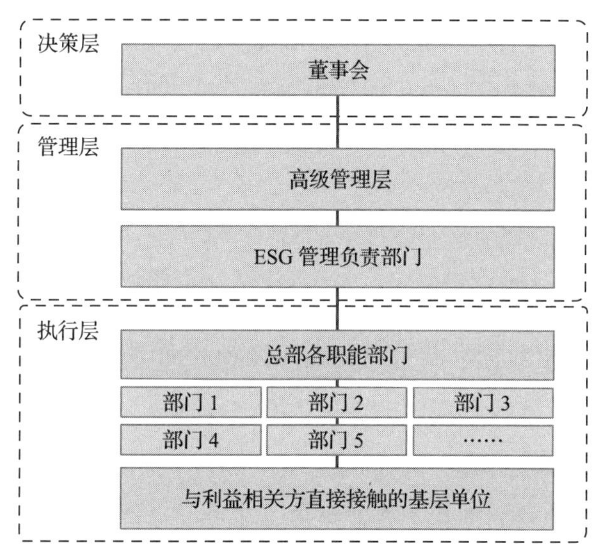

图 2-1　公司 ESG 治理架构示例

（1）决策层

决策层通常由公司最高管理机构担任，其主要职责包括：根据管理层提供的 ESG 管理状态，分析潜在的相关风险与机遇；对 ESG 相关行动或规划做出战略决策，指导管理层进行落实等。

（2）管理层

管理层是公司内部开展 ESG 工作的主要统筹协同部门，其主要职责包括：根据 ESG 信息管控系统所收集的相关数据及信息，监控公司的 ESG 管理状态，对相关风险与机遇及时做出反应，建立决策层 ESG 汇报机制；根据决策层的决策，制订 ESG 管理执行方案，并监督执行单位具体落实，负责ESG管理的整体协调；通过ESG信息管理体系对执行层的相关工作实施实时监控，保证ESG目标与计划的落实等。

（3）执行层

执行层由各业务部门组成，其主要职责包括：根据所建立的ESG信息收集体系，定期收集并汇总ESG相关信息及数据，供管理层进行实时监控，对ESG管理风险与机遇做出判断；落实管理层ESG工作执行计划，并及时反馈ESG工作状态，以调整具体执行情况；及时反馈利益相关方的诉求。

ESG治理架构的具体形式

结合ESG相关标准及指引，如何设置ESG治理架构并没有唯一正确的答案。其具体执行部门的名称也有多种选择，如“可持续发展委员会”“可持续发展工作组”“ESG委员会”“ESG工作小组”等。每家公司可以结合自身的治理现状、营业规模、业务的社会影响等实际情况，进行综合考虑，搭建适合自身发展情况的ESG治理架构。

1. 建立专门的ESG治理机构

由董事会负责ESG事项审议、决策，并在董事会下设可持续发展委员会（见图2-2），或者在董事会专业委员会下设置可持续发展委员会，负责企业ESG相关事项的监督、指导，并下设可持续发展工作组负责ESG具体工作的推进执行。

2. 在公司现有治理架构中增加ESG管理职能

在公司现有治理架构中增加ESG管理职能的治理形式，不会改变公司现有治理架构，但对公司ESG治理具有监督管理作用。例如，公司在集团层面设立独立于董事会和专业委员会的可持续发展委员会，委员会下设秘书处及管理平台或工作小组（见图 2-3），推动集团内部各个部门开展 ESG 实践。

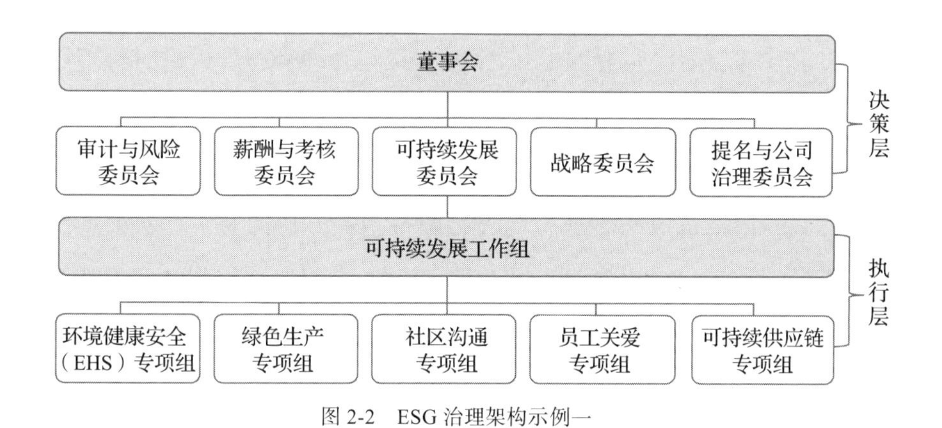

图 2-2　ESG 治理架构示例一

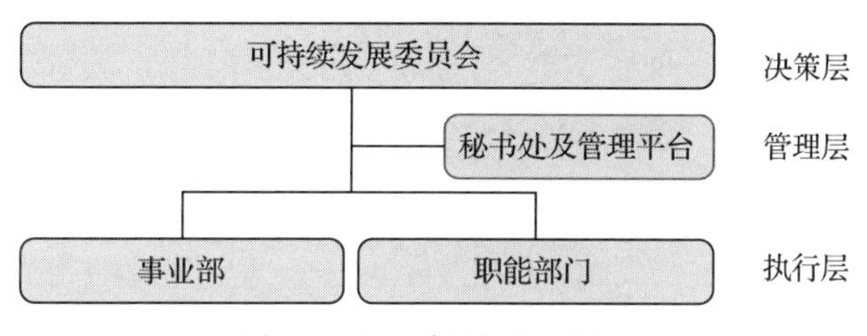

图 2-3　ESG 治理架构示例二

ESG 治理架构的建设要点

1. 企业的最高管理层为 ESG 治理的最高机构

在 ESG 治理架构中，董事会需要直接参与 ESG 的治理，发挥其对 ESG 事项的决策、监督作用，引领 ESG 理念、战略的落实。无论企业搭建什么样的 ESG 治理架构，其最高管理层必须纳入其中。因此我们通常说，ESG 是“一把手”工程。企业 ESG 工作的有效开展离不开最高决策者和管理者的参与和监督，以提高决策效率和执行力度。

2. 最高管理层需要发挥 ESG 领导力

最高管理层发挥 ESG 领导力是开展 ESG 治理的重要保障。

一方面，在最高管理层与管理层决议 ESG 事项的过程中，从最高管理层要求管理层汇报企业的 ESG 情况，到与最高管理层讨论时管理层能主动沟通 ESG 事项，再到管理层能主动提出 ESG 决策问题，最高管理层的 ESG 领导力逐步发挥，使得 ESG 决策更符合业务发展需要。

另一方面，在最高管理层与外部利益相关方的沟通中，从被动回应到准备好随时与利益相关方沟通 ESG 问题，再到主动与利益相关方沟通并寻求其对 ESG 问题的意见，最高管理层逐步加强与合作伙伴、供应商、客户等的密切沟通，并将其诉求纳入最高管理层决策考虑中，推动最高管理层做出兼顾业务发展和社会环境效益的科学决策。

3. 推动 ESG 与企业业务相互融合

最高管理层应该积极参与、审议企业 ESG 战略的制定，推动企业在战略规划过程中关注 ESG 事项或者制定一个独立的 ESG 战略。但是，只有这两种形式的 ESG 战略影响力尚不够，更重要的是，推动 ESG 事项全面融入企业战略的各个方面。

4. 重视 ESG 风险与机遇，跟踪 ESG 目标

最高管理层参与 ESG 治理是长期妥善处理 ESG 风险、把握 ESG 发展机遇的关键。最高管理层应该审议并确定重要的 ESG 风险与机遇，推动管理层制定有助于降低风险、发现长期价值的 ESG 计划与目标，并监督目标的达成情况。

5. 以 ESG 委员会为补充

ESG 委员会在最高管理层决策中发挥重要的“参谋”作用，为改善

ESG治理水平，ESG委员会需要承担ESG相关监督和指导职责。可以通过将ESG治理职责融入现有专业委员会或者成立专门的ESG委员会等方式来实现。

6. 明确ESG委员会的职能

通常ESG委员会被赋予以下职能：

- 监督企业ESG愿景、目标、策略、政策等的制定，检查ESG相关的政策、法规、标准、趋势及利益相关方诉求等，并判定企业ESG事宜的重大性，向董事会提供决策咨询建议以供审议。
- 监督企业ESG工作的实施、ESG战略的执行情况、ESG目标达成的进度，并就下阶段ESG工作提出改善建议等。当然，ESG委员会的职能并非千篇一律，企业需要考虑自身实际需要，做到分工明确、责任清晰、任务到人。

某公司ESG委员会职能

- 在公司对外实施项目并购时，对公司依法合规保护中小股东及相关方权益的政策进行制定与研究，并提出建议。
- 对公司可持续发展领域包括但不限于健康与安全、社区关系、环境、人权与反腐的相关政策进行研究并提出建议，确保公司在关系全球可持续发展议题上的立场及表现符合时代和国际标准。
- 对公司关注和保障女性员工、少数民族员工、残障员工在公司的职业发展，不歧视不同背景的员工，为项目所在地不同群体的员工提供公平就业和发展的机会，提出相应建议。
- 对公司可持续发展，以及ESG等相关事项开展研究、分析和风险评估，提出可持续发展的制度、战略与目标。
- 组织或协调公司可持续发展及ESG事项相关政策、管理、表现及目标进度的监督和检查，提出相应建议。

- 审阅公司可持续发展、ESG事项相关报告，并向董事会汇报。
- 审议年度环境及社会责任和可持续发展绩效目标的达成度，并与管理层绩效薪酬挂钩。
- 审议与公司战略或可持续发展有关的事项。
- 委员会的职能可以概括为四个方面：

a. 识别和评估公司ESG风险；

b. 制定公司ESG方针、政策、指标和目标；

c. 监督和评价公司ESG实践；

d. 审核公司ESG信息披露内容。

7. ESG委员会成员的构成与激励机制

一方面，ESG委员会成员通常由董事会成员、高级管理人员担任，委员会主席则由董事会主席担任，以保障委员会有权力充分发挥ESG的监督管理作用；另一方面，成员是否具有以及具有哪些与ESG相关的教育背景、工作经验，也需要纳入考量范畴，以更专业地解决企业面临的ESG问题。此外，还可以采取适当的激励措施，将董事、高管等的薪酬与ESG短期绩效或中长期绩效挂钩，促使其更有意愿和动力去关注ESG事项，并将ESG事项纳入企业决策和活动。

8. 建立ESG协同工作机制

仅有ESG决策、监督力量还不够，还需要进一步形成推动ESG自上而下落实的协同工作机制。特别是组织架构复杂、管理层级较多的企业，可以在ESG委员会下成立ESG工作小组，发挥“上传下达，下情上达”的组织协调作用。

ESG工作小组在日常工作中承担着识别ESG风险，针对各项ESG

风险制订计划和目标，汇报 ESG 进展等职责。同时，将董事会层面的 ESG 决策和要求进行细化分解，精准地传递给各职能部门、事业部、子公司等下级组织，并将下级组织在实际运营中发现的 ESG 问题、取得的进展等集中反馈到董事会层面，以保证董事会的决策不会脱离业务运营的 ESG 实际情况。

此外，ESG 工作小组内部也需要形成高效协同机制。ESG 事项涉及范畴广，覆盖合规管理、环境健康安全（EHS）管理、人力资源管理、产品质量管理、供应链管理、风险管理等众多部门职责。企业通过设立 ESG 工作小组，将相关部门负责人等重要成员凝聚在一起，为跨部门的 ESG 沟通合作搭建桥梁。在明确 ESG 工作小组成员职责及分工的基础上，ESG 工作小组内部需要形成常态化沟通、合作机制，共同推动企业 ESG 工作自上而下地高效落实。

某公司 ESG 协同工作机制

经营层面

ESG 管理委员会由公司管理层组成，主要职责包括：

- 组织、研究和制定公司 ESG 愿景、策略、框架、原则及政策，并推动落实。
- 审视 ESG 主要趋势及风险与机遇。
- 评估公司业务模式和架构模式的 ESG 合规性。
- 审阅公司的 ESG 信息披露资料。
- 下达 ESG 工作任务，并协调公司内部资源。
- 负责每年至少一次的 ESG 专题会议。

业务执行层面

业务执行层面的 ESG 工作小组是 ESG 管理委员会的下设机构，由多个与企业社会责任相关的职能部门负责人组成，共同负责ESG政策和目标的具体执行工作，是ESG管理委员会的日常工作和协调机构。ESG工作小组的职责包括：

- 贯彻落实ESG管理委员会的决策，组织和安排有关部门及权属企业实施ESG工作。
- 负责拟定各项ESG议题的制度、规划和标准，制订阶段性工作计划和实施方案。
- 指导、监督和检查各部门、各权属企业ESG工作执行情况。
- 协调资源，解决ESG工作中遇到的跨部门协作和配合问题。
- 负责对公司ESG信息收集、汇编，编制ESG报告及相关文件。
- 反馈、汇报和总结ESG工作中的问题和成果，向ESG管理委员会报告进展并提出合理化建议。

此外，各权属企业指定或设置ESG公司专（兼）职分管副总经理和ESG专员，并在ESG工作小组的管理下开展相关工作。

ESG战略规划及目标

加快生态环境建设，促进人与自然和谐共生，是构建人类命运共同体，推动可持续发展的关键。党的二十大报告中明确提出，大自然是人类赖以生存、发展的基本条件。站在人与自然和谐共生的高度来谋划发展是高质量发展的内在需求。

国际层面，广泛的利益相关方，从投资者到消费者，都寻求从企业的ESG表现来决定资金的走向。这促使着企业不仅要追求经济利益，还要考虑生产活动对环境的影响、企业发展对社会的贡献。这种综合性的考虑使得企业的决策和运营更加全面和可持续。而在通货膨胀、能源市场动荡、政治不稳定和气候异常事件频发的新常态下，ESG 能为企业带来的价值更为显著。

企业依托良好的公司治理结构不仅能够形成有效自我约束，还能进而树立良好市场形象，获得社会公众的信任。然而，实施 ESG 战略并非易事。许多企业需要调整其产品和企业文化，以确保与 ESG 原则相一致。这可能会引发企业内部紧张和抵制变革的情况。有时候企业可能需要重新审视其供应链和运营方式，以减少对环境的负面影响，并且改善劳工条件，加强公司治理等。这些调整和变革需要耗费时间和资源，但它们是企业转型和可持续发展的必要步骤。

在推动 ESG 的过程中，领导者需要思考如何最好地促进每个独特企业的 ESG 发展。这包括明确企业的使命，并将其与 ESG 原则相结合。企业的使命不仅是一个口号，它概括了企业所面对的需求及其所具有的优势来满足这一需求。

将企业使命与 ESG 相结合

企业使命远远不止于品牌和公关。当员工感到个人的使命与组织的使命产生共鸣，并且能够在工作中实现这一使命时，他们会更加投入。使命激励利益相关方，帮助公司集中精力，并在关键时刻进行权衡。

ESG 与使命是不同的。ESG 框架提供了领导者应该如何经营业务以实现其使命、执行其战略以及应对组织面临的某些风险的曝光度。它提供了一个实施框架，指导业务决策的制定。没有将 ESG 纳入使命的战略既不可衡量，也不具备战略性。

识别关键风险和机遇

作为领导者，践行 ESG 的首要任务是识别并管理关键风险。领导者的工作应该集中在那些对企业所处行业或业务具有重大影响的风险上。

SASB 标准和其他框架可以帮助识别这些关键的 ESG 风险。企业应从识别关键风险开始，而不是试图包揽一切。忽视关键风险所造成的失败可能是致命的。以教育科技领域为例，数据隐私泄露是一个重大风险。许多初创公司可能因为将从未成年人使用其教育应用程序收集的个人数据出售给广告商而失去重要的政府合同，因为这违反了 ESG 的“治理”范畴下对隐私的最基本期望。

ESG 可以助力企业管控、预防、降低和减缓风险，以此来构建企业的经营韧性。风险管理流程应贯穿于经营的整个环节，可以通过积极推动建设风控信息化平台、完善风控体系建设、实行重大风险专项整治、形成正直诚信的风险管理文化氛围等方式实现。风险管理体系是公司风险管理和内部控制有效运行的重要载体，可通过业务部门自查、主管部门监管、内外部审计等方式强化管理效果。全面综合的风险管理是公司治理范畴下的重要议题，更是达成 ESG 目标的风险屏障。

在全球贸易摩擦升级的今天，实行国际化经营的公司面临着更严峻、更复杂的合规和风险挑战，对于这些公司来说，尤其应提高对供应链管理的重视程度。通过解读欧盟发布的《企业可持续发展报告指令》和《企业可持续发展尽职调查指令》等不难发现，可持续发展相关监管要求的制定趋势已经越来越向注重企业全价值链管理方向发展，因此，降低供应链交付风险、确保供应商满足 ESG 合规要求是非常必要的。公司须在供应商遴选环节将 ESG 因素纳入考评指标，后续定期复核供应商质量以评估供应链中的风险。此外，公司还需制订防范供应中断的应急预案，保障业务生产的连续性和稳定性。这些举措都将有助于企业识别、分析和解决供应风险，建立供应链韧性，抵御外部政治、经济局势的不利变化。

“漂绿”是一种虚假宣传行为，通常指企业故意营造或夸大自身环保、可持续等绿色性质，以获得消费者和其他利益相关方的青睐。无论是故意“漂绿”，还是无意识“漂绿”，对企业均是弊大于利。

“漂绿”行为可以被归纳为信息披露“脱钩”和“注意力转移”两种。脱钩是指企业声称满足利益相关方对可持续发展行动的期望，而实际上却没有在实践中做出任何改变。脱钩包括企业加入非政府组织建立的自愿可持续发展倡议，通过该组织获得信誉，在无法兑现时许下空洞的绿色承诺，提供虚假声明和陈述。

注意力转移是指企业向利益相关方隐藏不可持续的做法，准备选择性和不准确的披露，与其他产品和服务进行不完整的比较，并使用模糊的、不相关的陈述。注意力转移还包括部署误导性文本和 / 或图像。在极端情况下，企业还可能进行伪造以获得认证。

但无论哪种“漂绿”行为，均会对企业的声誉和信誉造成难以挽回的损害。企业需要深刻理解 ESG 理念及要求，避免有意识或无意识的“漂绿”风险。

制定 ESG 战略规划及指标

为了实现 ESG、经营韧性和成本管理这三个目标的有机协调，仅仅定义一个 ESG 战略是不够的，企业还应将 ESG 战略嵌入企业的运营管理及决策，制定符合企业自身实践的 ESG 战略规划，并积极采取行动制定实现规划目标的指标和关键绩效指标。这将有助于企业实现在业务层面和社会层面都能带来积极成果的目标。

ESG 战略规划包含上文所提到的企业使命、关键风险和机遇的识别以及关键绩效指标的制定（见图 2-4）。同时，ESG 战略规划需要围绕 ESG 战略和目标详细制定实施路线图，须明确实施 ESG 工作的方向、领域和短中长期行动路线，将包含议题提升时间表、关键里程碑、责任部门和具体工作任务等。

在制定规划前，企业需要通过内外部调研了解利益相关方所关注议题对企业业务带来的影响，结合行业洞察及企业业务发展实情，梳理议题提升的重要性及紧迫程度。ESG 战略规划应按议题重要水平制订短期、中期、长期的议题提升计划，合理高效地分配企业资源。规划制定过程中企业需要着重思考议题提升的实施路径是否切实符合议题提升目标，要将责任具体落实到部门和人员，明确实现关键里程碑的执行方式、行动任务和工作成果。

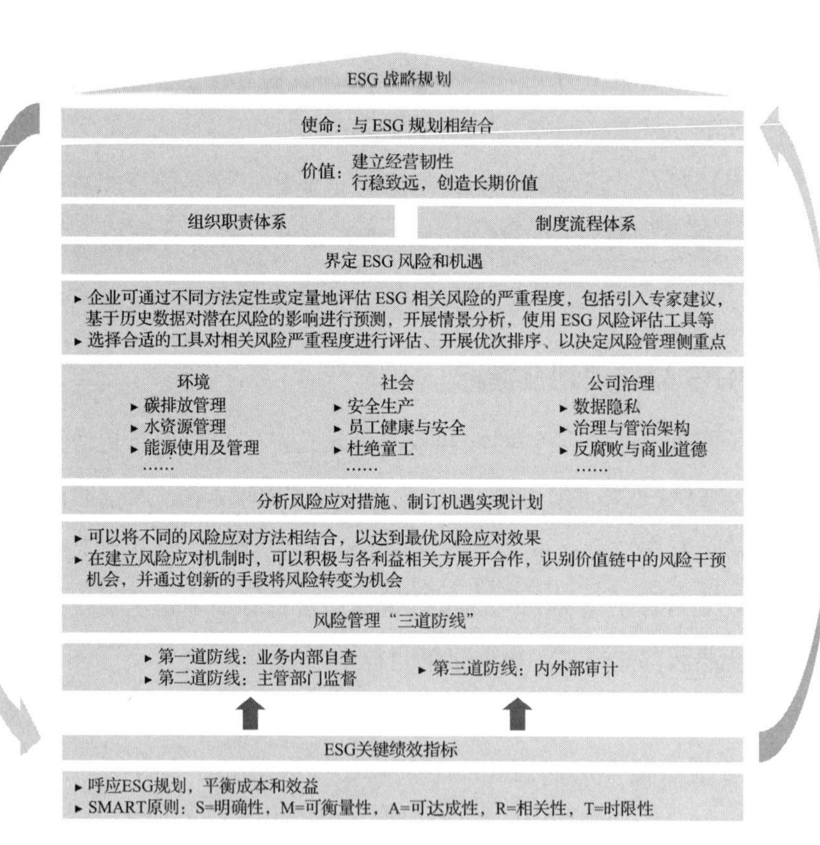

图 2-4　ESG 战略规划展示

为了激励企业内部自上而下地按照规划完成既定工作，设立切实可行的并符合成本效益原则的 ESG 关键绩效指标（KPI）是必不可少的。制定 KPI 的过程可以依据“SMART”原则，这使考核指标更科学化、更规范化，有利于员工高效地完成 ESG 战略规划任务。KPI 是基于 ESG 战略规划而设定的，随着 ESG 战略规划内容的逐步落实，需要对已设定的 KPI 不断完善和调整。同时，KPI 指标的达成度也给管理层制订 ESG 战略规划的分阶段提升计划提供了信息反馈。

ESG 风险管理及 ESG 表现追踪

ESG 风险管理

受到人工智能（AI）技术迅速迭代、人口结构变化以及地缘政治等因素影响，当下企业所面临的 ESG 风险管理环境变得更加复杂。从企业治理的角度来看，近年来在经营中监管部门对环境和社会问题的要求明显提高，为此企业需要进一步提升对于 ESG 风险的监督、治理和文化建设，管理层需要准确识别企业所面对的 ESG 风险，在充分了解 ESG 风险的基础上最大化地利用 ESG 相关活动中的机会，从而实现企业的战略或目标。从投资者的角度来看，越来越多的投资者在决策时将企业的 ESG 风险治理能力纳入考量，在投资中更加期待企业准确识别并评估自身的 ESG 风险，有效进行 ESG 风险的改善，并且进行恰当的 ESG 披露。

1. 设定 ESG 风险管理目标

设定 ESG 管理的目标是企业搭建 ESG 管理机制的第一步。这一目标的确立对企业来说尤为重要，因为它为企业提供了一个明确的方向，以在环境、社会和治理方面实现可持续发展的目标。

首先，企业应该考虑其所处的行业，不同行业面临的 ESG 挑战和机遇是不同的。例如，能源行业可能面临更大的环境影响和碳排放问题，而零售行业可能需要关注供应链的透明度和劳工权益等。因此，企业需要对自身行业的ESG风险和机会有一个清晰的认识，以便能够制定出切实可行的目标。

其次，企业还应该考虑自身的经营特点。每家企业都有其独特的经营模式、资源配置和价值观，这些将直接影响ESG管理的目标设定。企业需要了解自身的强项和改进空间，并将这些因素纳入目标设定的考虑范围。例如，如果一家企业在环境技术方面具有优势，就可以将其ESG管理的目标设定在减少环境影响和提升生态效益上。

最后，企业还应该考虑未来的发展方向。ESG管理的目标设定应该与企业的长远发展战略和愿景相一致。企业需要思考自身在ESG方面的重点关注领域，并制定相应的策略、目标和计划，以促进可持续发展并满足利益相关方的期望。这可能涉及技术创新、产品研发、员工培训等方面的投资和努力。

总之，确定ESG管理的目标是企业搭建ESG管理机制的关键一步。通过考虑所处行业特点、自身经营特点和未来发展方向，企业可以制定出适合自身的ESG管理目标和计划，以实现可持续发展的目标，并在ESG领域取得持续进步。

2. 风险识别

企业开展ESG风险管理的第一步，是准确识别当下所面临的各项ESG风险。由于ESG风险往往具有不为企业所熟知、时间跨度较长、在商业语言中难以被量化、受政府监管程度较高等特点，企业在对ESG风险进行识别时，需要建立一套以培养长期价值增长为目标的风险管理机制，将外部趋势和驱动因素与已经识别的风险相结合，更全面地识别

ESG风险。

全美反舞弊性财务报告委员会发起组织（COSO）及世界可持续发展工商理事会（WBCSD）于2018年发布了《企业风险管理：将环境、社会和治理相关风险纳入企业风险管理》，开发出企业风险管理（ERM）框架，ERM框架通过识别可能干扰企业正常运营、影响企业实现实体战略和商业目标的风险，进一步识别风险中的机遇，从而帮助企业更有效地理解和管理各类ESG风险。在ERM框架中，风险的识别被拆解为“创建和维护风险清单—掌握识别风险的方法—明确和界定风险—挖掘机遇”四个步骤。

（1）创建和维护风险清单

ERM框架中，建议企业从多种维度梳理实体所面临的风险，建立风险清单，以便完整梳理各类ESG风险，对每项风险的影响、改进优化措施和风险责任人进行明确的说明，以便进行追踪检测。典型的ESG风险分类包括战略、运营、财务、合规风险等，并且许多ESG风险之间可能存在互相协同的关系，即一种风险可能会加剧另一种风险的影响程度和发生的可能性。例如，气候变化会首先带动原材料的波动，在此基础上进一步导致企业的财务指标受到影响。为了实现有效的ESG风险管理，企业需要综合考量在不同业务活动中的风险敞口，比较不同ESG风险带来的暴露情况、潜在收益和实际支出等综合因素。根据ESG相关因素的分类，ESG风险可进一步划分为环境风险、社会风险与治理风险三类：环境风险包括气候物理风险、气候转型风险、环境污染风险、资源供需风险等；社会风险包括生产事故风险、职业病风险、客户隐私数据泄露风险、产品质量风险、劳动关系风险等；治理风险主要与公司治理制度的设计与执行有关，包括股东之间的治理风险、股东大会与董事会及监事会之间的治理风险、经营管理层的治理风险、商业道德风险等。

（2）掌握识别风险的方法

一些成熟的企业可以通过设置 ERM 流程，采用开展调查、研讨、风险责任人面谈、定量分析等方法，从战略角度识别 ESG 风险。同样地，企业也可以通过建立专项的可持续发展职能部门、开展内外部审计、媒体监测、留意监管要求的变化、进行 ESG 实质性评估，或者设置风险责任人持续执行、跟踪 ESG 相关活动或流程，来提升风险识别能力。需要注意的是，对于一家企业来说，不仅应该由管理层在战略角度推演识别 ESG 风险的方法，每位员工也都有责任在日常工作中识别 ESG 风险并进行管理。

（3）明确和界定风险

企业要建立风险清单，但不能仅仅停留在对风险的罗列上，相反，企业应当持续、精确地界定 ESG 风险对战略和商业目标的影响，认识风险的性质和根源。例如，风险清单中的每一个风险往往都是由一个潜在因素所驱动产生的。对这些风险进行明确的界定，开展根本原因分析来确定业务的风险驱动因素，有利于企业从根源上解决问题或把控风险的影响程度。ERM 框架中，针对已经识别出的 ESG 风险，首先准确定义风险内容和相关的 ESG 大趋势或议题，其次进行根本原因分析，最后对战略和目标影响进行梳理，从而准确框定风险，确定各项 ESG 风险的处理优先级，并安排后续对应的响应方案。

（4）挖掘机遇

企业在目前 ESG 风险管理理念不断普及的情况下，需要认识到识别 ESG 机遇的必要性与重要性，企业可以将可持续发展的理念融入实现核心目标的战略，进一步获得投资者的认可。能源升级和绿色发展是当前值得各企业进行重点关注的 ESG 机遇之一。根据国家发展改革委、国家能源局、中国人民银行、国家生态环境部、国家新一代人工智能治理专业委员会等部委机构发布的《关于完善能源绿色低碳转型体制机制和政策措施的意见》《新一代人工智能治理原则——发展负责任的人工智能》《绿色债券支持项目目录》和《关于开展气候投融资试点工作的通知》等规划与指引性文件，企业可以考虑梳理现有能源资源体系，进一步探索提升能源效率、更新能源利用系统、提高清洁能源使用比例等途径，调整企业战略和目标中针对绿色发展方向的计划，逐步迭代进行能源升级，并进一步降低运营成本。

3. ESG风险评估

在对风险进行识别的基础上，企业在风险评估的过程中需要着重分析风险的严重性以及发生的可能性，并且基于企业自身的战略与目标对风险进行优先级排序，从而逐步建立风险应对机制，最大限度地提高企业的战略、财务和运营效益。

但是，ESG相关风险通常难以评估和确定优先级顺序。从本质上讲，ESG相关风险对财务或业务的影响可能不会立即显现或被量化。这些挑战会加剧，原因在于企业对ESG相关风险的认识有限，或者倾向于关注近期风险而未充分关注可能出现的长期风险，或者难以量化。即使可以量化ESG相关风险的严重程度，但其结果也具有不可确定性。此外，由于对已知风险的认知偏差，有些风险可能不会被优先考虑。为此，在比较和确定风险的优先级时，可以考虑使用一系列定量和定性的方法来估计风险的严重性。

风险严重性通常用影响程度和可能性这两个维度来进行衡量。在COSO的ERM框架中，对于风险的影响程度，建议从财物损失、负面报道导致的信誉损失、员工士气低落与战略客户的丢失以及起诉罚款等直接经济损失等方面，按照风险等级，以高、中、低评级；对于风险的可能性，建议按照发生的频率、概率，以非常高、高、中、低评级。需要注意的是，ERM 框架指出，作为风险评估的一部分，管理层在评估风险的过程中，还应考虑固有风险及剩余风险。这些考虑因素有助于管理层确定风险的优先级以及理解风险应对措施的有效性。

综合来看，影响程度与可能性相结合的 ESG 风险评估框架，有利于企业将各类 ESG 风险进行直观的呈现和后续评估，从而更有效地调动资源，制订并实施 ESG 风险管理方案。

4. 制定 ESG 风险管理政策

ESG 政策应当围绕企业的可持续发展目标和 ESG 管理目标展开，明确企业的 ESG 管理原则、政策和目标。这样的政策制定是为了确保企业在环境、社会和公司治理方面采取可持续的行动，同时积极应对 ESG 挑战和机遇。

企业的 ESG 政策应该明确其管理原则。这包括一系列关于环境保护、社会责任和良好治理的准则和价值观。例如，企业可以制定减少碳排放、节约资源、推动人权和劳工权益保护、促进透明度和诚信等原则。这些原则为企业的 ESG 管理提供了基本的指导方针，并确保企业行为与价值观一致。

ESG 管理模式应当依照 ESG 政策的要求制定，通过明确管理流程、职责和制度等措施，确保 ESG 政策的有效实施和推广。企业应该建立一套完整的 ESG 管理流程，包括 ESG 数据收集和报告、风险评估、绩效评估和改进措施等环节；同时，明确相关部门和个人的职责，确保 ESG 管理责任的明晰和落实。此外，企业还应该建立相应的制度和机制，包括内部审查和外部认证等，以确保 ESG 政策的有效实施和推广。

通过制定明确的 ESG 政策和建立有效的 ESG 管理模式，企业能够更好地践行可持续发展理念，提升 ESG 绩效，赢得利益相关方的信任和支持，并在 ESG 领域中实现长期可持续发展。

5. 开展 ESG 培训与宣贯

ESG 培训和宣贯是搭建 ESG 管理体系的重要组成部分。企业应当通过多种形式，包括组织内部培训、外部宣传和社会参与等方式，提高员工和外部利益相关方对 ESG 管理的认识和理解，以促进 ESG 管理体系的推广。

组织内部培训是推动 ESG 管理的关键。企业可以开展全员培训计划，向员工传达 ESG 的重要性、背景和目标。培训内容可以涵盖 ESG 的核心概念、相关指标和评估方法、风险管理和机遇等。通过这样的培训，员工可以深入了解 ESG 对企业的影响，并学习如何在自己的工作中融入 ESG 考量。

外部宣传是推广 ESG 管理的关键手段。企业可以利用各种渠道和平台，如社交媒体、企业网站、行业会议和展览等，向外界传达企业的 ESG 承诺和实践，可以包括发布 ESG 报告、分享成功案例、参与行业倡议和建立合作伙伴关系等方式。通过积极的外部宣传，企业可以提高公众对其 ESG 努力的认可度，并塑造积极的企业形象。另外，提升企业的可持续发展品牌影响力，也是支持企业不断扩大市场份额的有效手段。

除了内部培训和外部宣传，企业还可以积极参与社会活动和与利益相关方的对话，进一步推广 ESG 管理。例如，企业可以组织和参与环保活动、社区服务项目和可持续发展倡议等。这样的参与可以加强企业与利益相关方之间的互动和合作，提高社会对企业的认可度，并在实践中推动 ESG 价值观的传播和实现。

6. 搭建 ESG 考核体系

在制定了 ESG 管理模式后，企业需要对其 ESG 绩效进行监测和评估，以促进管理模式的不断完善和提高。为了实现这一目标，企业可以采用多种方式，包括自查、第三方评估和 ESG 报告等。

自查是一种常用的监测 ESG 绩效的方式。企业可以通过内部审查和自我评估，对自身在环境、社会和治理方面的表现进行检查。这需要企业建立相应的监测机制和指标体系，以便及时了解和评估自身的 ESG 绩效。自查的结果可以帮助企业发现存在的问题和改进的机会，并采取相应的措施解决这些问题，从而提高 ESG 绩效水平。

第三方评估是另一种有效的监测 ESG 绩效的方法。企业可以选择聘请独立第三方机构或专业团队对其 ESG 绩效进行评估，这些评估机构通常具有专业的知识和丰富的经验，能够客观中立地评估企业的 ESG 绩效。通过第三方评估，企业可以获取独立的评估结果和建议，从而更好地了解自身的 ESG 表现，并有针对性地改进和提升。

此外，ESG 报告也是监测 ESG 绩效的重要手段之一。企业可以定期发布 ESG 报告，向利益相关方和社会公众披露其 ESG 绩效数据和相关信息。这些报告应包括企业在环境、社会和治理方面的具体行动和成果，以及未来的改进计划。ESG 报告的透明度和公开性能够增强企业与外界的沟通与互动，并获得来自利益相关方的反馈，进而推动 ESG 绩效的提升。

7. 披露与报告 ESG 风险信息

向利益相关方沟通和报告 ESG 相关风险信息具有重要意义。ESG 风险信息是内部和外部利益相关方在战略、运营、投资或采购等决策中的重要数据输入。为了有效传达这些信息，企业应充分利用现有的沟通渠道，向目标受众及时提供高质量的 ESG 相关信息。

首先，企业应该识别并了解关键利益相关方，包括股东、客户、员工、供应商、社区和监管机构等。了解不同利益相关方的需求和关注点，有助于企业更准确地确定 ESG 风险信息的沟通重点和方式。

其次，企业可以通过多种渠道向利益相关方传达 ESG 风险信息，可以包括定期发布 ESG 报告、组织投资者关系活动、参与行业会议和论坛、建立专门的 ESG 网站等。此外，社交媒体和企业内部通讯也是传达 ESG 相关信息的有效途径。通过选择适当的渠道，企业能够确保信息的广泛传播和受众的接收。

同时，企业在传达 ESG 风险信息时应确保其质量和准确性。ESG 信息应该具备可度量性、可比性和可验证性，有利于利益相关方准确地理解和评估 ESG 风险。可度量性是指 ESG 信息应该基于可量化的指标和数据，这意味着企业需要确定适当的指标和衡量方法，以度量其 ESG 绩效和风险管理情况。例如，在环境方面，企业可以报告温室气体排放量、水资源利用效率和废物管理情况等数据。可比性是指不同企业的 ESG 报告应具有一致的结构和内容，以便利益相关方能够进行有效的比较和评估。为了实现可比性，企业可以参考 GRI、ISSB 和 SASB 等发布的国际标准，这些标准提供了广泛接受的指导原则和报告要求。可验证性是指 ESG 报告应该经过鉴证或认证，以确保信息的准确性和可信度。

另外，及时性也是沟通 ESG 风险信息的要素。企业应当及时更新 ESG 信息，跟踪相关风险的变化，并及时向利益相关方提供最新数据，这可以通过定期报告、即时通知与在线平台沟通等方式实现。

总而言之，与利益相关方沟通和报告 ESG 风险信息对于企业至关重要。通过充分利用现有的沟通渠道，向目标受众提供高质量、准确、可度量和及时的 ESG 信息，企业能够增强透明度，赢得利益相关方的信任和支持，并在战略决策和运营管理中更好地应对 ESG 风险。这也将有助于企业实现可持续发展目标，提高绩效并赢得长期成功。

ESG 税务风险管理

1. 从税务角度看 ESG 风险管理

从税务角度看，关于 E（环境），是指企业的供应链和产品是否是绿色的，是否有战略措施追求可持续发展的理念，即企业是否对整个全球供应链、价值链当中的可持续税收政策变化或潜在变化及影响做了充分的分析、预判和准备，是否能够及时针对有关变化做出反应和定价方面的调整，在整个全球供应链、价值链中是否有完善的制度和措施确保对相关可持续发展税收优惠政策“应享尽享”。关于 S（责任），是指企业在其税收方面是否承担其应该承担的责任，即企业对其税收相关数据及税收贡献是否有充分的分析和解读，如果披露，是否可以令监管机构和利益相关方满意；有效税负或整体税费负担过低是否意味着企业在履行相应的社会责任方面存在缺失，有效税负或整体税费负担过高是否意味着企业对税收优惠没有充分利用或者税收效率尚有提升空间。关于 G（治理），是指企业的税收合规情况，即企业是否对自身的全球税收治理情况即税务合规及相关文档支持满意，是否自信可以支持与各个监管机构及利益相关方进行充分沟通与交流。

充分了解和分析企业的税务风险，需要企业审视其在以下六个方面是否做好了可持续发展的准备，即其税务职能和政策是否融入了其可持续发展战略，是否具有相应的能力并承担相应的职责针对以下六个问题进行企业自查，以促进企业可持续发展战略目标的实现。

- 企业是否有预警系统提示其在各市场的税收政策或实践的变化，以及这些变化对价值链的潜在影响？
- 企业对全球供应链中税务处理、合规和报告是否有信心？
- 企业是否具有系统性的机制来实现全球价值链中的所有相关税收激励、研发税收抵免和其他免税政策“应享尽享”？
- 企业是否能轻松获得可靠的数据来支持其可持续性报告和评级，

并反映公司在每个市场中真实的税收贡献？

- 企业是否评估了可持续发展趋势对其当前和未来全球运营模式的影响，是否完全了解由此产生的税收影响？
- 企业是否对自身的税务治理政策和相关文件在全球运营中的有效性有信心，以便企业能够轻松地传达给股东和利益相关方？

2. ESG税务风险管理应对策略

（1）评估相关税收政策对企业的影响，计算企业价值链的碳足迹

全面了解适用于企业的税收政策，包括国家、地区以及特定行业的税收法规和政策文件。例如，欧盟碳边境调节机制（CBAM）或将成为跨国企业一项重要的成本因素，企业需制定全面的碳管理策略，以应对绿色监管和合规要求。碳排放权市场交易也涉及税务问题，企业在购买碳排放配额时可能会遇到涉税不确定性问题。此外，未来政府可能进一步开征碳税，这会让排放二氧化碳的行业产生税收成本，使得企业需降低碳强度、实现数字化转型升级并加强税务合规管理。

了解税收政策的目的、优惠政策、税率变化等方面，结合企业的业务特点，分析哪些税收政策对企业的影响最大，比较不同税收政策下的企业税负情况，分析税收政策对企业的影响。明确企业的价值链，确定排放因素，通过识别企业价值链中主要的碳排放源，确定这些因素在碳排放中的比重，并收集企业各个环节的能耗和排放数据，按照国际通用的标准进行计量和单位转换。利用数据计算企业价值链的碳足迹，根据计算结果，设定减排目标，推动企业逐步降低碳足迹。

（2）制订一系列节能减排方案时充分考虑税收和碳配额交易因素

企业可以通过收集各个环节的能耗和排放数据，了解能源消耗和温室气体排放的主要来源，确保有准确的数据作为制订方案的基础。统计并评估企业的能源使用和排放情况，根据评估结果，设定明确的节能减

排目标。制订具体的节能减排方案，针对不同环节和部门制定相应的措施，包括改进能源效率、优化生产流程、推广低碳技术、采用清洁能源等。通过制订科学合理的节能减排方案，并充分考虑税收和碳配额交易因素，企业可以有效降低经营成本，提升竞争力，同时履行社会责任，为环境保护和可持续发展做出贡献。

（3）积极申请相关税收优惠政策，规避税务不合规事项

企业需全面了解适用于自身业务的税收政策和相关税收优惠，以确保在对政策内容和申请条件有透彻理解的前提下，申请到符合自身的税收优惠政策。了解政策规定的资格要求，并对企业的经营和环境做好充分准备，以满足相关条件。与此同时，企业还需及时关注其他国家或地区税收政策的动态变化，特别是与环保和绿色发展相关的政策。及时了解最新政策变化，以便做出适时的调整和申请。对于有进出口业务的企业而言，应及早规划，做好准备，以应对不断变化的绿色监管要求，充分利用财税优惠政策，降低转型升级成本。同时，加强对碳交易市场的了解，统筹做好税务规划和业务安排，加快绿色发展步伐。

（4）确定税收激励、减免和其他筹资机制

企业应该根据自身的特点和需求，确定所需的税收激励和减免措施，根据企业的资金规划和预算，确定需要的筹资机制。通过确定合理的税收激励、减免和其他筹资机制，企业可以优化税务结构，提高经营效率，增强竞争力，实现可持续发展。同时，合理使用这些筹资机制，也需要企业遵守相关法规和规定，确保合法合规经营。

（5）在打造绿色供应链、考虑可持续发展的生态系统过程中考量绿色税收因素

优化供应链并考虑可持续发展的生态系统是企业实现环保和可持续性目标的重要一环。企业需要审视供应链的整体影响，包括从原材料采

购、生产制造、物流运输，到产品使用和废弃物处理等环节，考虑其对环境和生态系统的影响，考量绿色采购、绿色生产、绿色运输、绿色处置等环节的税收政策对成本和定价的影响。与供应链伙伴建立合作关系，共同推动可持续发展。

（6）在打造绿色商业模式、评估商业计划和投资活动中充分评估影响可持续发展的税收因素

企业应该定期对现有商业模式进行评估，了解其优势和劣势。及时跟进行业和市场的变化，确定是否需要更新或调整商业模式，以适应新的绿色市场需求和趋势。投入资源用于研发新技术、绿色产品或服务，推动绿色商业模式的升级和创新。了解客户对绿色产品和服务的期望和诉求，将客户需求融入绿色商业计划，确保绿色产品和服务能够满足市场需求。将可持续发展纳入商业模式和计划，评估商业计划和投资活动的风险，包括可持续发展方面的税收优惠及税收风险，并制定相应的风险管理策略，降低风险对企业的影响。

（7）使企业税务安排与供应链及企业的商业模式相吻合

确保企业的税务策略与商业战略相一致。税务策略应该支持企业的长期目标，同时也要考虑供应链和商业模式的需求。供应链的结构和特点可能对税务产生影响。供应链可能会涉及不同的国家和地区，其税收政策和优惠条件各异，了解供应链中的关键环节、国际业务和国际税收政策，确保税务安排与供应链的需求相匹配。

ESG 投资工具及产品

什么是 ESG 投资

ESG 投资是指将 ESG 因素纳入投资研究、决策的一种投资策略和实践，助力提高投资对象的 ESG 表现和践行可持续商业实践，是投资机构

价值重塑、助力可持续、高质量发展的关键切入点。

1. ESG 投资的理念

ESG 投资的理念最早可以追溯到 20 世纪 20 年代，它起源于宗教教会投资的伦理道德投资，其要求是限制酒精、烟草、博彩等行业的投资，后面逐渐衍生为对社会责任、环境资源友好的投资要求。自 2004 年联合国全球契约组织首次提出 ESG 的概念以来，ESG 原则逐渐受到各国政府和监管部门的重视，ESG 投资也逐渐得到主流资产管理机构的青睐，从欧美走向了全球。

2021 年 2 月，中国人民银行、市场监管总局、银保监会、证监会四部门联合印发《金融标准化“十四五”发展规划》明确提出建立 ESG 评价标准体系。2022 年 3 月，国资委成立社会责任局，点明社会责任局的重点工作任务是围绕推进“双碳”工作、安全环保工作以及践行 ESG 理念等，引起全社会的广泛关注。简而言之，ESG 投资理念认为，真正具有长期投资价值的高质量公司，不仅为股东创造收益，也为社会创造价值。

2. ESG 投资的发展阶段

ESG 投资的发展可划分为三个阶段：

第一阶段是 20 世纪 60 年代至 80 年代，ESG 投资的发展处于早期阶段。ESG 概念传播的广度不够，资本流入较少，ESG 投资还没有建立指导原则或标准，仅仅是投资者在投资决策时考虑环境、社会因素，但没有将 ESG 理念融入运营。

第二阶段是 20 世纪 90 年代至 2019 年，ESG 投资正式兴起。2006 年联合国发起了 UN PRI，旨在帮助投资者理解环境、社会和治理等要素对投资价值的影响，并支持各签署机构将这些要素融入投资战略、决策。

签署该原则的机构被要求承诺在投资决策时遵循 ESG 理念，并鼓励所投资的公司遵守和践行 ESG 要求。

第三阶段是 2020 年至今，ESG 投资迎来新的快速发展机遇。2020 年 9 月，GRI、SASB、国际综合报告委员会（IIRC）等国际机构联合发布了构建统一 ESG 披露标准的计划，以支持 ESG 投资发展。整个社会更注重维持生物的多样性、经济的可持续发展，全球经济复苏过程中的“绿色”成分显著增加。

3. ESG 投资遵循的六大原则

UN PRI 将“负责任投资”定义为“将 ESG 因素纳入投资决策和积极所有权的一种投资策略和实践”。究其内涵，所谓“负责任”投资，在宏观层面，是要求投资活动对人类的经济、社会和环境的可持续发展负责；在微观层面，主要指的是在投资中对“非财务因素”加以考量，包括在投资时考虑标的的 ESG 风险和机遇，以及在投资后采取措施提高投资对象的 ESG 绩效。如果从这一内涵界定出发，虽然“负责任投资”的概念直到近几年才广泛进入大众视野，但是与之理念相近的投资实践已经经历了长期的探索。

UN PRI 制定了签署方需共同遵守的**六项基本原则**，[一]具体包括：

- 将 ESG 议题纳入投资分析和决策过程。
- 成为主动的所有者并将 ESG 议题纳入所有权政策和实践。
- 寻求被投实体对 ESG 议题的适当披露。
- 促进投资行业对原则的接受和实施。
- 共同努力，提高原则实施的有效性。
- 对实施原则的活动和进展情况进行报告。

[一] 资料来源：UN PRI Website, 2023.

截至 2023 年 12 月底，全球已有超过 5000 家机构签署 UN PRI 并承诺遵守上述六项负责任投资原则。[1]

ESG 投资产品有哪些

近年来，国际上逐步开始明确 ESG 投资产品的定义和分类。2019 年欧盟发布《可持续金融披露条例》(SFDR)，加强了对 ESG 金融产品信息披露的要求。当前，我国投资者的 ESG 认知水平正在快速提升，但 ESG 投资的披露和监管政策尚在酝酿过程中，并没有统一明确的 ESG 产品分类方法，因此 ESG 投资产品与原有主题投资产品的界限尚不清晰。

目前，国内外主要的 ESG 投资产品是 ESG 指数及衍生投资产品和基金理财类产品，此外还有涉及 ESG 概念的可持续信贷和可持续债券等。

1. ESG 投资工具

ESG 投资工具从聚焦绿色和普惠领域逐渐拓展至更广泛的可持续议题范畴，同时，各种 ESG 投资工具的数量和规模多年来保持上升趋势，为吸纳更多资金支持可持续发展不断拓源引流，也为 ESG 投资提供了丰富、优质的标的选择。

（1）可持续信贷

可持续信贷是指用于推广环境友好型产品、技术、服务或有明显社会效益和价值的产品、服务等的贷款，同时确保在还款期内获得可持续的收益。绿色贷款、普惠贷款都属于可持续信贷。这种贷款不仅有助于环保和可持续发展，而且能够帮助企业和机构降低经营成本，提高效益，增强市场竞争力。

（2）可持续债券

可持续债券是一类支持可持续投融资活动的债券融资工具，按照国

[1] 资料来源：UN PRI, Signatory Directory, December 2023.

际资本市场协会（ICMA）的分类可分为绿色债券、社会债券、可持续发展债券、可持续发展挂钩债券、转型债券等。从 2015 年我国首次推出绿色债券指引，到 2022 年 6 月银行间交易商协会和证券交易所分别推出转型债券指引，我国金融市场基本覆盖了以上各种可持续债券产品，为可持续融资构筑了日益丰富的渠道，也为一二级市场的投资者提供了多样化的可持续主题投资标的。

2. ESG 指数产品

ESG 指数产品是指根据投资策略，对样本空间内的证券采用特定的 ESG 评级体系获得评级结果，并据此编制指数。国际上的 ESG 指数产品主要有明晟 ESG 通用指数、明晟 ESG 领先者指数、道琼斯系列指数、富时社会责任指数、罗素 ESG 指数等。国内的 ESG 指数产品主要有万得 – 嘉实 ESG 系列指数、中证华夏银行 ESG 指数、中证 ESG 120 策略指数、博时中证可持续发展 100 指数、中证嘉实沪深 300 ESG 领先指数和沪深 300 ESG 指数系列等。

3. ESG 基金

随着低碳理念的发展，ESG 投资在我国的影响力也越来越大，目前已有超过百家中国金融机构签署 UN PRI，其中包括 20 家公募基金公司。市场上的 ESG 投资产品越来越多，ESG 基金已进入快速发展阶段。

目前国内的 ESG 基金主要分为两大类：

第一类是“纯 ESG 基金”，这类基金的投资策略完整包含环境、社会、治理三个投资理念。

第二类是“泛 ESG 基金”或“广义 ESG 基金”，这类基金没有采用完整的 ESG 投资理念，而是考量了环境、社会和治理中的某一个因素，包括低碳及绿色发展概念产品、社会责任产品，例如以低碳优选、节能环保为代表的主题基金、交易所交易基金等，也可能在传统主动管理基金、量化基金的基础上叠加负向剔除、正向筛选等 ESG 投资策略，使投资向绿色企业和行业偏移。

4. ESG 理财产品

在“双碳”目标下，ESG 投资越发火热，各家银行（包括银行理财子公司）也争相加入 ESG 投资阵营，银行发行的 ESG 相关理财产品的数量和规模持续上升。银行业理财登记托管中心于 2023 年 8 月发布的《中国银行业理财市场半年报告（2023 年上）》显示，2023 年上半年，我国理财市场总计发行 ESG 主题理财产品 67 只，上半年新增规模为 260 亿元。截至 6 月末，ESG 主题理财产品存续规模为 1586 亿元，同比增长 51.29%。目前银行 ESG 理财产品主要为固定收益类和混合类，大部分产品覆盖节能环保、生态保护、高质量发展、清洁能源、乡村振兴、民生等重点领域。

如何开展 ESG 投资

在实际操作中，投资者要在遵循负责任投资原则的基础上，不偏离负责任投资的基本内涵，构建符合自身价值理念与业务特性的 ESG 投资原则。而在将这些原则应用到投资实践时，各家机构也形成了各具特点的 ESG 投资模式，但基本上可以分为在构建投资组合时考虑 ESG 问题和在投资后提高投资对象的 ESG 表现两大类。

1. ESG 投资组织架构

ESG 投资组织架构一般包括两个层级。

第一个层级：ESG 领导小组负责统筹协调公司的 ESG 工作建设，牵头落实 ESG 各项工作部署，定期审核 ESG 业务进度并制定下一阶段的工作重点。

第二个层级：ESG 工作小组包括固定收益 ESG 整合、权益 ESG 整合、风险管理 ESG 整合、ESG 产品四个工作组，由各资产类别及业务线部门组成，由 ESG 领导小组统筹工作，明确各小组的工作职能，制定相应的实施细则，推进 ESG 整合在各资产类别、业务条线和职能部门有效落地。

2. ESG 投资策略

ESG 投资策略主要分为 7 类[⊖]（见表 2-1）：负面筛选、正面筛选、规范筛选、可持续发展主题投资、ESG 整合、企业参与及股东行动和影响力 / 社区投资，这也是全球目前认可度最高的分类标准。

表 2-1　7 类 ESG 投资策略

类别	定义
负面筛选	基金或投资组合按特定 ESG 准则剔除若干行业、公司或业务
正面筛选	投资 ESG 表现优于同类的行业、公司或项目
规范筛选	按照基于国际规范所制定的最低标准、商业惯例筛选投资
可持续发展主题投资	投资与可持续发展相关的主题或资产，例如清洁能源、绿色技术或可持续农业
ESG 整合	投资管理人明确、系统地将 ESG 因素纳入传统的财务分析
企业参与及股东行动	借助股东权力影响公司行为，包括通过直接约见公司人员（例如与公司高管及 / 或董事会对话）、提交或共同提交股东建议，以及按全面的 ESG 指引委派代表投票表决
影响力 / 社区投资	对特定项目进行投资，旨在解决社会或环境问题，也包括社区投资（例如资金专门用于传统上服务不足的个人或社区），以及向有明确社会或环境目标的企业提供融资

（1）负面筛选

负面筛选（negative screening），又叫排除筛选（exclusionary screening），是指寻找在 ESG 方面表现低于同行的公司，然后在构建投资组合时避开

⊖ GSIA 白皮书，2022。

这些公司。常见的负向筛选条件可以是产品类别（比如烟草、军工、化石燃料），也可以是公司的某些行为（比如高碳足迹、腐败、环境诉讼），又或者是给 ESG 得分划定最低标准，比如剔除同行业评级排名比较低的 20% 的公司等。

（2）正面筛选

正面筛选（positive screening）和同类最优（best-in-class）非常类似，是指基于 ESG 标准，根据公司的 ESG 表现，在同一个类别、行业、领域内对比进行筛选，通常是选出 ESG 表现最好的公司，或者给入选设置 ESG 指标的门槛值。

正面筛选和同类最优策略经常应用在 ESG 指数编制上。例如，沪深 300 ESG 价值指数（931466）从沪深 300 指数（000300）样本中选取 ESG 分数较高且估值较低的 100 只上市公司股票作为指数样本。又如，明晟 ESG 领先者指数（MSCI ESG Leaders Index）采用正向筛选和负向筛选相结合的方法，筛选出评级 BB 或以上并且争议分数（MSCI ESG Controversies Score）在 3 分以上的公司，同时剔除具有争议性的武器、核武器、民用武器、烟草、酒精、传统武器、赌博、核电、化石燃料开采、火力发电等行业的公司。

负面筛选和正面筛选策略都是比较容易操作和实施的，因此被广泛应用，可以说这两个策略是很多投资者考虑将 ESG 纳入其投资组合的起点。很多 ESG 指数的编制也是基于这两个策略。

（3）规范筛选

规范筛选（norms-based screening），也叫国际惯例筛选，是根据国际规范筛选出符合最低商业标准或发行人惯例的投资，比如剔除不符合国际劳工组织最低标准的公司。和正面筛选、负面筛选的条件不同，规范筛选所使用的“标准”往往是现有框架，包括联合国、经济合作与发展组织、国际劳工组织等机构发布的关于环境保护、人权、反腐败方面的契约、倡议，比如联合国的《联合国全球契约》《世界人权宣言》，经济合作与发展组织的《经合组织跨国企业准则》，国际劳工组织的《关于多国企业和社会政策的三方原则宣言》等。

（4）可持续发展主题投资

可持续发展主题投资（sustainability thematic investing）是指对有助于可持续发展主题的资产进行投资，例如可持续农业、绿色建筑、智慧城市、绿色能源等主题。它注重预测长期社会发展趋势，而不是对特定公司或行业进行ESG评价。

（5）ESG整合

随着信息披露和评价体系的完善，ESG整合（ESG integration）正成为最核心的ESG投资策略。ESG整合是指“在投资分析和决策中明确地、系统地将环境、社会和治理问题纳入其中”，也就是说，将ESG理念和传统的财务分析相融合做出全面的评估。

ESG整合具体可以分为个股公司研究和投资组合分析两部分。个股公司研究，主要是收集上市公司财务和ESG数据进行分析，找到影响公司、行业的重要财务和ESG因子。投资组合分析则评估的是财务和ESG对投资组合的影响，从而调整投资组合内股票的权重。

在进行ESG整合时，一般会采用定性或者定量的分析方法。在ESG整合策略刚出现时，定性分析采用得比较多，这主要是因为当时ESG数据比较少；随着进行ESG披露的上市公司越来越多，ESG评级数据越来越丰富，会有越来越多的公司把ESG信息量化并纳入分析估值的框架。全球可持续投资联盟在《全球可持续投资回顾2020》[⊖]中整理了2016—2020年主流ESG投资策略的规模，可以看出，可持续发展主题投资、

[⊖] 资料来源：GSIA，“Global Sustainable Investment Review 2020”，July 2021.

ESG 整合策略发展迅速。2020 年，ESG 整合策略超过负面筛选成为全球规模最大的 ESG 投资策略，达到 25.195 万亿美元。

（6）企业参与及股东行动

企业参与及股东行动（corporate engagement and shareholder action）是指投资者利用股东权力来影响企业行为，从而实现 ESG 投资目标。它主要有四种形式：投资者主动要求披露 ESG 相关信息；直接改变被投资公司的行为；股东投票支持 ESG 相关决议；如果投资者未能成功开展上述企业参与活动，可以向公司提出撤资。ESG 投资者通过积极参与公司治理和股东行动，协助与督促所投资公司推行 ESG 理念。

（7）影响力 / 社区投资

社区投资（community investing）是指为具有明确社会或环境目的的企业提供资金。其中一个子类别就是 ESG 影响力投资（impact investing），它是指通过投资实现积极的社会和环境影响，其投资目的是在获得经济收益之外产生有益于社会的积极成果，以减少商业活动造成的负面影响，因此影响力投资有时也会被认为是回馈社会和慈善事业的延伸。

如何分析 ESG 投资表现

将 ESG 纳入投资考量，本质意义是对目前财务经济价值考量的估值体系的修正和优化。将 ESG 因素纳入估值考虑，可为投资者提供更全面的数据和分析。

1. ESG 与估值的关系

在对企业估值的过程中，如何将 ESG 相关的因素纳入考量，量化 ESG 因素带来的相关影响，是企业管理层、市场参与者以及评估师遇到的新挑战，也是评估行业保持相关性和可持续发展的重要方面。IVSC 先后发布估值指引文件，提出在企业估值中纳入 ESG 考量的重要性。目前，ESG 估值体系尚未形成全球范围内统一的框架。IVSC 在《ESG 与企业估值》中指出，ESG 估值是在现有估值方法和程序中纳入对 ESG 的考量，在此过程中需通过各类量化模型将 ESG 的“预财务”信息转化为价值计量，建立 ESG 因素与企业价值的传导机制。

（1）选择 ESG 关键因素

构建一个有针对性的 ESG 评估框架是 ESG 估值的基石，其关键在于识别不同行业的 ESG 关键议题，衡量各议题的风险暴露程度以及公司在各议题方面的表现。“重要性”（materiality）是在财务审计中被广泛应用的概念，而在可持续发展报告领域，从目前全球趋势来看，“双重重要性”理念是未来可持续发展报告的重要方向，即影响重要性和财务重要性。在早期的 ESG 投资实践中，由于缺乏对影响重要性和财务重要性的区分和认知，导致机构投资者在试图将 ESG 因素引入估值模型从而评价公司的公允价值方面存在困难，因而很难制定科学的 ESG 投资策略，也无法合理地优化风险报酬率。将“双重重要性”相关概念引入 ESG 投资领域，能够有效区分具有“影响重要性”的 ESG 因素以及具有“财务重要性”的 ESG 因素，两者对企业的作用机制、影响程度有很大差别，一般认为具有“财务重要性”的 ESG 因素在估值中占据主导地位，投资者在进行投资决策过程中须更加关注具有“财务重要性”的 ESG 因素。

（2）调整估值模型

ESG 因素主要通过两种渠道对估值产生影响：一是 ESG 可能转化为未来机会，进而转化为盈利能力；二是 ESG 可能转化为公司下行风险。当公司存在明显的 ESG 风险（比如腐败、管理质量差和诉讼风险等）或 ESG 机遇但很难量化计入公司财务数据时，可以直接调整估值模型的参数，从而反映 ESG 因素。

如果 ESG 因素难以通过更改参数的方法调整，也可以直接计算

“ESG 综合估值倍数”，对估值倍数进行调整。ESG 得分低于平均得分的公司将下调其基准估值倍数，而 ESG 得分高于平均得分的公司将上调其基准估值倍数。

2. 投资者可以借助 ESG 报告理解公司业绩表现

投资者可以借助 ESG 报告，通过看公司战略、发展目标、执行过程、重大风险、关键表现和进步等信息来理解公司业绩表现。投资者对 ESG 数据的期待如表 2-2 所示。

表 2-2　投资者对 ESG 数据的期待

序号	ESG 数据要求	解　释
1	数据的可比性和标准化	公司应采用标准化的指标，并以现有的国际及地区性框架为指导。与香港《上市规则》(或《ESG 报告指引》) 中所列的数据可比这一点被特别提及
2	清晰的披露范围和透明的方法论	披露框架中所有指标均可用，并与现行方法论相符，以确保方法论的时间一致性
3	数据的时间稳定性	使用相同的范围和方法论建立连续的时间序列数据，使投资者可以对公司历史数据进行对比
4	与现有 ESG 数据整合	包括与证券交易所的现行要求相符
5	数据的可得性	分析师应该能够获取所有公开数据以及原始形式的数据，包括在现有渠道中已经披露的数据，例如政府数据库中的数据
6	战略方式	实质性 ESG 指标须在公司战略中有所体现，公司须理解监测并通报这些 ESG 数据的原因，ESG 数据须在公司业绩表现的背景中得到解释。投资者希望避免公司仅以完成任务或服从合规的心态开展此项工作
7	高层管理者监督	除委派专人管理 ESG 信息披露相关事务之外，高层管理者应对 ESG 报告负责，以确保 ESG 报告的质量，保证公司对 ESG 议题及其如何影响公司战略有良好的理解（包括数据分析、量化指标的解释，以及与行业平均水平和历史业绩进行对比）
8	强有力的执行	对错报、漏报考虑采取惩罚措施，根据基本的认证标准进行核实

资料来源：《中国的 ESG 数据披露——关键指标建议》，UN PRI。

安永大中华区气候变化与可持续发展服务团队通过对环境、社会和治理三要素进行分析，构建了 19 大行业 ESG 评价指标（见表 2-3）。

表 2-3　19 大行业 ESG 评价指标及其数量

行　业	ESG 评价指标及其数量
农、林、牧、渔业	35 个一级指标，120 个二级指标
水利、环境和公共设施管理业	32 个一级指标，130 个二级指标
科学研究和技术服务业	32 个一级指标，119 个二级指标
租赁和商务服务业	34 个一级指标，119 个二级指标
文化、体育和娱乐业	37 个一级指标，120 个二级指标
采矿业	36 个一级指标，157 个二级指标
金融业	37 个一级指标，120 个二级指标
建筑业	37 个一级指标，128 个二级指标
交通运输、仓储和邮政业	31 个一级指标，131 个二级指标
电力、热力、燃气及水生产和供应业	34 个一级指标，146 个二级指标
房地产业	38 个一级指标，127 个二级指标
批发和零售业	32 个一级指标，136 个二级指标
信息传输、软件和信息技术服务业	31 个一级指标，130 个二级指标
制造业	32 个一级指标，180 个二级指标
居民服务、修理和其他服务业	32 个一级指标，120 个二级指标
教育业	32 个一级指标，135 个二级指标
卫生和社会工作	32 个一级指标，126 个二级指标
住宿和餐饮业	34 个一级指标，132 个二级指标
综合	37 个一级指标，120 个二级指标

以交通运输业为例，其 ESG 评价指标包括温室气体排放、温室气体排放强度、能源消耗、运输过程能耗管理、环境管理体系建设、环保投入、有害废弃物排放等（见表 2-4）。

表 2-4　交通运输业评价指标

评价指标	指标说明
温室气体排放	融资环境因素
温室气体排放强度	支持与改进措施
能源消耗	水资源消耗
运输过程能耗管理	资源回收利用
环境管理体系建设	环境治理措施

（续）

评价指标	指标说明
环保投入	环境治理效果
有害废弃物排放	无害废弃物排放
污染物治理	生物多样性和土地利用
绿色运营	发掘可再生能源的可能性
人力资源管理	人力资源发展
员工健康与安全	供应链劳动力标准
产品安全和质量	隐私和数据安全
安全责任	技术研发
供应链管理	供应链、社会责任
精准扶贫	经济投入
社区公益	基础设施投入
董事会	股东
风险管理	内控与审计
商业道德	腐败和不稳定性
反不正当竞争	……

ESG 报告及信息披露

ESG 报告及信息披露不仅承载了企业创造长期价值的愿景，代表着企业可持续发展的能力与未来，更作为企业财务报告与信息的有力补充，给投资者以及其他利益相关方对企业业绩的理解与分析提供了重要参考。

什么是 ESG 报告

如果说财务报告反映的是企业在一定时期内的财务经营状况，那么 ESG 报告则可看作企业的“第二张财报”，通过公开披露企业在环境、社会与治理三大维度的定量数据与定性信息，体现企业为达成经济效益、社会效益与生态效益平衡的持续努力，进而彰显企业对可持续发展模式与创造长远商业价值的关注。

当前，企业定期发布 ESG 报告已成常态，虽然不同公司披露的报告名称略有差异，但无论是可持续发展报告、社会责任报告还是企业影响力报告，它们均以 ESG 报告与信息披露为核心——企业参照特定的披露标准，面向包含投资者在内的利益相关方定期公开披露企业在环境、社会、治理方面的相关信息。

但 ESG 报告又不仅是展示企业自身可持续发展绩效的成绩单与传递企业 ESG 表现的信息媒介，它更是企业与利益相关方沟通互动的窗口，可以帮助利益相关方了解企业的 ESG 目标、举措、进展与成绩，这些与报告一同披露的企业环境、社会与治理信息，最终还会经过 ESG 生态圈的链条传导，进一步作为投资决策的重要信息参考来源，对企业资本市场的长期表现产生深远影响。

这也要求企业在把握 ESG 发展机遇的同时，基于自身 ESG 管理水平与实践情况，面对当前繁多的 ESG 信息披露标准与日趋严格的监管合规要求，为 ESG 报告及信息披露做出周全决策并积极开展工作。

ESG 信息披露标准的选择

与财务报告类似，一份高质量的 ESG 报告离不开对披露标准的妥当选择与积极响应。作为 ESG 报告的核心骨架与底层逻辑，ESG 披露标准既是企业 ESG 报告内容准备的基础与前提，也是企业进行 ESG 信息披露的方法依据和行动指南；不仅是资本市场进行 ESG 投资和评估的衡量标尺，更是政府部门开展监督管理的重要参考。

目前国际主流的 ESG 披露标准（见表 2-5）包括 GRI 发布的《可持续发展报告标准》(GRI Standards)、SASB 制定的《可持续核算准则理事会标准》(SASB Standards) 以及 TCFD 出台的《气候相关财务信息披露工作组建议报告》(TCFD Recommendations) 等，可供企业基于自身实际情况进行灵活选择与参考。

表 2-5　国际主流 ESG 披露标准简要对比

披露标准	《可持续发展报告标准》（GRI Standards）	《可持续核算准则理事会标准》（SASB Standards）	《气候相关财务信息披露工作组建议报告》（TCFD Recommendations）
编制组织	全球报告倡议组织（GRI）	可持续核算准则理事会（SASB）	气候相关财务信息披露工作组（TCFD）
基本情况	全球范围内共有超过 38 000 份报告根据 GRI 标准进行披露，是目前全球最为通用的 ESG 报告框架之一	SASB 标准涵盖了 11 个领域共 77 个行业的可持续发展会计准则，为不同行业的企业提供了针对性、专业性更强的、可实现行业内横向比较的指标标准	TCFD 发布的《气候相关财务信息披露工作组建议报告》为企业提供了专注于气候变化相关的专项披露标准，使企业能够更好地了解金融系统对气候变化的风险敞口
指标体系	通用核心指标 专项议题指标	按照行业划分指标	治理 战略 风险管理 指标和目标
指标特征	管理方法结合绩效表现	绩效表现	管理方法结合绩效表现
涵盖议题	环境、社会、经济	环境、社会、治理	环境和气候变化

同时并行的还有各地监管机构及证券交易所在参考或引用国际主流披露标准与框架基础上所发布的企业 ESG 报告与信息披露相关要求。例如，在亚太地区，中国香港联交所通过定期刊发检讨与咨询文件，不断修订与完善其《ESG 报告指引》及《上市规则》相关条文和细则，在强制性 ESG 报告披露合规要求的基础上持续提升在港上市公司的 ESG 报告披露质量要求；此外，在中国证监会的统一部署下，上海交易所、深圳交易所以及北京交易所均于 2024 年 4 月同步发布了《上市公司自律监管指引——可持续发展报告（试行）》，A 股上市公司的 ESG 报告及信息披露即将在 2025 年迈入强制时代。在欧美地区，美国证券交易委员会于 2024 年 3 月通过了《加强和规范服务投资者的气候相关披露》（*The Enhancement and Standardization of Climate-Related Disclosures for Investors*）的提案，基于对企业气候相关信息披露的一致性、可比性和可靠性考量，率先对在美上市公司温室气体排放和气候变化相关风险的信

息披露正式提出了要求；欧盟则将 CSRD 纳入立法，在取代先前生效的《非财务报告指令》(NFRD）之余，更进一步要求近 50 000 家在 CSRD 适用范围内的欧盟企业以及在欧盟有实质性活动的非欧盟企业，同步依照与之配套的《欧盟可持续发展报告标准》（ESRS)，更为严谨、规范、完善地开展 ESG 报告与信息的披露工作。

然而，随着全球可持续发展进程的不断加速，中国“碳达峰、碳中和”战略目标的稳步推进，企业、投资者、监管机构等各方都期望有一套全球统一的、权威的、可比的 ESG 披露标准。在多方的共同努力和推动下，ISSB 于 2023 年 6 月 26 日正式公布国际可持续发展披露标准——ISSB 准则，并已于 2024 年 1 月 1 日正式生效。这不仅标志着资本市场综合性、全球化、高质量的 ESG 信息披露权威标准正式出台，也意味着更加一致、完整、可比和可验的 ESG 信息披露要求进一步明确，更体现了 ESG 信息披露工作从以自愿披露为主转向强制披露要求的实践与监管趋势，其生效势必会对以企业为代表的信息披露方、以监管机构为代表的披露监管方、以投资者等为代表的信息使用方产生广泛而深远的影响。国际证券事务监察委员会组织（IOSCO）也在开展全面独立审查后，对 ISSB 准则公开表示认可，并积极呼吁其超过 130 个成员管辖区、覆盖全球 95%[㊀]以上证券市场的资本市场监管当局考虑将 ISSB 准则纳入各自监管框架，以实现全球可持续发展相关信息披露的一致性和可比性。

着眼当下，全球统一的信息披露标准与地域化的监管合规要求仍将在一定时间内并存，企业仍需建立并依靠自身对披露标准的筛选与决策能力，选定与企业实际情况相契合的披露标准，以此作为企业 ESG 报告披露的有效引导工具与推动企业可持续发展实践的指导工具，帮助企业在紧密关注资本市场监管动态的同时，紧跟全球可持续发展最佳实践，

㊀ 资料来源：IOSCO Website, 2023.

推进企业在绿色低碳转型的进程中把握增长红利与发展机遇。

考虑到企业所披露的ESG报告是投资者、监管机构以及各利益相关方了解企业在ESG方面的实践重点与绩效表现的核心渠道，企业ESG报告披露标准的选择可聚焦以下多个层面的需求进行综合考虑，从而筛选并定位到最贴合自身实践的ESG报告披露标准，使企业披露的ESG信息更具实用价值。

监管与合规要求。满足监管与合规要求是企业选择ESG报告披露标准的基本出发点。此外，除通用性的合规考量外，处于特定行业的企业还需考虑满足具有行业特色的针对性披露标准与指引，从而兼顾行业ESG信息披露规范。

利益相关方需求。企业可以通过与投资者在内的利益相关方常态化地定期互动与交流，积极了解他们对企业ESG披露标准选择的期望与建议，在充分尊重利益相关方对企业ESG披露标准偏好和关注点的基础上，妥善选择与利益相关方期许相契合的ESG披露标准。

持续性披露诉求。ESG作为一种长期价值主义，也要求企业使用长期主义视角看待ESG报告及信息披露工作。对于首次准备ESG报告披露的企业而言，设定理想化的披露目标固然值得肯定，但也需要认识到ESG信息披露工作的常态化与长期化特点，在标准的具体选择过程中需要综合考虑报告披露工作所需投入的各项资源是否足以支撑与满足披露细项要求，进而分步推动、循序渐进地开展自身ESG披露工作，提升ESG披露水准。对于连续多年披露ESG报告的企业而言，在定期的报告披露准备中也需重视保持ESG披露标准选用与参考的一致性，一方面从企业自身角度看便于持续强化信息披露的规范性与连续性，另一方面从利益相关方的角度看也便于他们对企业的ESG表现进行有效的追溯、评估、分析与比较。

妥善的ESG报告披露标准选择与决策是企业开展ESG信息披露工作的良好起点，但想要真正写好一份ESG报告，则还需要企业进一步梳理报告逻辑，厘清工作思路。

如何写好ESG报告

1. 七大关键要素

一份优秀的企业ESG报告并非迎合合规要求的内容堆砌，也非局限于品宣推广的信息公开，更不是响应行业潮流的无奈之举，而是应该作为企业呈现自身可持续发展履责绩效的有力载体，连接起企业ESG实践成果与利益相关方的期望。优秀的ESG报告离不开多方面的综合考量，想要写好一份优秀的ESG报告，企业不妨从以下七大关键要素出发，梳理好自身报告撰写与编制的整体逻辑（见图2-5）。

图2-5　优质ESG报告七大关键要素透视

首先，ESG报告需要满足**监管合规**要求。作为企业信息披露的载体，监管合规是ESG报告披露过程中应首先被考虑到的基本需求与底层逻辑。其次，则要注重满足**目标清晰、管理得当、绩效突出**的ESG报告内容标准：在报告撰写过程中，第一可从“为什么”（why）的角度，在厘清背景、阐明理念的基础上明确企业合理、可行的 ESG 管理目标；第二可从“怎么做”（how）的角度，说明企业实现这些目标过程中所制定的政策制度和所使用的管理举措；第三可从“什么样”（what）的角度，在目标清晰与管理得当的基础上，说明企业在 ESG 不同议题中积极行动而产出的成果，利用案例与绩效数据，条理清晰、架构分明地切入报告需要回应的实质性议题与重点关注内容，串联起 ESG 报告的各重要章节。

质量可靠与**数据精确**则需要企业搭建起有效的内控体系与信息系统，在保障 ESG 报告不偏不倚、客观公正地披露和反映自身在环境、社会、治理维度的具体表现和实际情况的同时，持续关注报告数据的确切性与严谨性，即在报告披露过程中，在明确与自身数据相关的标准、方法、假设、计算工具及转换因子并在 ESG 报告中予以说明之外，还要同步考虑报告数据的标准化以及与行业基准数据的可比度，从而以自身 ESG 数据披露的相关性、一致性、可比性与规范性，有效支撑利益相关方越发精细化的报告披露需求，主动帮助报告使用者直观理解企业的 ESG 表现，方便他们开展深入的分析和评估。作为一份以利益相关方为读者，并向公众公开的企业重要文件，ESG 报告还应注意做到**阅读友好**。建议企业在报告的编制与披露全过程中，从报告易得、主题鲜明、文字易读、视角清晰、图文并茂、绩效突出、案例翔实等多角度出发，设身处地地站在报告受众与读者的视角评估与优化报告内容。除此之外，妥善运用设计手段与工具对报告正文内容进行视觉强化也是一种被广泛使用的方法。企业可将图文设计与实践素材、数据图表互为匹配，从而强化对自身 ESG 目标、管理与成果的有效展示，帮助读者抓取报告文字与数据的关键要点。

2. 四大关键步骤

具体到实际操作阶段，一份优质的 ESG 报告更离不开合理可行、行之有效的编制流程。企业可基于 PDCA 循环管理法的基本逻辑——计划（plan）、实施（do）、审核（check）和行动（act）四步法（见表 2-6），在选定自身 ESG 报告披露标准与明确界定报告覆盖范围的基础上，有序地开展报告的准备、编制与披露工作。

表 2-6　ESG 报告编制的关键步骤

	步骤一：计划（plan）
关键任务	• **总体规划**：在明确各项资源投入与预期披露目标的基础上，梳理报告披露工作方案并铺排时间计划表 • **组建团队**：搭建专项工作小组，统筹报告编制与披露，注重调动包含董事会及管理层的有效参与，从而妥善协调跨部门、跨区域的协同合作模式与工作关键流程，并在必要时适当寻求外部专业团队或利益相关方的专业建议帮助与专业能力协助 • **厘清议题**：在开展 ESG 管理现状及基础摸底的同时，高效识别或更新与自身密切相关的利益相关方并与之开展积极沟通，从而明确企业的 ESG 实质性议题并进行重大性排序，以此精准把握和指导后续 ESG 报告准备与披露的重点工作及核心方向
	步骤二：实施（do）
关键任务	• **指标搭建**：综合考虑披露标准、披露范围、实质性议题与经营实况搭建、细化或更新企业 ESG 关键指标体系 • **信息收集**：围绕关键 ESG 指标开展现场踏勘与访谈，基于实际情况制作并下发信息收集工具，妥善收集定量数据与定性信息，并在报告编制过程中进行动态确认、整理、分析与补充。在此过程中企业也可以考虑同步引入数字化管理手段与工具，确保数据收集与核算的规范化和标准化，进而保障 ESG 数据信息的覆盖范围和披露质量 • **内容编制**：进行 ESG 报告的大纲搭建、内容书写与案例提炼等报告具体编撰工作，将收集到的 ESG 信息进行展开与丰富；可以同步参考优质 ESG 报告的七大关键要素，对 ESG 报告内容进行滚动优化与修改 • **视觉设计**：在 ESG 报告文字稿成型后，同步启动视觉化设计工作
	步骤三：审核（check）
关键任务	• **合规性审核**：确认报告满足各项披露标准要求与监管合规要求，并对明确的强制披露要求进行逐一核实 • **准确性审核**：核实报告所披露的定性表达、定量数据内容的真实性、准确性、完整性，且不存在虚假记载，并同步进行报告视觉设计确认 • **可靠性审核**：对关键绩效指标、关键定量数据进行重点验证 • **审定与发布**：一方面企业需将 ESG 报告提交企业管理层或董事会进行整体审议，另一方面则需妥善考虑聘请独立第三方专业鉴证机构对 ESG 报告的关键绩效指标、关键定量数据进行鉴证。在最终审定确认后，方可在监管平台与企业官网等渠道进行公开发布，以供利益相关方参考

（续）

步骤四：行动（act）	
关键任务	• **复盘与检讨**：在ESG报告发布后，将改进工作的启动提上日程。针对在报告准备与编制过程中发现的薄弱议题、弱项指标、管理缺陷进行检讨、总结与整改，同时结合各利益相关方对ESG报告的建议与反馈，制定可落地的优化与提升工作计划表 • **改进与提升**：充分调动企业内外部资源，推进优化与提升工作的落地实施，并对改进进度与阶段性成果进行持续评估和跟踪，在必要时可公开向利益相关方汇报关键绩效，充分倾听和响应来自利益相关方的声音，满足利益相关方的期望

随着ESG报告与信息披露实践的深入，越来越多的企业开始主动优化ESG报告披露质量，通过优质的ESG信息，向投资者、监管机构和各利益相关方全面呈现企业在环境、社会和治理层面的价值与潜力，力求达成企业财务表现和ESG表现的平衡与共赢。

ESG报告鉴证

在ESG披露标准及合规要求颗粒度不断细化的当下，如何有效确保并持续优化企业ESG报告披露的信息质量，已成为全球ESG发展进程中的重要课题与企业经营者需要直面的挑战。

在之前较长一段时间里，由于全球各地主要证券交易所与监管机构均没有出台或颁布涉及ESG报告及信息鉴证的强制性合规要求，因此企业寻求ESG报告鉴证的积极性有限。国际会计师联合会（IFAC）2021年发布的《可持续信息鉴证现状》调研结果显示，企业ESG报告鉴证工作相比ESG报告及信息披露存在一定程度的滞后性。但值得关注的是，领先企业已率先开始行动，主动寻求独立第三方专业鉴证机构对自身ESG报告开展相应的鉴证工作，以提升ESG报告披露信息和数据的可靠性和完整性，从而提高企业利益相关方对ESG报告质量的信任度。

一般来说，ESG报告鉴证是指以会计师事务所为代表的独立第三方专业鉴证机构作为鉴证服务提供方，对企业所发布的ESG报告中披露的信息与数据进行追溯与交叉验证，随后基于独立第三方视角并依据特定鉴证标准，为 ESG 报告的准确性、可靠性和真实性提供包含“合理保证”与“有限保证”在内的不同程度的鉴证保证，并陈述相应的鉴证结论，用以增强各利益相关方对企业 ESG 报告的信任度。

和财务审计工作必须遵循恰当准则一样，独立第三方专业鉴证机构在开展 ESG 报告鉴证工作时也需遵循相应的鉴证标准。目前国际上主流的 ESG 鉴证标准有《国际鉴证业务准则第 3000 号（修订版）》（ISAE 3000），以及针对 ESG 报告信息披露的鉴证准则 AA 1000 AP 审验标准（见表 2-7）。由于企业的 ESG 报告中既包含客观绩效数据也包含主观信息内容，因此又区别于财务审计工作对企业的整体财务与经营状况发表鉴证意见，ESG 报告鉴证工作的范围一般聚焦于报告中可供客观评估的关键内容，而非涵盖报告整体。

表 2-7　常见 ESG 报告鉴证标准简要对比

ISAE 3000	AA 1000 AP
ISAE 3000 鉴证标准由国际会计师联合会下属的国际审计与鉴证准则理事会（IAASB）发布。ISAE 3000 由鉴证人执行，适用于对企业的可持续发展信息披露提供合理保证或有限保证	AA 1000 AP 是针对 ESG 报告的鉴证准则，由英国社会和伦理责任研究院（Account Ability）发布，基于包容性、实质性、响应性和影响性四大原则为 ESG 报告鉴证过程提供指导。AA 1000 AP 鉴证标准有中度保证和高度保证两个主要保证级别，此外还设有第一类型和第二类型两个二级级别，对保证进行进一步的划分

随着 ISSB 准则的正式生效，以欧盟 CSRD 和 ESRS 等为代表的监管要求持续推进，各地监管机构对企业开展 ESG 报告与信息鉴证的态度，正从之前的鼓励、倡议逐步向强制性要求转变。与此同时，国际审计与鉴证准则理事会已于 2023 年 8 月正式公布可持续报告总体鉴证准则——《可持续报告鉴证标准》(ISSA 5000）征求意见稿并随即在全球范围内展开意见咨询，符合公众利益的全球可持续报告鉴证基线标准建设工作正在加速推进，ESG 报告与信息的强制性鉴证要求已是大势所趋。企业需要在重视监管趋严的背景下，同步洞察到以投资者为代表的利益

相关方对可信、可靠、可比的 ESG 信息与数据的强烈需求以及对 ESG 报告鉴证的偏好，积极考虑委托独立第三方专业鉴证机构开展 ESG 报告鉴证工作。

一般而言，企业开展 ESG 报告鉴证工作通常可分为四大关键步骤（见表 2-8）。

表 2-8 企业开展 ESG 报告鉴证工作关键步骤梳理

规划与启动阶段	
步骤一：规划与启动	由企业首先基于服务经验与服务能力考量选择合适的独立第三方专业鉴证机构进行合作，确定鉴证工作范围、选取鉴证标准、确认鉴证时间安排，启动 ESG 报告鉴证工作
鉴证工作执行阶段	
步骤二：执行鉴证程序	由独立第三方专业鉴证机构基于风险评估情况与企业实际运营状况，确认总体鉴证策略，设计并执行满足鉴证标准要求的鉴证程序
结论与报告出具阶段	
步骤三：总结鉴证发现	由独立第三方专业鉴证机构将鉴证过程中发现的相关问题与公司管理层进行沟通，并就鉴证意见进行初步拟定
步骤四：编制鉴证报告	由独立第三方专业鉴证机构确定最终鉴证意见，进而撰写鉴证报告，出具鉴证结论。企业可选择将独立第三方鉴证机构出具的鉴证报告作为 ESG 报告信息披露的一部分

企业也可以透过 ESG 报告鉴证过程中的发现助力自身 ESG 管理水平的提升：一方面可以借助 ESG 报告鉴证保障企业 ESG 披露工作与披露标准和监管合规要求相吻合，推进企业 ESG 报告披露水准向行业最佳实践趋近；另一方面则可以从实际的管理需求出发，采用鉴证工作严谨的方法论来规范并统筹企业 ESG 报告相关口径、信息、数据和指标的统计核算方法与工作开展模式，进一步为企业的 ESG 信息披露实践进行落地化指导。此外，从 ESG 风险管控的角度，企业也可以进一步借助独立第三方的视角，从自身 ESG 报告及信息披露出发，对 ESG 相关风险管理水平、内控体系设计及信息系统建设情况进行客观评价与持续优化，用以规范企业 ESG 工作流程与防堵潜在管理缺陷，从而加强企业对 ESG 风险

的管控能力，逐步提升企业的整体 ESG 管理水平与可持续发展韧性。

一份优秀且经鉴证的 ESG 报告，不仅可以积极反映企业在可持续发展领域的实践成果，更可以作为与利益相关方互动的重要渠道与有效窗口，为企业与投资者、监管机构等多方之间的密切沟通、交流与对话奠定良好基础。

ESG 投资者沟通

ESG 投资正在全球范围内日益流行，因为投资者越来越认识到，选择在 ESG 标准方面表现良好的公司进行投资可以为社会和环境带来积极的影响，同时可能实现更多的财务回报。然而，投资者在 ESG 投资过程中面临多个沟通方面的挑战，包括数据和标准的不一致性、信息透明度不足、“漂绿”现象以及投资者教育不足。解决这些问题的方法包括制定和采用统一的 ESG 度量标准，增加信息透明度，打击“漂绿”现象以及加强投资者教育。通过采用这些解决方案，我们可以推动 ESG 投资更加有效地实施，从而为社会和环境的可持续发展做出积极贡献。

ESG 投资者沟通背景

1. 政策监管

强化投资者关系管理，是提高上市公司质量的重要举措，也是投资者保护的重要内容。为进一步规范上市公司投资者关系管理，中国证监会 2022 年 4 月 15 日发布了《上市公司投资者关系管理工作指引》（以下简称《指引》）。

下一步，中国证监会将在具体监管工作中督促上市公司认真落实《指引》提出的各项措施，加强上市公司与投资者之间的有效沟通，促进上市公司完善治理，切实保护投资者特别是中小投资者的合法权益。在投资者说明会沟通内容中，增加上市公司的环境、社会和治理信息；强化上市公司“关键少数”的主体责任，对上市公司控股股东、实际控制人、董监高等提出要求，明确他们在投资者关系管理中禁止出现八类情形。

2. 投资者的 ESG 期望

投资者对公司在 ESG 因素方面的期望日益增加。他们要求公司识别、衡量并在整个组织中融入 ESG 因素，因为这被认为可以改善获得资本的能力，并为所有利益相关方创造更大的长期价值。

对于 ESG 披露，投资者的期望包括几个关键元素：

- 整体方法。投资者期望采用整体方法，认识到需要在组织中识别、衡量和整合 ESG 因素。
- 与价值创造的一致性。投资者对 ESG 的认知已经从仅仅作为风险管理工具发展为价值驱动因素。投资者越来越认识到，可持续性和良好的业务绩效之间不一定存在权衡，他们认为，满足利益相关方的需求会为股东创造更加可持续的价值。
- 具体证据和责任。根据安永成员机构在 2020 年对全球主要大型机构投资者的一项调查，98% 的受访投资者表示已采用更加规范和严格的方法来评估公司的非财务业绩。然而，许多人认为很多企业没有充分披露 ESG 风险，并对 ESG 和主流财务报告之间的脱节感到沮丧。投资者希望 ESG 披露能够展示可持续性问题对企业价值的影响，并描述如何通过适当的治理结构、审查和控制管理重要的可持续性问题。
- 气候变化和环境。气候变化对投资者尤为重要。如果没有可靠的与气候相关的财务信息，投资者无法准确地针对与气候相关的风险和机遇进行定价，这导致企业不仅需要在这一领域改善披露，而且还需要充分评估气候变化对其业务模式的影响。

- 社会责任和商业目标。近年来，社会层面的议题受到更加广泛关注，员工健康及社区等议题能够使企业的目标更加清晰地展现出来，迅速展示企业的“立场”。该元素还凸显了企业为投资者、员工、客户和社区创造的价值，强调企业需要清晰明确自己的目标，并通过展示它为所有利益相关方创造的价值来实现目标。同时，投资者清楚地表明，他们认为社会问题对企业价值有明显的影响。

ESG投资者沟通问题

（1）止于合规

亚洲证券业与金融市场协会（ASIFMA）调研发现，亚洲许多公司在处理ESG信息披露时都有“止于合规”的心态。对ESG问题的管理始于并终于满足最低监管要求的心态是公司缺乏将重大ESG问题真正纳入其战略和风险管理流程的表现。亚洲地区ESG披露规则和环境法规的快速增长让许多公司既需要快速适应新规，又要满足大量的额外披露要求。“止于合规”的心态可能会导致公司虽然承担了ESG披露的成本，却无法获得风险缓释、成长机遇或竞争优势这些潜在的好处。

（2）从营销或品牌宣传定位ESG

由于ESG报告的要求和期望在整个亚洲迅速提升，一些公司认为ESG问题的管理是营销、企业报告或公共关系团队的职责。这与“止于合规”的心态和期望差距的问题都有关。董事会和高管层应该负责建立相关的委员会和公司结构来识别和管理重大的ESG问题，这些过程应该被整合到公司进行的基本风险管理和更广泛的战略规划过程中。尽管当营销部门负责ESG时它也可能会真正地考虑ESG的问题，但是这也可能引起以下疑问：这一结构是否可以得到高管层的参与和大力支持？公司是否会从战略上重视ESG整合？

（3）缺乏战略意识和组织保障

我国上市公司的投资者关系管理还处于起步阶段，上市公司对投资者关系管理的认识尚不足。在实践中，由于缺乏完善的法治、市场和制度环境，目前我国上市公司的投资者关系管理尚未上升到战略高度，投资者关系管理的组织结构还不健全、制度保障缺失。

（4）整体负责人员专业化程度较低

我国上市公司中专职从事投资者关系管理的人员较少，专业化水平普遍较低，负责人员往往缺乏相应的财务、金融知识和从业经验，限制了投资者关系管理的功能发挥和作用展现。

（5）数字化管理程度不高

在数字化经济时代，部分上市公司自主开发了信息化管理平台，提高了投资者关系管理的效率，但行业整体标准化数字化程度还不高，也没有形成公司自身的特色投资者管理信息库。

ESG投资者沟通解决方法

在推动可持续发展和ESG投资过程中，需要在政策、市场、配套和推广层面采取一系列措施。在政策层面，应加快建立完善的ESG信息披露制度，并制定强制性政策和标准，以提高上市公司的ESG信息透明度。在市场层面，需要引导市场参与者培养负责任的投资理念，推动资产管理机构开发ESG投资产品。在配套层面，应加快ESG数据库的开发建设，利用科技手段提升ESG信息获取的效率和完整性。在推广层面，组织相关培训活动，提升参与主体对ESG的认知能力。这些综合措施将有助于推动ESG信息披露的实施，并引导各方共同实现可持续发展目标。

（1）在政策层面，加快推进 ESG 信息披露制度建设，为上市公司提供 ESG 信息披露的方向和指导

目前中国上市公司的 ESG 信息披露制度尚不完善，沪深北三大交易所发布的《上市公司自律监管指引——可持续发展报告（试行）》仍坚持强制披露与自愿披露相结合，有待监管部门研究制定强制性 ESG 信息披露政策，以扩大上市公司 ESG 信息披露的覆盖面。此外，相关部门还需逐步完善支持上市公司进行 ESG 信息披露的配套措施，加强对上市公司 ESG 信息披露的监管约束力。当前，企业在 ESG 方面的违规成本仍然较低，需要监管部门进一步出台与 ESG 信息披露配套的法律法规，将重大 ESG 违规事件纳入上市公司预警机制和退市机制，确立完备的制度性保障措施，以确保上市公司 ESG 信息披露指引能够得到有效的贯彻实施。

（2）在市场层面，加强引导市场参与者的 ESG 投资理念，培育负责任的投资者

投资者的负责任投资理念是影响上市公司 ESG 信息披露的关键要素，若投资者在进行投资决策时重视 ESG 因素，将进一步推动上市公司重视并提升自身的 ESG 信息披露透明度。公募基金等资产管理机构需逐步建立完善的 ESG 投资制度，加强对 ESG 领域的研究能力和评估方法的开发，积极创新推出 ESG 基金、ESG 理财等金融产品。此外，资产所有者，如全国社会保障基金、保险公司、主权财富基金等，对负责任投资的意识将进一步要求资产管理者在管理资产时考虑 ESG 因素。因此，行业主管或监管部门应积极引导相关资产所有者关注 ESG 风险和收益，关注企业是否积极采取措施应对气候变化，助力实现“碳中和”路径的实践，从而推动各方市场参与者践行可持续发展目标，引导和培育负责任的投资者。

全国社会保障基金理事会作为重要的资产所有者之一，积极引导资产管理者关注ESG风险和收益，助力实现可持续发展目标。该机构通过制定相关政策和指导机制，推动资产管理者在管理基金时考虑ESG因素，并培育负责任的投资者。

全国社会保障基金理事会首先建立了一套完善的ESG投资制度，要求资产管理者在投资决策过程中纳入ESG因素的考量。它制定了ESG投资准则和评估方法，要求资产管理者开展ESG风险评估，并向全国社会保障基金理事会报告ESG相关数据和信息。

此外，全国社会保障基金理事会还鼓励资产管理者创新推出ESG基金和ESG理财产品，为投资者提供具有ESG特色的投资选择。它与金融机构合作，设计和推广符合ESG标准的金融产品，以满足越来越多投资者对ESG投资的需求。

作为行业主管部门，原中国银保监会制定了相关政策和监管指导，推动银行、保险公司等资产管理者在投资决策中充分考虑ESG因素，促进负责任投资的实践。

（3）在配套层面，加快ESG数据库的开发建设，利用科技手段丰富ESG信息的获取渠道

当前，随着ESG投资理念在中国的不断发展，各类市场参与主体对ESG数据的需求也日益增加。然而，中国上市公司的ESG数据还缺乏透明度，而且数据的连贯性和可比性也较低。同时，目前市场上从事ESG数据库开发建设的机构有限。根据上交所投资者服务部发布的数据，沪市A股中仅有21家上市公司提及建立投资者关系管理（IRM）数据库，仅有256家有IRM明确存档记录。构建以投资者画像为基础的投资者关系数据库，可以帮助企业分析机构投资者的持仓结构、资金规模、投资偏好等，挖掘潜在投资者，不断扩容投资者类型。

此外，由于 ESG 数据涉及环境、社会和治理三个维度，信息覆盖范围广泛，因此数据整合难度较大，需要借助技术手段来丰富 ESG 信息的获取渠道。因此，相关部门可以制定 ESG 评估机构的准入门槛，设立专业资质认证权限，并规范评估流程，鼓励专业且具备公信力的第三方评估机构开展企业 ESG 绩效考核工作。同时，市场参与者可以充分发挥金融科技的作用，利用大数据技术提升 ESG 数据收集的效率和完整性，建立本土化的 ESG 数据库，为投资者提供更为有效的决策依据，支持金融机构开展 ESG 相关金融产品的创新。

一些金融科技公司运用大数据和人工智能技术，对各类上市公司的 ESG 数据进行收集、整合和分析，以提供全面、准确的 ESG 指标和评估报告。它们通过与各类数据提供商和 ESG 评估机构合作，整合大量来自环境监测、社会调查、公司治理等方面的数据，以构建全面的 ESG 数据库。

这些本地化的 ESG 数据库不仅保障了 ESG 数据的透明度和连贯性，还利用数据可视化和智能分析工具，使投资者能够更直观地了解上市公司在环境、社会和治理方面的表现，并进行相应的投资决策。ESG 数据库为金融机构和资产管理公司提供 ESG 数据支持，帮助其开发与 ESG 相关的金融产品和投资策略。

（4）在推广层面，组织开展相关培训，提升参与主体对 ESG 的认知能力

为进一步推动上市公司开展 ESG 管理，主动披露 ESG 信息，证券监管部门及派出机构、上市公司协会、中国证券业协会等自律组织以及地方相关协会应积极组织培训活动，针对上市公司开展 ESG 管理、应对气候变化和践行“碳中和”目标等相关主题的培训。这些培训课程及信息披露要求应纳入每年董事、监事及高级管理人员的培训计划，并设立

专门的 ESG 培训课程，邀请主管部门及业内专家进行讲解和答疑。与此同时，各地政府可以出台激励措施，为本地上市公司提供补贴，以聘请第三方机构提供 ESG 管理提升、实践“碳中和”路径等咨询服务，从而增强上市公司披露 ESG 信息、践行 ESG 发展理念的能力。

2019 年，江苏省出台了《江苏省绿色债券贴息政策实施细则（试行)》《关于金融支持碳达峰碳中和的指导意见》等政策文件，出台了发绿色债券贴息 30%、绿色企业上市奖励 200 万元等一系列新政策。绿色金融产品多点开花，出现了湖州市“绿贷通”、丽水市“绩效表 + 地图集 + 温度计 + 雷达图”可视化绿色金融监测评价体系，以及省内银行业、保险业推出的“两山贷”等多种类型的产品。

广东省的广州、深圳、清远等市积极引入贴息、再贷款、风险补偿等政策，加快绿色金融体制机制的创新。《关于加快清远市绿色金融发展的实施意见》提出，逐步将绿色信贷纳入宏观审慎评估框架，运用再贷款工具定向支持地方法人金融机构向绿色项目和绿色企业发放贷款。《广东省广州市建设绿色金融改革创新试验区总体方案》提出，将推动设立市场化运作的绿色产业担保基金，为绿色信贷和绿色债券支持的项目提供担保。

近年来，贵州省扎实推进贵安新区国家绿色金融改革创新试验区建设，不断健全完善多维度政策支撑体系、多层次组织机构体系、多元化绿色金融产品及服务体系和具有地方特色的绿色金融认证体系，不断畅通绿色项目融资渠道，试验区建设取得了阶段性成效。

（5）多元化开展投资者关系管理的方式，提升新兴沟通渠道比例

根据上交所投资者服务部对沪市全部 1636 家 A 股上市公司的调查（2019 年 7 月 1 日—2020 年 6 月 30 日），目前国内上市公司开展投资者关系管理的方式多为股东大会、投资者说明会，使用新兴渠道（如公司

官网专栏和上证e互动平台）互动的公司数分别仅占52.01%和12.41%，采用实地参观、主动邀请投资者参与调研、举办路演等面对面交流管理方式的较少，《指引》中特别提到的中国投资者网等平台的利用率也较低。

《指引》中明确规定，上市公司需针对不同的投资者差异化地开展各项工作，这意味着上市公司开展投资者关系管理的方式需要更加多元，要结合通信、调研、访谈、参观、产品体验等多维度渠道，努力为投资者搭建立体化的沟通平台，积极传递公司的文化内涵。

（6）提升内部控制与公司治理水平

内部控制对投资者关系管理水平存在显著的正向影响，而且在股权集中度较低的公司，内部控制对投资者关系管理水平的正向作用更强。这也恰好说明，高效的投资者关系管理，是优秀公司治理的基本展现和外部延伸，上市公司应该充分认识到内部控制的规范功能对提升投资者关系管理水平的正向作用，积极实施财政部等五部委颁布的《企业内部控制基本规范》及其配套指引，从而通过内部控制的规范作用有效提升上市公司投资者关系管理水平。

（7）做好信息披露

通过与投资者建立更为主动的战略性沟通，配合高质量的信息披露及有效的投资者关系管理，能进一步畅通公司内部信息和外部信息的双向交互渠道，帮助公司消除与投资者之间的信息壁垒，从而赢得市场及投资者的信任与认可。

ESG与资本市场

回顾全球资本市场和ESG的发展历史，虽然ESG是在2004年被正式提出，但在资本市场上，ESG概念的雏形其实早已产生。1924年，英国学者欧利文・谢尔顿（Oliver Sheldon）首次提出“企业社会责任”的概念。1970 年，诺贝尔经济学奖得主米尔顿·弗里德曼（Milton Friedman）提出一个引发广泛讨论的重要观念，即企业设立的最主要的目标是实现利润和股东价值最大化。但批评者认为，企业如只关注股东利益就过于狭隘，其中较有影响力的是爱德华·弗里曼（Edward Freeman）于 1980 年提出的"利益相关者"理念，即企业的目标不仅是实现股东价值最大化，更是要实现社会价值最大化。ESG 概念由此在资本市场上越来越受到关注。

1990 年，第一个和 ESG 相关的指数——多米尼 400 社会指数（The Domini 400 Social Index）诞生。1992 年，联合国环境规划署（UNEP）在"地球峰会"[1]上发出倡议，希望金融机构能把环境、社会和治理因素纳入决策过程，发挥金融投资力量，促进可持续发展。1996 年，GRI 成立，成为世界首家制定可持续发展报告准则的独立国际组织。2000 年之后，各国政府对与 ESG 相关的监管力度和立法数量大幅增加，在资本市场上也出现了比如"负责任投资"等与 ESG 息息相关的理念，并成为市场的普遍共识。

由此可见，ESG 的发展与资本市场的发展密不可分。ESG 是一种工具、手段或行为方式，最终助力企业实现安全、健康的可持续发展和长期盈利目标，同时也为更广泛的社会和环境创造价值。ESG 成为资本市场中不可或缺的因素，国内外的监管机构与资产管理方对 ESG 的关注度不断攀升，并成为影响资本市场投资者决策的重要因素之一。

ESG：一种影响长期股东价值的非财务指标体系

ESG 提供了一个系统框架来考虑企业的可持续性，包括环境、社会和治理三个方面。环境方面考虑企业使用和消耗的资源以及对环境产生

---

[1] 即联合国环境与发展会议。

的影响；社会方面考虑企业与利益相关方、公众等的利益协调问题，也包含企业在社会中的作用和影响；治理方面则考虑企业的内部科学管理和决策过程的质量。企业考虑 ESG 不仅从自身的利益需求和道德需求出发，而且考虑了对各种利益相关方负责，从整个资本市场甚至整个社会的可持续发展出发，构建符合长期价值最大化的资本市场运行规则。

资本市场的传统估值以财务信息为核心，主要关注企业的盈利能力、运营能力、偿债能力以及行业地位等，具体包括收入规模、毛利率、收入复合增长率、资产负债率、净资产收益率等。ESG 将企业传统的股东利益导向转变为利益相关方导向后，通过纳入多维度的非财务指标，更全面地评价企业的经营表现，倡导企业在创造商业价值的同时，达成环境保护、履行社会责任以及科学高效治理的一系列企业管理目标，并由此影响企业在资本市场的估值。

ESG 对企业在资本市场估值的影响

ESG 估值是一种综合了环境、社会和治理方面因素，对企业进行价值评估的方法。它不仅考虑了企业的 ESG 表现对其长期价值的影响，也将 ESG 因素与传统财务因素结合起来，为投资者提供全面的信息。ESG 评价指标能够帮助投资者识别那些可能存在管理不善、环境污染、社会责任缺失、治理不健全等方面的企业。例如，环境污染可能会导致环保部门对其大额罚款、停业整顿或其他法律诉讼；社会责任缺失可能会导致公众对企业的不满和抵制，并引起重大不利舆情；治理不健全可能会导致内控失效、舞弊和财务造假等问题。这些都可能会损害企业的声誉和利润，对其经营的稳定性和可持续性产生负面影响，从而降低企业估值，并导致股价下跌和投资者收益下降。

随着中国经济进入高质量发展阶段，ESG 理念在我国资本市场上也正逐渐成为共识，并在 ESG 投融资、ESG 信息披露以及 ESG 评价等方面实现良好的探索与初步实践。

2021 年被誉为中国“碳中和”元年，围绕“环境”概念，特别是与气候科技相关的投融资活动，成为中国资本市场的热点。安永大中华区与上海长三角商业创新研究院于 2023 年 6 月联合发布的《资本赋能，迈向 2060 的中国气候科技产业》白皮书显示，借助科创板注册制改革春风，中国气候科技产业中如光伏、动力电池、储能等技术领先的龙头企业纷纷选择到科创板上市，组成了科创板中的气候科技军团。以光伏为例，科创板光伏产业链已初具雏形，涵盖硅料、组件、热场系统、硅片切割设备、EVA 和逆变器等多个产业环节。截至 2023 年 5 月，科创板的光伏军团平均市盈率为 86.31，高于 A 股市场的平均市盈率 37.08。得益于资本市场的支持，中国气候科技产业已局部实现全球领跑，并成为面向世界科技前沿、面向经济主战场、面向国家重大需求的战略新兴产业，为投资者创造了良好回报。

发展高质量资本市场，IPO 中的 ESG 考量

无论企业想寻求在 A 股还是境外资本市场上市融资，ESG 都已成为 IPO 审核过程中的必答题。企业在申请上市的文件中，往往需要披露 ESG 相关表现，以便监管部门和投资者可以了解企业在环境、社会和治理方面的情况，这些信息包括企业的环境表现、社会责任计划和治理结构等。投资者可以根据这些信息来评估企业的可持续性和风险管理能力，从而做出更明智的投资决策。

香港联交所于 2012 年发布《ESG 报告指引》并将其列入《上市规则》。企业未对 ESG 风险进行妥善管理与披露可能会引发舆情，影响自身上市进程。在公开发布的《IPO 指引信》中，香港联交所列示了 IPO

申请人关于披露 ESG 信息、建立 ESG 管理机制的要求，包括：建立 ESG 机制以满足香港联交所规定；尽早委任董事参与必要的企业管治及 ESG 机制及政策；将上市申请文件“业务”一节参阅的主要范畴清单增加申请人环境、社会相关事宜和管理 ESG 相关重大风险的内容等。

上交所 2020 年发布《上海证券交易所科创板上市公司自律监管规则适用指引第 2 号——自愿信息披露》，将 ESG 信息披露内容纳入其中。深交所修订《上市公司信息披露工作考核办法》，也关注是否披露环境、社会责任、公司治理等 ESG 信息履行情况。另外，在近几年监管部门公开的 IPO 上市申请反馈问询中，ESG 相关问题也是被特别关注，具体如下。

1. 环境

在 IPO 审核实践中，监管部门会关注发行人资源使用、排放物和安全生产等方面的表现。

资源使用。资源使用包括对自然资源的利用是否合理，对能源、水和其他原材料等是否有效使用，尤其是高能耗企业，需要特别披露其所从事的业务是否属于相关产业目录中的限制类或淘汰类产业，以及是否可以优化工艺以节省能源，是否采取相关措施以实现能效升级。根据实践经验，资本市场会非常谨慎地应对“高污染”“高能耗”企业的 IPO 申请。

排放物。发行人在生产经营中，如果涉及废气及温室气体排放、向水体或者土壤排污，在审核时会被要求说明主要污染物的排放量、环保设施的处理能力和实际运行情况，以及发行人在环保方面的投入和相关费用支出情况。

如果发行人业务涉及排放危险废弃物，会被特别关注对周边居民生活的影响，有关危险废物管理、处理和监督等内控制度的建立及执行情况。

如果发行人在申报期收到环保方面行政处罚，更是会被关注其是否对之前的环保违法违规行为进行了有效整改，整改是否达到预期效果，发行人是否针对性地提升了内控制度，以避免类似事件的再次发生。

安全生产。发行人如何采取有效措施，确保安全生产也是审核重点。如果发行人在申报期发生过安全事故，监管部门会核实发行人是不是存在重大违法行为导致的事故，具体的整改措施及效果。上市申请文件需要充分说明相关安全生产措施，以及对员工健康的保护制度等，并审核这些内控制度是否健全并有效执行，相关费用支出与公司生产规模是否匹配等。

2. 社会

在IPO审核实践中，监管部门会关注发行人在员工权益、产品安全和质量、社会影响和供应链管理等方面的表现。

员工权益。员工方面，首先关注发行人的员工薪酬和福利待遇情况。比如，薪酬考核机制安排的合理性，是否按照国家相关政策，足额缴纳社会保险等。在个案中，有发行人在申报期出现员工人数或薪酬支出异常波动，就会被要求详细说明波动原因。其次关注发行人是否具有合理的人才引进和培养机制等，特别是科技型企业，研发费用中研发人员工资竞争力、关键技术人员流失比率等也会被关注。这些因素可以反映企业是否具备良好的人力资源管理能力，对于评价发行人持续经营能力至关重要。

产品安全和质量。产品责任方面，主要关注发行人的产品是否构成过安全质量事故、售后服务机制是否完善等问题，特别是，是否能够及时处理和回应消费者的投诉和维权请求。这些因素可以反映发行人是否具有良好的产品责任意识和管理能力。

社会影响。社会影响方面，关注发行人的社会责任和可持续发展战略，以及发行人在社会公益和慈善事业方面的表现。这些因素可以反映企业是否具有良好的社会影响力和公众信任度。当然，发行人做社会公益和慈善事业也要有规范的内控制度用来约束，相关制度需要经过股东大会或董事会的批准方可实施。

供应链管理。供应链管理方面，关注发行人对供应商的选择标准，企业要识别供应链每个环节的环境和社会风险，要对供应商进行考核和督查。如果发行人涉及重要产品或工序外包，也需要说明外包公司的情况，例如是否遵循国家环保、税务、劳动保障等法律法规的相关规定，主要委外生产厂商的基本情况，例如是否具有安全生产许可证或环保资质，确保供应链的合法合规。

3. 治理

在 IPO 审核实践中，监管部门主要关注发行人在治理结构、合规体系、内部控制体系等方面的表现。

治理结构。在治理结构方面，以科创板相关规则为例，要求科创公司保持健全、有效、透明的治理体系和监督机制，保证股东大会、董事会、监事会规范运作，督促董事、监事和高级管理人员履行忠诚、勤勉义务，保障全体股东的合法权利，积极履行社会责任，保护利益相关方的基本权益。审核也会关注发行人的董事会、监事会、高级管理人员的岗位设置是否合理，独立董事、专业委员会等的安排是否符合章程和法规要求，董事会成员和高级管理人员是否稳定，女性成员占比是否合理等情况。

合规体系。发行人的生产经营要符合法律及行政法规的规定。首先，发行人需要妥善制定合规体系，具体包括风险评估与测评体系、书面政策与具体实施程序、定期培训制度、汇报违规行为的安全通道与内部调查程序等。其次，发行人需要投入足够的资源和授权有效运作合规体系。合规部门要具有独立性与足够的资源，对合规的奖励及违规的处罚要有完善的机制。最后，还要评判合规体系在实践中是否发挥了作用，合规制度是否不断改善，是否有对违规行为的分析与补救措施。从实践案例看，以医药行业发行人为例，审核会关注其在申报期是否存在大额异常销售费用，比如在推广服务费、会务费等安排方面，是否存在商业贿赂行为。

内部控制体系。发行人需要重点关注以下几个方面：关键业务流程的内部控制体系建设，相关的制度和政策是否有效执行，投诉、举报制度建立情况等。

以采购流程为例，审核关注主要供应商与发行人是否存在关联方关系或重大依赖关系，相应的信息披露是否充分，是否存在严重影响独立性或显失公平的关联交易。例如要求采取招标方式进行采购的，管理层是否凌驾于招投标流程之上，以某些借口，比如采购需求紧急、无其他替代供应商、新供应商的产品质量不达标等理由，绕过招标流程或突破规则引入新供应商。招标中常见的舞弊情形还包括：在负责采购的员工和供应商合谋下，导致投标信息不适当地泄露，投标截止时间非正常延迟、围标等情况的发生，影响招标结果的公正性。因此，发行人需要建立包括供应商评估准入制度、面向供应商的举报系统等一系列适当的内部控制制度，使企业采购流程能安全、合规和高效地运行，服务好企业的日常经营活动。

资本市场肩负着服务实体经济的使命，功能完善的资本市场有利于提升企业资源配置的效率，合理精准地定价估值，并防范系统性风险。而 ESG 能在其中前瞻性地识别和指引企业向更长期的投资价值取向和更多元的可持续发展目标前进，有效改善资本市场投融资功能，加强信息披露。中国资本市场历经 30 年改革发展，ESG 已成为衔接中外资本市场非常好的桥梁。我们相信，伴随着 ESG 理念进一步深入企业，它将有力地促进中国资本市场向市场化、法治化、国际化方向砥砺前行。

ESG 品牌提升与创新机遇

ESG 不仅影响企业的形象和声誉，还会对品牌建设和市场竞争力产生深远的影响。企业积极关注 ESG 因素并将其纳入战略规划和运营中，不仅可以提升品牌价值和声誉，还可以开拓创新机遇，实现可持续增长。

首先，ESG 与品牌建设之间有紧密联系，企业可以通过关注 ESG 因素来增强品牌形象和赢得消费者的信任；其次，ESG 对品牌价值影响较大，ESG 实践对企业声誉、市场地位和长期价值具有重要作用；最后，ESG 会对消费者的购买决策产生影响，ESG 因素在塑造消费者偏好和购买行为中发挥越来越重要的作用。

通过对 ESG 品牌提升与创新机遇的深入研究，我们将发现 ESG 不仅是一种道德义务，更是企业获得竞争优势和可持续成功的关键因素。企业应该认识到 ESG 实践的重要性，并将其纳入战略决策和业务运营，以实现品牌价值的提升和创新机遇的开拓。只有通过积极履行 ESG 责任，企业才能在当今日益关注可持续发展的消费者和投资者中建立信任和忠诚度，实现长期可持续的商业增长。

ESG 品牌提升

我们所生活的世界正在快速变化，气候变化、社会不平等、数据安全和企业治理等问题已经成为我们不能忽视的挑战。这些挑战不仅关系到我们的未来，也影响每个品牌的市场表现和消费者对它的信任。因此，品牌需要以行动和决策来反映对这些问题的关注，也就是我们通常所说的 ESG。

ESG 已经成为品牌建设的重要组成部分。这不仅是因为消费者和投资者正在要求企业展示其对环境、社会和治理方面的责任，而且研究也已经表明，这些努力可以增加品牌价值和市场份额。然而，实现这些目标并不容易。品牌需要创新思维和战略思维，以便在维护财务表现的同时，也能够达到 ESG 目标。

企业的目标是创造一个更加可持续、公平和透明的未来，让品牌不仅能够在市场上取得成功，也能对世界产生积极的影响。

1. ESG 品牌建设的背景

“ESG 品牌”一词并不是一个标准术语，它通常指一个公司或组织在环境、社会和治理方面的表现和承诺，以及这些因素如何影响其品牌形象和声誉。在这个语境下，品牌不仅指公司的标志或名称，还指公司的整体声誉和市场形象，包括消费者、投资者和其他利益相关方对公司的看法。

当一家公司积极参与并致力于环境保护、社会责任和良好的公司治理时，它的 ESG 品牌通常会变得更加强大。这意味着公司的品牌形象是建立在可持续发展和社会责任的基础上的，这在当今社会变得越来越重要，因为消费者、投资者和其他利益相关方越来越关注公司的 ESG 表现。一个强大的 ESG 品牌可以吸引更多的客户和投资，提高员工的满意度，降低风险，并为公司的长期成功奠定基础。

ESG 品牌之所以重要，是因为它反映了一个企业在环境、社会和治理方面的表现和责任。这是一个越来越受到消费者、投资者和其他利益相关方关注的领域，打造 ESG 品牌，不仅是企业践行企业社会责任的体现，更是塑造长期价值、实现可持续发展的关键，主要体现在以下几点：

- 建立信誉和品牌形象。一个强大的 ESG 品牌可以帮助企业在公众眼中树立积极的形象，展示其对环境保护、社会责任和公司治理的承诺。
- 吸引投资。许多投资者现在在做投资决策时都会考虑 ESG 因素。具有良好 ESG 表现的企业往往能够吸引更多的资本，因为投资者认为这些企业在长期内更加可持续和稳健。

- 满足消费者需求。越来越多的消费者关注企业的社会责任和环境影响。对这些问题的关注和积极行动可以让企业吸引这一群体的消费者。
- 员工激励。员工通常更愿意在那些致力于环境、社会和治理责任的公司工作。良好的 ESG 品牌可以提高员工的士气和工作满意度，从而提高生产力。
- 创新和竞争力。关注 ESG 的企业往往更具创新精神和竞争力。它们可能会开发新的产品和服务，以解决环境和社会问题，从而创造新的商业机会。
- 长期可持续发展。关注 ESG 的企业通常更加关注长期可持续发展，而不仅仅是短期的利润。这有助于它们在不断变化的市场环境中保持稳定和成功。

当前企业在 ESG 品牌建设领域也面临着全新的挑战：

- 信息不对称和数据质量问题。企业可能缺乏必要的数据收集和报告能力，或者不愿意公开分享数据。此外，数据可能不准确或不可靠，这会影响决策和透明度。
- 短期业绩压力。企业通常面临来自投资者和市场的压力，要求其实现短期财务目标，这可能导致有些企业忽视或推迟对长期可持续发展的投资。
- 组织文化和价值观。如果企业的文化和价值观不支持可持续发展和社会责任，那么将 ESG 目标整合到核心业务中可能会遇到阻力。
- 法律和监管环境的变化。全球法律和监管环境不断变化，这增加了执行 ESG 目标的复杂性，企业需要适应不同国家和地区的法规要求。

- 投资者和利益相关方的多样性。投资者和其他利益相关方对 ESG 的期望和要求可能各不相同，与所有利益相关方的期望保持一致是一项挑战。
- 公关和市场压力。由于市场和竞争对手的压力，一些企业可能会参与“漂绿”以回应市场对可持续发展的需求，而没有实质性的行动。
- 资源限制。对于一些中小型企业来说，可能没有足够的资源（如资金、人力和时间）来实施和维护有效的 ESG 计划。
- 供应链管理的复杂性。对于跨国公司来说，管理复杂的全球供应链以确保其符合 ESG 标准可能非常困难，因为它涉及跨多个国家和地区的众多供应商和合作伙伴。
- 技术缺陷。在某些情况下，缺乏先进的技术或解决方案可能会限制企业在环境和社会方面的进步。

2. ESG 品牌建设路径

ESG 品牌建设需要一个综合性的战略，以确保企业在可持续发展领域获得可信赖的声誉，吸引投资者和消费者，并实现长期的社会影响力，制定 ESG 品牌战略需要考虑以下几个方面：

- 清晰和一致的标准。为应对定义清晰和一致标准的挑战，品牌可以与行业组织合作，采纳和推广公认的 ESG 标准和最佳实践。
- 数据的可用性和质量。品牌应建立健全的数据收集和分析系统，以确保获得一致、可靠和可比较的 ESG 数据。这可能包括与第三方合作进行数据验证。
- 克服短期主义。品牌应将长期可持续性纳入其核心战略，并通过内部激励机制和目标设定来鼓励对长期 ESG 目标的承诺。

- 整合到业务战略。品牌需要将 ESG 目标整合到其核心业务战略中，这可能包括调整公司文化和价值观，并确保 ESG 目标与公司的整体目标一致。
- 应对法规不确定性。通过持续监测和适应不同司法管辖区的法规变化，品牌可以更好地应对法规不确定性。这可能包括建立一个专门的合规团队。
- 满足投资者期望。通过与投资者沟通并清楚了解他们的 ESG 期望，品牌可以更有效地将这些期望整合到其 ESG 目标中。
- 防止“漂绿”。品牌应致力于提供准确和透明的 ESG 信息，并通过第三方验证和证明其 ESG 绩效，以避免“漂绿”的负面影响。
- 优化有限资源。品牌可以通过战略性投资、寻求合作伙伴关系和利用可用的资金来源来优化有限的资源，以支持其 ESG 目标。
- 加强供应链管理。通过建立健全供应链管理系统，监测供应商的 ESG 表现，并与供应商合作改善其 ESG 实践，品牌可以应对供应链的复杂性。
- 培养专业技能。为应对缺乏相关知识和专业技能的挑战，品牌应投资于员工的培训和发展，或者聘请外部专家来提供指导和支持。
- 有效沟通和利益相关方参与。为了避免受到利益相关方的抵制，品牌应积极与其沟通 ESG 倡议的好处，并在规划和执行过程中吸引利益相关方的参与。
- 衡量和报告影响。品牌需要开发适当的度量标准和方法衡量 ESG 倡议的影响。这包括收集和分析数据，以评估 ESG 倡议的有效性，并在必要时进行改进。同时，定期向公众和利益相关方报告进展，以增加透明度和信任。

ESG 创新机遇

随着全球对可持续发展的关注度日益提高，环境、社会和治理因素已经成为企业和投资者决策的重要组成部分。在这个背景下，中国作为世界上最大的发展中国家，面临着巨大的 ESG 创新机遇。

中国的经济发展已经进入一个新的阶段，这个阶段需要更加注重环境保护、社会公正和良好的公司治理。同时，中国的科技创新也在快速发展，特别是在人工智能、大数据和云计算等领域，中国已经成为全球的领导者之一。这些技术的发展为 ESG 创新提供了强大的工具，可以帮助我们更有效地收集和分析 ESG 相关数据，更准确地评估和管理 ESG 风险，以及更好地满足投资者和其他利益相关方的信息需求。

然而，ESG 创新也面临着一些挑战，这些挑战需要我们进行持续的研究和探索，以找到有效的解决方案。

首先是数据的质量和透明度。ESG 相关数据通常是非结构化的，来源多样，质量参差不齐。此外，由于缺乏统一的标准和规定，企业在报告 ESG 表现时的透明度也存在问题。这些问题给 ESG 的评估和管理带来了困难。

其次是 ESG 因素的复杂性和多样性。ESG 涵盖了环境、社会和治理三个广泛的领域，每个领域都包含了多个因素，这些因素之间关系复杂，影响方式多样，这给 ESG 的评估和管理带来了挑战。

最后是法规和政策的变化。随着社会对可持续发展的关注度提高，相关的法规和政策也在不断变化，这要求企业和投资者不断更新自己的知识储备，以适应变化。

1. 人工智能在 ESG 评估和管理中的创新应用

随着 ESG 因素在企业决策和投资策略中的重要性日益增加，对如何有效地评估和管理ESG表现的需求也在增加。然而，由于ESG相关数据通常是非结构化的，并且涉及多个复杂的维度，因此传统的ESG评估和管理方法可能无法满足这些需求。在这种背景下，人工智能（AI）技术，如深度学习、自然语言处理（NLP）和强化学习，正在被越来越多地应用于ESG评估和管理中，以提高其效率和准确性。

《公司公告中的ESG：AI视角》[一]一文中展示了如何使用AI来识别公司公告中ESG提及的关键驱动因素。通过AI，研究者能够分离出公司管理层向外界展示其ESG政策的"维度"，比如生物多样性、有害物质处理和温室气体排放等。此外，研究者还能够识别出公司非正式ESG活动的"背景"维度，这些维度给公司及其股东对ESG流程的思考提供了更多的可能性。这个案例表明，AI技术可以帮助构建更好、更可靠、更有用的ESG评级系统。

《通过挖掘和评估媒体报道数据自动评估公司的ESG表现》[二]一文展示了如何通过挖掘和评估媒体报道中的数据来自动评估公司的ESG表现。研究者发布了一个包含432 411条新闻标题的语料库，这些标题被标注为与ESG相关，或者与ESG无关。研究者还介绍了他们的工具所支持的方法ESG-Miner，该方法能够自动通过新闻标题分析和评估公司ESG表现。这表明，通过使用AI和NLP技术，可以有效地从大量的非结构化数据中提取有关ESG表现的有价值的信息。

这些案例表明，AI技术在ESG评估和管理中有着广泛的应用潜力。通过使用AI，我们可以从大量的非结构化数据中提取有关ESG表现的有价值的信息，可以更准确地识别ESG提及的关键驱动因素，也可以更有效地进行ESG投资的决策和管理。然而，同时我们也需要注意到，AI

[一] 资料来源：https://arxiv.org/ftp/arxiv/papers/2212/2212.00018.pdf.

[二] 资料来源：https://arxiv.org/pdf/2012.06540v1.pdf.

技术在 ESG 评估和管理中的应用还面临着许多挑战，如数据质量问题、模型解释性问题以及伦理和法规问题等。因此，我们需要在实践中不断探索和学习，以充分利用 AI 技术在 ESG 评估和管理中的潜力，同时也要有效地应对这些挑战。

2. ESG 创新金融产品

ESG 因素已经成为金融产品创新的重要驱动力。随着投资者对可持续投资需求的增加，金融机构正在开发各种与 ESG 相关的金融产品，如绿色债券、社会责任投资基金等。这些产品不仅可以帮助投资者实现财务回报，还可以帮助他们实现环保、社会和治理目标。

《深度强化学习在 ESG 金融投资组合管理中的应用》[一]一文中，研究者利用优势动作评论算法（A2C）代理，并在 OpenAI Gym 中编码的环境中进行了实验。结果揭示，ESG 调整市场中深度强化学习（DRL）代理的表现优于标准道琼斯工业平均指数（DJIA）的市场设置。这表明深度强化学习等 AI 技术可以有效地改进 ESG 投资的决策和管理。

有许多案例研究表明，通过利用最新的技术，可以开发出更有效、更加可持续的 ESG 金融产品。

3. ESG 创新在绿色供应链的应用

ESG 因素在绿色供应链管理中的应用日益增多。企业正在寻找创新的方法来改善它们的供应链，以减少对环境的影响，提高社会责任，并提高企业治理质量。这包括使用新的技术和方法跟踪和减少碳排放，改善工人福利，以及提高供应链的透明度和可追溯性。

《DCarbonX 分散式应用：碳市场案例研究》[二]介绍了一个名为 DCarbonX

[一] 资料来源：https://arxiv.org/ftp/arxiv/papers/2006/2006.00279.pdf.

[二] 资料来源：https://arxiv.org/ftp/arxiv/papers/2203/2203.09508.pdf.

的去中心化应用，它使用区块链技术解决碳市场中的一些关键问题，如碳信用的追踪和交易，以及防止“漂绿”。这类应用可以帮助企业更好地管理碳排放，并提高 ESG 表现。

《食品供应链和商业模式创新》[㊀]一文中研究了商业模式创新在改善食品供应链中的作用。研究发现，新的商业模式，如数字化和环保，可以帮助食品供应链更好地满足消费者的需求，同时也可以提高供应链的 ESG 表现。

ESG 人才培养

企业对 ESG 人才的迫切需求

许多企业，尤其上市公司，已经理解环境并非 ESG 的所有内涵，同时关注公司内部治理和社会责任议题，对增强企业的成长韧性和可持续发展能力意义重大。ESG 理念正不断融入企业战略以及经营决策的考量，企业实践行动中仍需要更多专业的指导以充分应对挑战。这一趋势也催生了企业对 ESG 相关人才的大量需求，ESG 人才培养具有时代迫切性。

ESG 领域需要复合型人才

在企业中，ESG 相关工作涉及企业 ESG 战略规划、ESG 治理架构搭建、工艺及工作流程改进、供应链管理、绿色营运、绿色金融与投资、ESG 风险管理、ESG 税务筹划、ESG 报告与披露、ESG 品牌宣传、投资者沟通等各个方面，可以说几乎涵盖了企业价值链的全链条，并沿着产业链的上下游延伸（见图 2-6）。

我们将 ESG 人才视作为企业提供 ESG“专业服务”的人才，可以在企业内部（具有 ESG 相关能力、负责某项具体业务领域的专家型员工），也可以在企业外部（企业聘请的外部顾问）。

㊀ 资料来源：https://arxiv.org/ftp/arxiv/papers/2001/2001.03982.pdf.

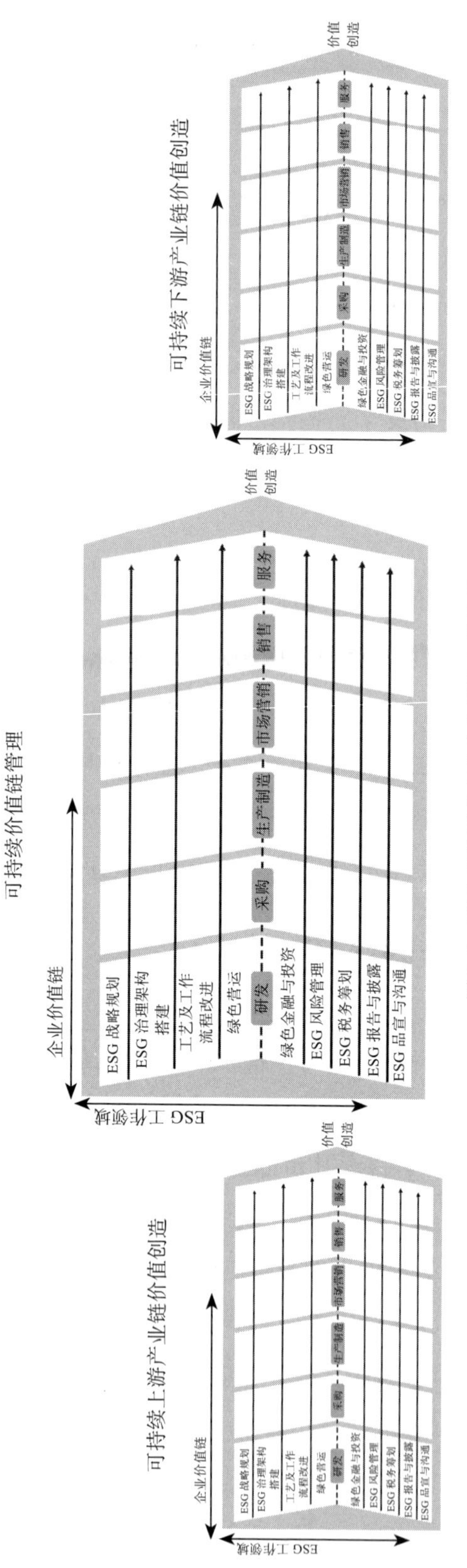

图 2-6 ESG 相关工作在企业价值链中的体系

ESG 人才在企业中的分布与其治理架构和 ESG 文化的普及有关。大体上说，可以独立形成部门，也可以完全嵌入各业务和职能部门，有些企业居于二者当中的一些情况（既有独立的 ESG 部门，也在各个业务和职能部门设置 ESG 事务专员），视企业具体情况选择合适的架构设置（见图 2-7 和图 2-8）。无论哪种形式，ESG 领域需要的人才都是能力复合型人才。

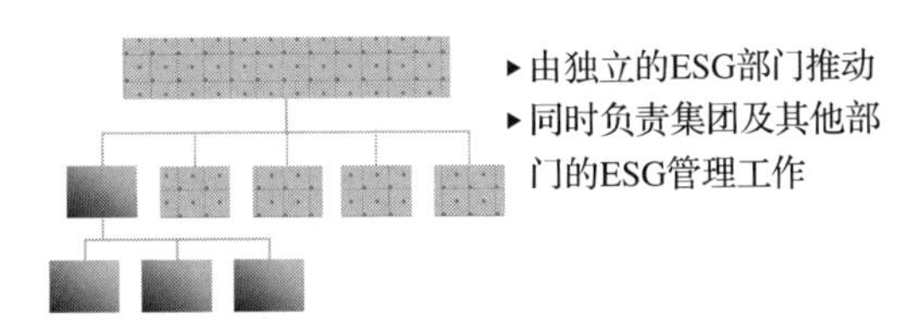

图 2-7　独立部门形式

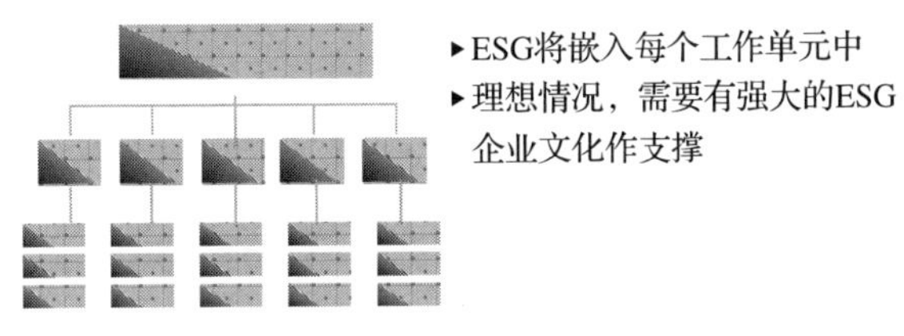

图 2-8　完全嵌入形式

ESG 人才的能力框架

我们对 ESG 人才的能力进行拆解，总结了以下几类能力需求。

1. 可持续发展领域的专业能力

这类能力与 ESG 议题紧密相关，涉及对 ESG 内涵、法规体系、评级标准的理解，涉及对碳减排关键技术、零碳排关键技术、负碳排关键技术的了解，具有一定的碳金融、碳管理、碳交易、碳税相关知识；对 ESG 各项议题有足够的了解，并且对其中一个或者多个专项议题，有精深的知识储备。

在专业能力方面，如果组织采用的架构形式越靠近嵌入式，专业能力越需要具有复合性。除了可持续发展领域的专业能力，还需要相关岗位所需要的其他专业能力。比如，在企业内部负责可持续供应链管理的人才，除了可持续发展领域的专业能力，还需要具备供应链管理方面的相关专业能力。再如，一位为企业提供 ESG 战略咨询的外部顾问，他的技术能力里需要叠加可持续发展领域的专业能力和企业战略规划的专业能力，这是复合专业能力。

2. 顾问能力

顾问能力，就是具备系统地识别问题、分析问题、结构化解决问题并对落地方案进行项目管理的专业能力。这个能力将使得 ESG 人才能有效识别企业的 ESG 相关机遇及风险所在，并有效地形成解决方案。

3. 创新变革能力

由于 ESG 各项议题在企业中的落地实施，对于企业来说可能是一场脱胎换骨的转型，所以相关的人才需要具备高度创新能力和强大的推动与驾驭变革的能力；能够持续推进方案的优化和迭代，并能胜任横跨整个组织的沟通和协作；具有卓越的领导力。当下很多企业的 ESG 创新大量使用数字技术，所以此类人才还要具备优良的数字化素养。

作为企业内部推动 ESG 转型的领导者，如首席可持续发展官，本质上是在企业内部推动一场新生事物的变革，他们需要敢于挑战现状，勇于承担一定的风险，对创新秉持积极开放的心态并坚信转型能取得成果，可以说他们富有企业家精神。同时，他们在工作中需要与战略、研发、采购、风控、财务、IT 等多个职能部门共同协作，探讨并实施符合企业长远利益的最佳 ESG 解决方案，因此还需要具备从对方视角看问题的能力，辅以教练的心态，通过营造跨越部门边界甚至跨越组织边界（如与外部供应商）的合作环境，才有可能获得 ESG 转型的成功。

4. 产业洞察能力

任何一项 ESG 议题的方案都需要放在企业所在行业及相关应用场景下考量，所以 ESG 相关人才对行业的深刻理解对其方案设计或执行能力有重要影响。产业洞察能力也是通过培养不断提升的，从能够理解行业的商业模式、生产工艺及流程特点（基础级人才）到能够分析行业的最新发展趋势（熟练级人才），而专家级人才能对行业发展前景、转型变迁发表自己有价值的观点。

图 2-9 展示的是安永大中华区培养自己的 ESG 专家型顾问人才所采用的能力模型框架。安永大中华区的人才培养方案也是依据这个能力框架来设计的（详见后文）。

ESG 人才的培养途径及方法

当企业设计好自己的 ESG 管理架构时，就可以根据岗位需求配置 ESG 人才。企业储备 ESG 人才的途径有外部引进和内部培养两种（见图 2-10）。

外部引进可以参照图 2-9 的能力模型框架对相关人才的知识体系、工作经验、性格特质等进行筛选，从中选出适合企业相关岗位的人才。引进后，需要帮助人才快速熟悉产业以及企业的实践情况，进而让他们能够在指定岗位上发挥应有的作用。同时为人才的后续发展提供相应的支持，并将其纳入内部培养方案。在对企业影响重大的 ESG 议题方向引进一些细分领域的专业人才是必要的。

内部培养其实是一种人才 ESG 化，即结合目前企业的岗位设置，为现有员工提供 ESG 通用知识以赋能。同时，针对岗位应用场景为员工提供 ESG 相关细分领域的专业能力培养方案，以达到人才具有复合能力的目标。

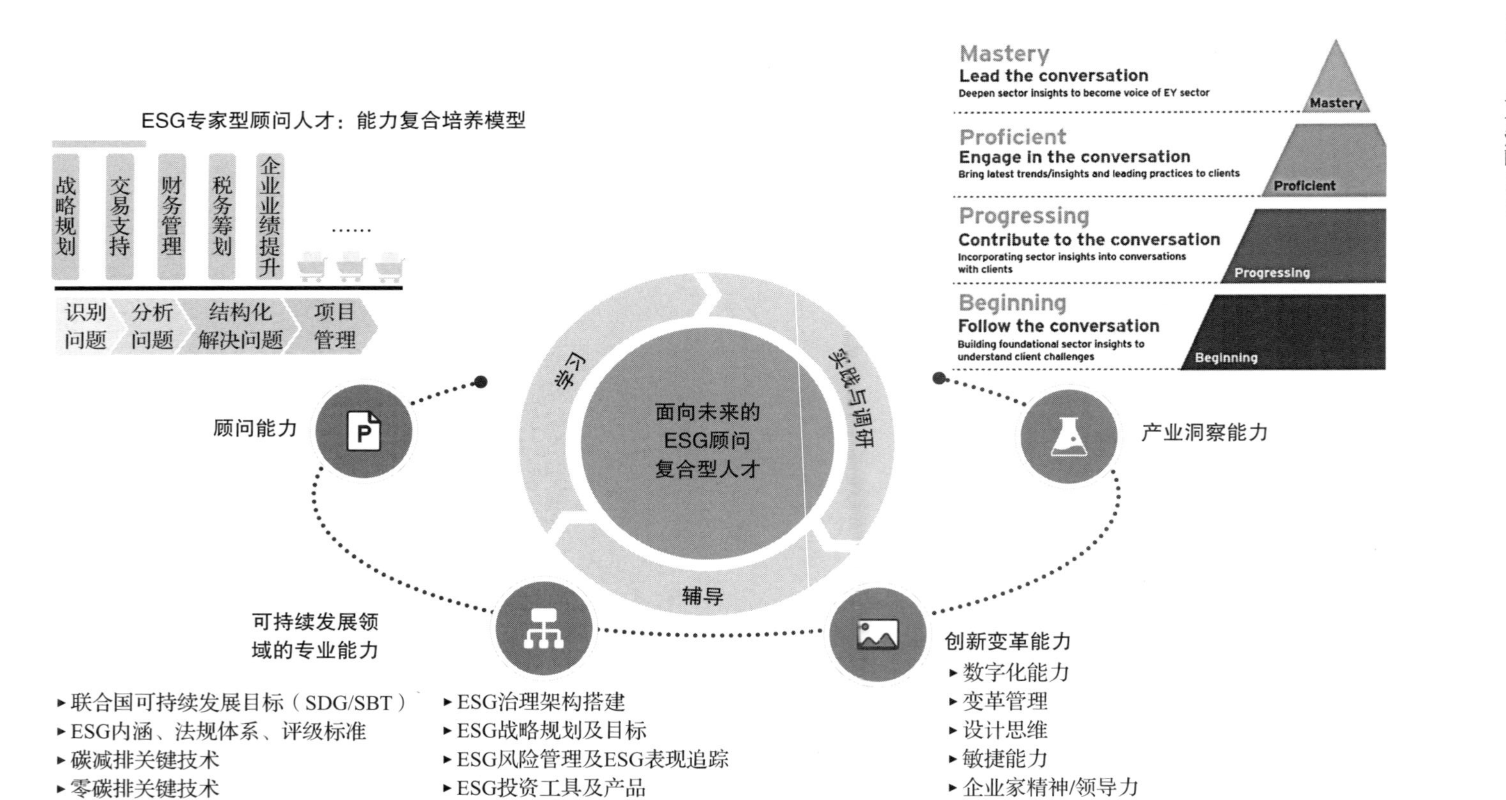

图 2-9　安永大中华区 ESG 专家型顾问人才能力模型框架

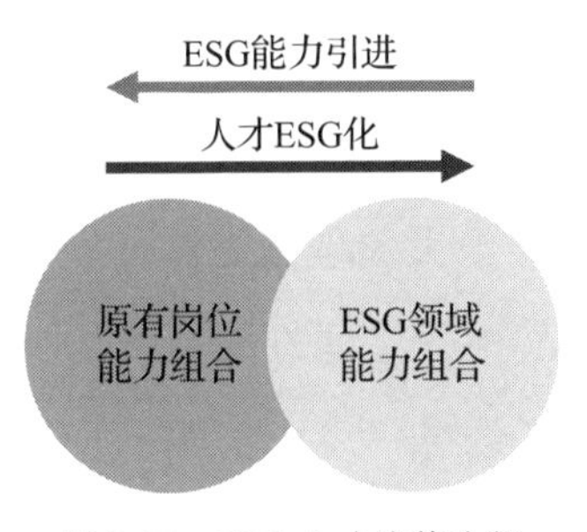

图 2-10　ESG 人才培养途径

以安永大中华区为例，在专业顾问的 ESG 培养方案中除了提供安永大中华区各条服务线的核心专业课程，培养其相关服务领域的技术及顾问能力，安永机构的数字徽章（EY Badge）学习平台还推出不断迭代的可持续发展方向的专业课程，与服务领域密切相关的逐步纳入相关服务线的核心课程体系。同时，安永大中华区为员工还配备了创新变革能力方面的课程组合，并叠加产业知识课程。各条服务线的员工都可以根据自身的基础和志向，为自己定制学习方案。这样的学习支持使得安永大中华区内部的人才可以被充分挖掘并流动起来。除了自身所在服务线必修的核心课程，员工还可以通过自学获得相关领域的数字徽章，在完成能力组合的学习及实践环节的情况下，完成可持续发展领域项目及论文的考核，就能获得安永机构与霍特国际商学院颁发的“安永可持续发展 MBA 硕士证书”。这一举措对鼓励和推进现有顾问人才的 ESG 化非常有帮助，也极大地促进了跨界创新的发生。

值得一提的是，在人才培养方案设计中“721 法则”的运用对培养效果帮助很大。也就是，人才能力培养，70% 的效果来自富有挑战性的工作及实践（真实或者高度仿真的实践经历），建立嵌入业务执行流程的有效经验管理机制对人才尤其是高潜力人才的发展非常有效，其中通过打破组织壁垒，提供跨职能的交流或合作，让组织成员有机会较为深入地了解对方的工作，是实践中行之有效的方式之一；20% 的效果来自实践环节的辅导和反馈（带教及复盘）；10% 的效果来自正规的学习（讲授、自学、线上线下等）。以安永大中华区为例，人才发展过程中不论是在单体培养方案设计的“小循环”，还是在企业人才梯队建设与实际业务资源配置的“大循环”中，都会将“721 法则”充分纳入机制设计，这样才能提升人才培养的效率，企业人才储备源源不断地支持企业基业长青。

总体来说，企业的 ESG 人才培养方案必须充分考虑企业的 ESG 战略方向、企业业务的实际需求、组织架构的设置、企业的现有人才能力储备以及目标人才能力建设（不同岗位、不同级别的员工，对其能力项的要求存在差异）等因素科学地制订。

ESG 智能化管理

ESG 管理也需要智能化

目前，大多数企业 ESG 信息披露的质量和管理水平尚处于以合规为主的起步阶段，在 ESG 信息的收集、管理和非财务风险管控等方面仍面临诸多挑战。

1. 业务种类多样，造成 ESG 信息统计口径不一致

企业的 ESG 信息散落在不同的业务流程和运营环节中，同一指标的定义和范畴不尽相同，而随着企业经营规模的扩大，这一问题会更加突出。以污染物排放数据为例，不同业务、不同区域的污染物种类、统计口径、计算方式差异较大，这会削弱信息的价值，进而影响后续 ESG 的管理过程。

2. 管理流程存在差异，影响 ESG 信息准确性及管理效率

企业不同地区、不同业务、不同项目的管理流程可能存在差异，以

人工为主的数据核验及反馈过程较为冗长烦琐且容易出错。对于已建立信息化基础的企业，如果希望整合不同IT系统和报表中的数据，系统和报表中的计算差异也会给汇总后数据的准确性带来巨大挑战。

3. 缺少过程监控，未能及时、有效地识别并应对潜在ESG风险

企业的ESG信息收集工作往往以年度为主，具有较大滞后性，很多企业尚未建立实时及可追踪的全过程ESG信息管理体系，导致企业无法及时根据ESG绩效制定相应的改进措施，这给企业带来潜在的ESG风险，错过将风险转化为商业机遇的机会。

在“双碳”目标的大背景下，企业是推动实现“双碳”目标的中坚力量，而ESG已成为推动企业实现“双碳”目标的重要抓手。对于企业尤其是多元业务集团公司来说，ESG信息分散在不同的事业部门、分公司或子公司，数据庞杂，统计困难，加大了ESG管理的难度。在这种情况下，一个智能化的ESG管理系统显得尤为重要，它能够打通各业务环节，提升数据采集效率，保障数据质量，进而帮助企业制订有针对性的ESG管理方案，促进企业高质量发展，助力实现“双碳”目标。

ESG智能管理系统

ESG投资的难点在于，ESG评价所需的信息难以持续、准确地获取，而市场现有的评级体系与中国市场的融合度有一定差距，安永大中华区结合中国上市企业的特点以及监管政策的要求，开发了ESG表现分析模型，帮助投资机构搭建符合中国市场特点的ESG评价体系，便于投资机构更好地开展ESG投资。基于ESG表现分析模型，安永大中华区开发了“ESG投资解决方案系列——ESG智能管理系统（见图2-11）”，该系统集ESG战略规划、ESG投资、ESG表现分析于一体，按照优先级分

别是企业内部 ESG 运营管理、企业的客户投融资 ESG 管理以及上市公司 ESG 分析。

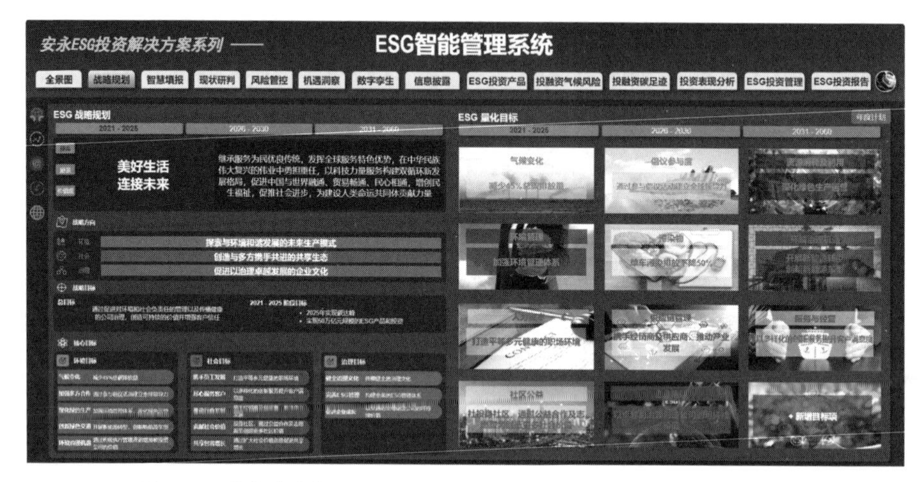

图 2-11　安永大中华区 ESG 投资解决方案系列——ESG 智能管理系统

安永大中华区 ESG 智能管理系统涵盖八大主要功能模块，以一站式解决方案助力企业提升 ESG 管理水平，同时嵌入元宇宙虚拟场景，实现全球各地分支机构统筹管理，全面展现创新驱动引领永续发展。

- **战略规划**：从使命和愿景到核心任务，定制 ESG 战略；从五年规划到“双碳”目标，分阶段定策略；核心议题拆解成具体的量化指标，利用数字化技术管理 ESG 表现。将 ESG 战略规划贯穿到企业运营管理的全流程。
- **智慧填报**：数据一键上传，实现智慧填报；自动测算能耗，及时核算排放；异常数据捕捉，即刻风险预警；数据透明管理，更新填报进度。以数字孪生赋能智慧运营。
- **现状研判**：分析填报和规划目标之间的差距，分析分支机构各区域之间的差距，对标同业领先实践并分析差距，根据历史数据预测发展轨迹，及时调整策略并制订改进计划。以及时、准确的现状分析，助力企业ESG管理持续提升。

- **风险管控：** ESG风险类型分析（包括气候风险、信用风险、舆情风险、供应链风险、财务相关风险等）；ESG风控流程控制（包括风险识别、风险评估、风险预警、决策建议）。以专业、全面的风险管控措施，保障企业稳健运营。
- **机遇洞察：** 洞察政策机遇、市场机遇，设计路径，进行场景模拟，从而把握机遇。以敏锐、专业的视角，帮助企业洞察机遇，把握商机。
- **信息披露：** 满足监管要求，符合行业指引，对标国际标准，自定义多口径，一键生成报告。通过数字化手段减轻企业信息披露的压力，实现准确、轻松地披露。
- **投资表现分析：** 包括绿色金融（判定绿色项目、核算环境效益、完成信息披露），气候风险分析（气候变化的物理风险和转型风险、重点行业和企业的数据分析、加强投资者应对气候风险的能力），碳足迹分析（投融资碳足迹核算、净零投资场景模拟）。全面覆盖ESG投资领域，为机构投资者提供有力支持，使其成为负责任的投资人。
- **ESG投资管理：** 制定符合发展规划和投资倾向的策略，支持多种ESG投资方法的选取应用，一键量化数据并生成ESG投资报告，全面展现投资者创造的ESG价值。以科技手段全面提升机构投资者ESG投资管理能力。

chapter 3 | 第3章

提升 ESG，理解评级及标准

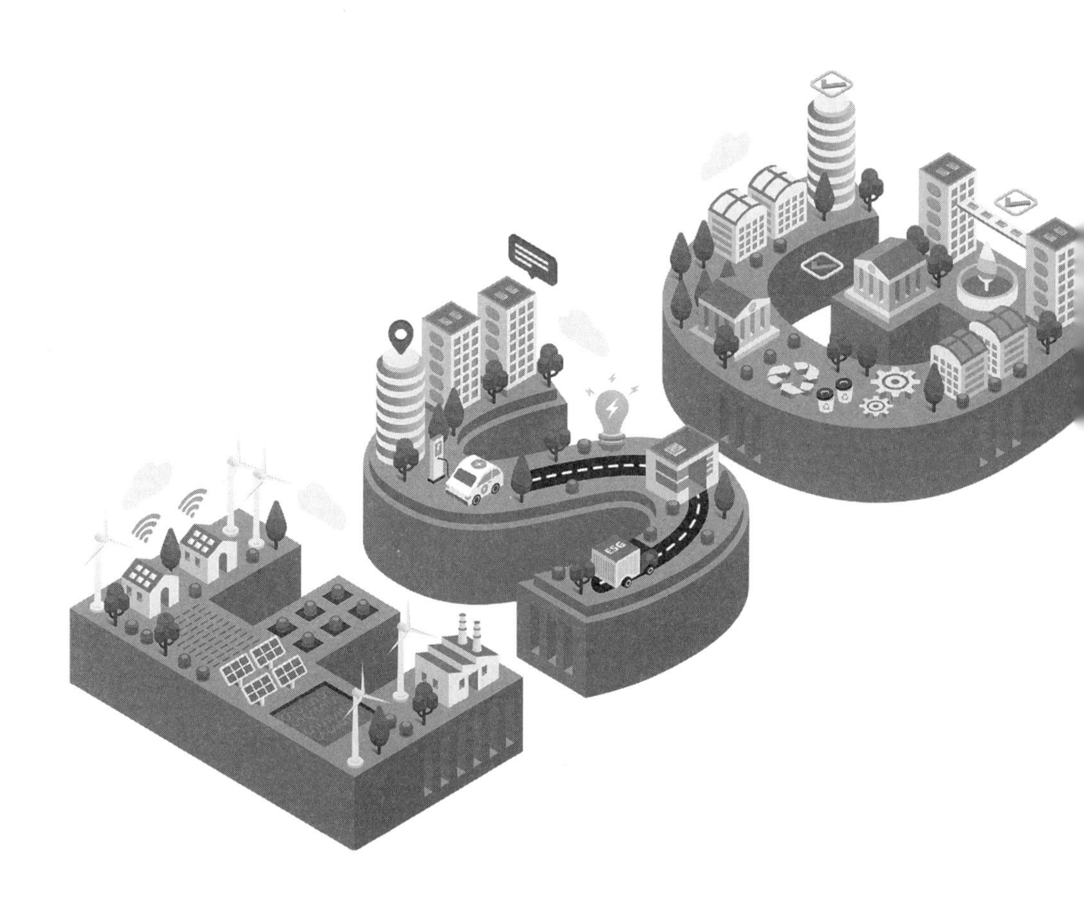

国内外 ESG 评级介绍

ESG 评级

ESG 评级的实践始于 ESG 理念的兴起与深入，各投资主体对 ESG 评级信息的需求助推了 ESG 评级的发展，金融机构投资者的 ESG 评级需求尤为重要。一方面，投资者决策时需要参考 ESG 评级结果，ESG 评级是衡量企业 ESG 绩效的工具，有利于投资者更好地评估企业的风险情况，进行 ESG 投资；另一方面，开展 ESG 评级可以鼓励上市公司积极应对日益严格的 ESG 信息披露制度，提高 ESG 信息披露水平。

ESG 评级机构在 ESG 投资中起着重要的引导作用，它们在企业进行 ESG 信息披露的时候开始参与，通过评级体系进行评估，最终为投资机构提供投资指引，使企业 ESG 方面的表现可以与资本市场的反应相呼应。

评级机构通过收集企业自主披露的年度报告、可持续发展报告、ESG 报告等信息，通过监管部门的信息验证，结合第三方数据库及主流媒体披露的信息，从中归纳整理目标企业的环境绩效信息、社会责任绩效信息和公司治理相关信息。评级机构根据对 ESG 的理解，设计指标体系和评估方法，综合定性指标和定量指标，并对不同行业 ESG 的实质性因子进行加权计算，得出每家上市企业的 ESG 综合评级。由于不同的评级机构对 ESG 体系包含的具体内容理解不同，选取的指标不同，设计的评估方法也不同，所以同一家上市企业最终得到的 ESG 评级会有不同形式的呈现。

ESG 评级的生态圈（见图 3-1），总体由披露标准制定方、专项数据提供方、评级机构以及数据集成方构成。

ESG 评级环节主要包括标准制定、披露要求、数据采集、评分评级，整个流程基本包括三个步骤：

- 评级机构参照国际组织或证券交易所等公布的标准或指引事先制定评级体系。
- 通过截取企业ESG报告的内容，通过公开渠道或者向企业发放问卷的方式，采集相关信息和数据。
- 评级机构给出评分和评级结果。

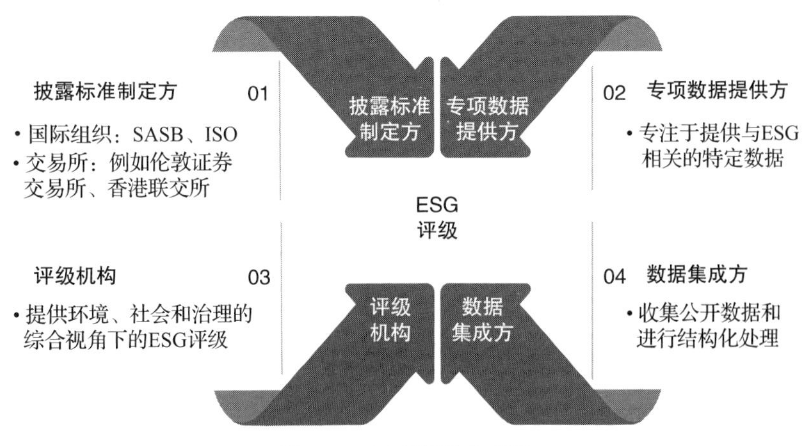

图3-1　ESG评级的生态圈

根据各评级机构获取信息来源的方式不同，目前主流ESG评级可分为主动评级与被动评级。主动评级除了基于企业公开披露的信息进行分析，也会通过问卷调查等形式邀请企业主动上传相关内部文件和补充材料，并在一定反馈期内确认信息的准确性和完整性。被动评级则仅接受公开渠道信息，通常包括公司年报，ESG报告、企业社会责任（CSR）报告、可持续发展报告，公司官方网站，以及来自政府、社会组织（如非政府组织（NGO））、权威媒体等的专业信息。以下为当前全球广泛使用的ESG主动评级与被动评级示例。

国外 ESG 评级体系

国际上 ESG 金融产品规模的快速扩展，推动了 ESG 评级体系的发展及完善。我们选取主要的机构做简单介绍。

1. 明晟

明晟（MSCI）ESG 评级[㊀]是旨在帮助投资者了解 ESG 风险和机遇，并将这些纳入他们的投资组合构建和管理过程。MSCI ESG 评级的目的是衡量一家公司对长期的、与财务相关的 ESG 风险的适应性（resilience，也称应变能力、弹性等）。在一个行业里，一家公司所产生的负面外部因素中，哪些可能会在中长期变成公司的意外成本？反之，哪些影响一个行业的 ESG 议题会在中长期变成公司的机遇？更具体地说，MSCI ESG 评级模型试图回答关于公司的四个关键问题：

1）一家公司及其所处行业面临的最重要的 ESG 风险和机遇是什么？

2）该公司暴露在这些关键风险和（或）机遇下的敞口大小如何？

3）该公司在管理关键风险和（或）机遇方面的情况如何？

4）该公司的整体情况如何，与全球同行相比如何？

MSCI ESG 评级模型指标体系（见表 3-1）主要由 3 大范畴（pillars）、10 项主题（themes）、35 个 ESG 关键议题（ESG key issues）和上百项指标组成。MSCI 主要通过公开信息抓取上市公司 ESG 层面的表现，并通过上市公司沟通团队邀请上市公司对初评结果进行反馈；其评估依据均来自公开可查询的信息。值得关注的是，MSCI 会采用替代数据，即由公司外部发布的与公司有关的信息，以弥补上市公司自身披露不足的情况。

㊀ 资料来源：ESG Ratings-MSCI.

表 3-1 MSCI ESG 评级模型指标体系

3 大范畴	10 项主题	35 个 ESG 关键议题	
环境	气候变化	碳排放	对于气候变化的脆弱性
		财务环境影响	产品碳足迹
	自然资源	生物多样性与土地利用	原材料采购
		水资源压力	
	污染物与废弃物	电子垃圾	包装物料与废弃物
		有害物质排放和废弃物	
	环境机会	清洁能源技术的机会	绿色建筑的机会
		可再生能源的机会	
社会	人力资本	员工健康与安全	人力资源发展
		劳动力管理	供应链人力标准
	产品责任	化学品安全	金融产品安全
		健康和人口风险	隐私与数据安全
		产品安全与质量	负责任投资
	利益相关方反对	社区关系	有争议的采购
	社会机会	沟通可得性	金融服务可得性
		健康保健可得性	营养与健康的机会
治理	公司治理	董事会	所有权和控制权（所有制）
		薪酬	财务
	公司行为	商业伦理	税务透明度

2. 富时罗素 ESG 评级

富时罗素（FTSE Russell，简称 FTSE）ESG 评级[㊀]框架由环境、社会、治理 3 大核心内容、14 项主题评价及 300 多个独立的考察指标构成（见图 3-2）。14 项主题评价中，每项主题包含 10 ～ 35 个指标。FTSE ESG 评级根据 14 项主题评价，每家企业平均应用 125 个指标，仅使用公开资料（包括公司季报和企业社会责任报告等）。FTSE 与每家公司单独联系，以检查自己是否已找到所有相关的公开信息。FTSE 分析员会在每年 4 月至次年 3 月对每家被评公司做一次分析，分析结束后 FTSE 会开放约一个月的时间窗口允许被评公司登录 FTSE ESG Portal 进行回复。

㊀ 资料来源：ESG Scores 1 FTSE Russell.

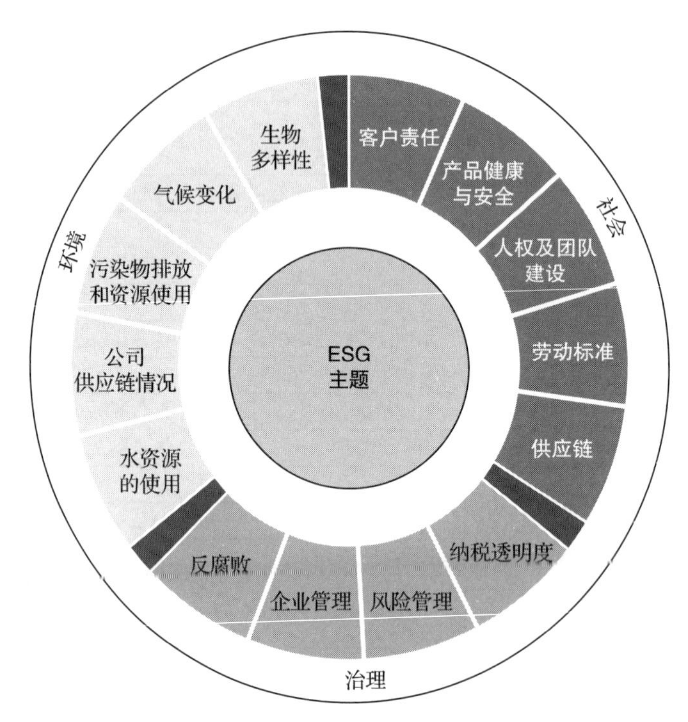

图 3-2　富时罗素 ESG 评级框架

3. 晨星

晨星（Sustainalytics）评级[1]从 ESG 风险入手，从风险敞口与风险管理两个维度衡量企业管理 ESG 议题的表现，已为来自 172 个国家的 1000 多个机构客户提供服务，覆盖超过 20 000 家公司。**风险敞口**维度反映企业面临重大 ESG 风险的可能性，包括一系列对企业构成潜在财务风险的 ESG 因素，也可理解为企业面对相关 ESG 风险的敏感度或脆弱性。因此，低风险暴露表示议题对于企业而言相对不重要，而较高风险暴露则显示该 ESG 议题对企业有可能构成重大影响。**风险管理**维度是针对企业政策、计划、定量绩效以及公司治理等因素，以衡量企业对重大 ESG

[1] 资料来源：ESG Risk Ratings（Sustainalytics.com）.

议题的管理能力。风险管理包括可管理风险和不可管理风险，其中可管理风险又分为已管理风险和管理缺口。Sustainalytics 根据最终 ESG 风险评级得分将企业细分为五个风险类别，分别为可忽略、低、中、高和严重风险。评分越高，代表企业面临的 ESG 风险越高。

这种多维度方式提供了一种绝对衡量法，使不同行业和区域的企业的评级具有可比性。Sustainalytics 的 ESG 风险评级持续强调投资者目标设定、监测和投资组合表现报告相互关联的重要性，并与欧盟《可持续金融披露条例》(SFDR) 等特定地区 ESG 法规保持一致。

Sustainalytics 的 ESG 风险评级通过衡量组织未管理的 ESG 风险规模，清晰地体现了企业层面的 ESG 风险。该评级已在全球范围内覆盖 16 000 多家企业。该评级由三个核心组成部分组成：企业治理、重要 ESG 议题和特殊问题（“黑天鹅”）。其中重要 ESG 议题模块为核心部分，涵盖企业在环境、社会、治理三个层面的各类综合指标。评分越低，企业面临的 ESG 风险水平越低；评分越高，企业面临的 ESG 风险越高。

4. 道琼斯可持续发展指数

道琼斯可持续发展指数（DJSI），自 1999 年起，每年邀请全球前 10% 的企业，从经济、环境和社会标准三个维度对企业进行包括 ESG 在内的可持续发展能力全面评估。成分股公司可以使用 DJSI 系列标识，作为公司在可持续发展方面的成就，使用权将每年更新。

此外，DJSI 领袖企业可入选 RobecoSAM 可持续发展年鉴，获得金奖、银奖、铜奖等荣誉；没有进入 DJSI 但取得重要进步的企业也有机会入选其中，获得可持续发展年鉴成员（Sustainability Yearbook Member）荣誉。

DJSI 系列可划分为三个类别：全球类可持续发展指数（包括环球指

数、新兴市场指数等)、区域类可持续发展指数（包括亚太指数、欧洲指数、北美指数等)、国家类可持续发展指数（包括澳大利亚指数、加拿大指数、韩国指数等)。此外，还包括部分蓝筹指数，如道琼斯全球可持续发展 80 指数、道琼斯亚太地区可持续发展 40 指数、道琼斯美国可持续发展 40 指数等。

5. 碳信息披露项目

碳信息披露项目（Carbon Disclosure Project，CDP）成立于 2000 年，总部位于英国，每年都会要求世界上的大企业公开碳排放信息及为气候变化所采取措施的细节，它已发展成碳排放披露方法论和企业流程的经典标准。

编制与评估：CDP 关注企业在气候变化、水、森林等方面的表现。

方法：应投资机构要求，对公司发出环境信息披露的要求；问卷覆盖气候变化、水安全及森林范畴；问卷采集。

评估频率：每年一次；问卷分为三类，分别为气候变化、森林、水；阶段分为 CDP 向公司发放问卷收集数据，以及投资机构向 CDP 购买数据。

评分体系：CDP 等级从高到低分为 A、B、C、D 四个等级，并用“+”号调整。D 披露——主要衡量企业披露的完成度；C 认知——衡量企业对于环境问题的认知程度以及评估程度；B 管理——衡量企业为应对环境问题所实施的政策和战略以及应对措施实际实施的程度；A 领导力——关注企业是否采取了能够代表产业内最佳实践的行动。

中国国内 ESG 评级体系

相较于发达国家，我国 ESG 的建设起步较晚，直到 2016 年后才开始进入大众视野。国家相关部门出台了相关政策推动 ESG 的发展，各大机构的资本也逐渐往 ESG 相关领域倾斜，这推动了中国国内 ESG 评级体系的构建。

虽然中国国内 ESG 评级体系受到政府和企业的高度重视，但在发展上还是具有一定的局限性。第一，由于 ESG 相关投资在短期内并不能给企业快速带来直接经济效益，还有可能增加企业的经营成本，所以部分企业不愿意进行 ESG 相关建设。第二，我国上市企业 ESG 报告的披露仍处于鼓励披露阶段，仅央企和科创板企业等需要强制披露，并且披露内容缺乏统一规范。这导致部分企业缺乏 ESG 披露意识或在披露 ESG 信息时隐藏对企业不利的信息，信息披露不够全面。由于 ESG 报告是进行企业 ESG 评级的重要依据，所以 ESG 报告的缺乏和不规范将给 ESG 评级及其行业发展带来极大的影响，阻碍 ESG 评级行业的客观化、国际化发展。第三，中国国内 ESG 评级机构构建的评级体系缺乏统一的评级标准，评级结果的准确性有待验证。

国际经验表明，积极参与 ESG 评级，进行 ESG 相关投资，对企业价值的提升有深远的影响：第一，较高的 ESG 评级结果和适当的媒体宣传可以提高企业的声誉；第二，良好的 ESG 表现可以提高企业的稳定性，帮助企业更好地发展。

1. 国外 ESG 评价体系在中国的落地情况

为研发接轨国际、符合国情的 ESG 评价体系，目前中国还需要解决以下两大摩擦和争议。一方面，国际评级机构忽视中国企业的本土价值。国际机构 ESG 评级的关注点往往集中于 ESG 治理、风险议题以及充足 ESG 信息支撑下的 ESG 绩效评价，在对中国企业进行 ESG 评级时，往往忽略了中国企业所创造的本土价值和贡献。其实，中国一大批有担当的企业在自身可持续发展的同时，主动回馈社会，创造了巨大的本土价值。因此，中国的 ESG 评级体系有必要将“社会价值”纳入重点考量，赋予企业与其ESG表现相对应的评级结果。

另一方面，国际评级机构不理解国有企业的党建引领作用。在中国，坚持党的领导、加强党的建设是国有企业的“根”和“魂”，而国际评级机构在ESG评级中无法理解该治理模式。对中国国有企业来说，党组织与ESG治理的有效融合能够敦促企业积极响应党和国家的大政方针，培育负责任的价值观和企业文化，形成“自上而下”有效的ESG治理机制。

为了推动我国ESG评级体系的建设，需要国家、企业、投资机构、第三方评级机构共同努力。企业在未来发展过程中应积极践行可持续发展理念，加强环境、社会和公司治理三方面的建设；投资机构应投入更多资本、设计更多ESG产品，推动整个行业健康良性发展；第三方评级机构需要借鉴国际上的ESG评级体系，结合国内的实际情况，构建符合中国实际情况的ESG评级体系。

2. 哪些机构开展ESG评级

得益于ESG投资在国内的兴起，ESG评级工具被各类机构所重视，争相踏足，积极研发。截至2022年12月，我国已有上百家机构参与研发ESG评级。目前国内ESG评级机构按照身份属性大致可分为六类：

1）ESG专业服务提供商。

2）金融机构。

3）指数公司。

4）科研机构。

5）数据服务商。

6）公益组织。

每家机构对于ESG评级的定位、目标客户、应用场景都存在差异，而这些差异就体现在指标构建、数据挖掘、频次更新等方面。

3. ESG 评级体系呈多元化格局

相较于国际ESG评级机构的发展水平，国内ESG评级机构仍处于多元化发展的探索阶段，评价对象基本限于国内上市公司，国际影响力较为欠缺，尚未形成较为统一的标准。从评级结果来看，不同评级机构的评分结果差异十分显著，主要原因如下：

1）ESG议题差异。ESG评级主要考量E（环境）、S（社会）和G（治理）三个维度，每个维度下的议题各有不同。

2）指标度量差异。针对同一议题，指标选取也会出现差异。例如，员工管理可以从员工流失率来看，也可以用员工满意度来度量。

3）权重设置差异。例如MSCI设置ESG评价体系时，会考虑各议题对公司及行业的影响程度和影响时间的长短，若影响程度大，MSCI会给予该议题更高的权重。国内某ESG评级体系根据行业特性设置了通用指标和行业指标，并给予不同权重。

4）数据处理方法差异。目前ESG评级数据中不少项目很难准确定量计量，如人权、道德与反腐败等，实际评级时候需要通过统计的方法进行处理，不同的评级机构处理会有差异。

5）价值观差异。ESG涉及非财务信息，必须通过评级者的主观框架来进行选择和解读，而ESG评级机构的社会文化背景、历史渊源、使命等社会面因素都带有价值观成分，会对其主观理念框架形成影响。

4. 国内 ESG 评级体系存在的问题

当然，无论是指数编制机构还是自律组织发布的ESG评级结果，均有优化的空间。国内的ESG评级体系仍然存在一系列有待改善的问题，尤其是原始数据的质量、抓取方式、更新频率等，具体包括以下几种情况。

第一，用于 ESG 评级的原始数据的不一致性较高。特别是原始数据样本的多维度属性（如具体措辞表述、测量角度、数据单位等形式属性，以及平均值、标准差、极值等统计属性），具有很大差异。ESG 评级机构一般从企业每年披露的可持续发展报告或者 ESG 报告中收集原始 ESG 数据，但不同企业的相关披露数据的一致性很低。

以社会（S）中的“员工健康和安全”议题为例。企业的可持续发展报告中，被用作描述“员工健康和安全”议题的指标如下：损失时间（频率）、损失时间（每百人、每五千人、每二十万人事故率）、导致时间损失的损伤、意外事故率、需要休假的意外事故、因损伤导致的天数损失、因意外事故导致的财务损失、导致超过一天损失的损伤、损伤率、职业性生病或损伤导致的时间损失、损失时间（严重事故率）、意外事故数量、未造成时间损失的意外事故数量、损失工作天数、发生严重意外事故数量、每二十万小时工作的损伤率、由工作相关损伤造成的工作天数减少、被申领的时间损失、损失时间、职业性生病率、职业性生病数量、职业性疾病率。

面对如此多样的数据形式，很难确定哪一个指标是衡量企业在“员工健康和安全”议题上表现程度的最优指标，而且这些指标的单位也不尽相同，包括无单位、比率、百分比等不同单位。最重要的是，不同指标的统计分布特征（平均值、标准差、极值等）差异明显，这使得跨指标的比较和数据整合十分困难。

此外，企业在披露某一议题表现时，往往只会选择对自身企业最有利的指标进行披露。面对众多企业提供的不同指标，各 ESG 评级机构的处理方法差异较大，企业所披露的原始数据的不一致性最终落脚在各评级机构原始数据整合过程中的差异，而数据本身的缺陷也会残留在评级结果中。

第二，参照基准选择随意性强。ESG 评级机构可以选择将所有企业放在统一的参照基准下评价，也可以根据行业特征将企业进行分类，设立多个平行的参照基准，而且只把从属于同一子类别的企业放在其对应的参照基准下评价。

如果使用统一的参照基准，则打分结果具有跨行业的可比性，然而打分结果也会不可避免地产生行业性偏差。以环境议题为例，油气行业的表现会天然地低于商业银行。选择只将部分企业放在同一参照基准下评价，则打分结果的行业性偏差较小，但打分结果跨行业的可比性则相应减弱。

第三，ESG 评级结果的数据存在一定的滞后性。受限于企业可持续发展报告、ESG 报告等信息的披露频率较低（半年度、年度），大部分 ESG 评级数据都是季度更新，更新频率最高的为中证 ESG 评级（月度更新），在没有触发特定事件的情况下，ESG 评级数据会存在 2 ～ 3 个月的滞后，这对 ESG 投资的参考作用和有效性存疑。

第四，ESG 评级结果的数据可能会因为缺失值的影响导致偏离。由于部分企业的数据披露程度较低，ESG 评级机构在数据处理的过程中不得不使用大量的替换值进行填充，而替换值拟合结果的准确度十分依赖于对模型的设定，需要不断地调试和优化。因此，各 ESG 评级机构在对缺失值的处理上是否合理仍然有待考察。

5. 不同行业如何进行特色指标设置与权重设置

由于不同行业所涉及的重点议题不同，所以 ESG 评级体系需考量行业差异性，在通用指标体系中融入特色指标并设置相应权重。有效的 ESG 评级需要从对各类行业的异同分析出发，为不同行业设置对应的实质性议题，进而设计相应的行业特色指标对其进行考察，并在权重上有一定侧重，具体由该议题与其他议题的相对重要性决定。举例来说，金融行业需要注重公司治理、金融风险防范和绿色金融实践等议题；能源行业需重视应对气候变化、能源转型、安全环保等议题；信息与通信技术行业则需重点关注数据安全、客户隐私保护、供应链管理等议题。

ESG 行业指标设置与权重设置的基础逻辑首先是实质性，也就是要充分判断影响不同行业的各类 ESG 因素的影响程度及路径，选择更具实质性的行业指标并赋予更高权重，同时要考虑指标层面的数据可得性和数据质量，然后进一步调整确定。在操作层面可采用自上而下的专家模型与自下而上的数据验证相结合的方法进行。

6. ESG 指标缺省值如何处理

近年来，随着 ESG 理念的逐渐深入，上市公司 ESG 指标的披露率逐年提高。整体来看，治理指标的披露率持续高于环境和社会指标，但增长幅度逐年下降；环境指标的披露率在 2022 年有显著提升，政策推动是主要原因之一；社会指标披露率持续保持稳定增长，但依然是披露最薄弱的指标。

由于企业对信息透明的过度担心、不愿意披露负面信息、对 GRI 标准要求理解不透彻等，目前上市公司 ESG 信息披露的进步仍不明显，主要存在以下问题：一是可持续发展绩效指标的披露率较高，而治理指标（如 GRI 要求的管理方针、目标、行动方案等）披露则被忽略；二是积极的可持续发展指标披露率较高，而负面信息和数据采取不披露或模糊处理的方式处理；三是按国际标准指标口径披露的指标较少。

对于如何应对 ESG 数据的缺失，目前有三种办法：零值法、替代法和模拟法。当企业未披露造成指标数据缺失时，对正向指标直接赋零值；当 A1 指标出现数据缺失时，用与之相近且可获得数据的 A2、A3 指标来代替前者；当数据缺省时，用其他有数据指标的信息，采用统计推断等数学方法去模拟缺失值。

在ESG评估模型中，定性指标的存在是有必要性的。一方面，ESG评估中存在许多需要用分析师的行业经验甚至价值投资理念来判断的因子；另一方面，ESG评估中还涉及公司过程管理和组织行为等方面的评估，这都能帮助评估机构更好地预测一家企业未来的表现。

在数据可得性有一定约束的情况下，是否对缺失的底层数据进行测算补充要考虑应用场景。ESG评级机构在对上市公司进行点对点的ESG专业评级时，不宜使用过多模拟与估算数据，要保证底层数据具有较强的严谨性。不过，在投资机构做投资分析，特别是对大样本的ESG投资分析时，则可适量使用模型测算的数据。

当企业ESG数据缺失时，直接赋零值较为合理。ESG信息披露的完整性与质量，能从另一个角度反映企业内部的ESG管理水平，ESG信息披露质量越高，说明企业内部具有越完善的ESG管理体系和越高效的管理行为，在面对ESG风险时越有足够的战略韧性。例如某评级机构只会计算并填充碳排放量的缺省值，而其他的定量指标则不会进行填充。

7. 如何提高ESG底层数据的质量

ESG数据是进行ESG评级的基础，只有基于更高质量的ESG数据，通过科学的评估方法，才能形成有用的评级结果。对于如何提高ESG底层数据的品质，建议如下：一是所有数据指标要有合理、清晰的概念定义和加工工序；二是对通用的ESG披露标准进行研究，明确各个指标的内涵；三是数据源要尽量可信、稳定、多元，并要对原始数据进行清洗和交叉验证；四是经过长时间的数据积累和验证，形成更高品质的ESG数据库。

ESG 评级数据信息采集人员和分析人员需要具备足够的治理、环境和社会知识及较强的数据处理能力，AI 工具无法完全代替人工收集这些信息。目前阶段可采用分析师自己收集数据、评估数据，并在信息和数据的来源上留痕，可追溯，以便于复核，以此保证底层数据的有效性。目前企业自主披露的数据有限，要尽量拓展数据获取的渠道，纳入产业政策数据、行业特征数据、卫星遥感和地理信息数据等另类数据，提升 ESG 数据的可得性与客观性。

8. 如何兼顾 ESG 评级结果的合理性与时效性

目前不少 ESG 评级机构的评级时效性不断增强，如 Wind ESG 评分在 AI 的支撑下每日更新，中证指数等评级机构的更新频率一般为每月更新。ESG 评级的更新频度是由多种因素共同决定的，包括原始数据的更新频率、企业的评估方法等。从投资者需求角度看，一般来说，在保证准确度的前提下，ESG 数据的更新越快越好，尤其是 ESG 争议事件的数据，一些投资者将其纳入风控体系，用于防范 ESG 风险，它的时效性直接影响到数据的价值。

ESG 评级的更新频率不应一味“求高”，而是找到一个与评级逻辑和市场需求相匹配的频率。一方面，ESG 数据的变动或者 ESG 事件的发生，一般需要一定时间的分析研判才能将其纳入评级；另一方面，对于一些投资者来说，太频繁的评级变动并不利于他们做出更好的投资决策。ESG 评级机构根据上市公司负面舆情对评级结果及时调整，往往是为了满足客户的数据采集需求。不过，负面舆情具有滞后性，如果将其作为 ESG 评级的调节因子，更新的评级结果对投资的指导意义有限。一些国际机构根据上市公司年报里的信息及年报第三方审计意见做出判断，然后调节评级结果，这样对投资的指导更有意义。

9. 未来国内 ESG 评价体系的发展展望

当前企业 ESG 信息披露不足，披露主动性低，导致我国 ESG 评价体系的数据源受限。考虑到我国企业 ESG 信息披露程度较弱，ESG 评级机构不得不自行寻找信息以对 ESG 底层数据库予以补充。近年来，我国企业 ESG 信息披露方面的政策密集出台，ESG 信息披露制度的不断完善将给 ESG 评级体系的发展提供极大助力。

结合我国国情，我们需要进一步完善本土化 ESG 评价体系。①不同评级体系之间的评价结果存在差异：一方面，国际评价指标、指标重要性权重分配不适合中国国情；另一方面，国内不同评级机构的评价结果不同，需要提高评价体系中定量成分的占比，并推进 ESG 指标的规范化。②国内 ESG 评价结果的呈现方式可以进一步丰富，以提供更多投资指引。③国内 ESG 评级体系的具体计算过程可以更精细化，以提高评级的准确性和科学性。

如何提升 ESG 评级表现

ESG 评级等级是上市公司 ESG 可持续发展水平的象征。ESG 评级等级还影响上市公司的融资成本。ESG 评级高的上市公司，可以更容易地发行绿色债券和可持续发展债券，其利率有可能比普通债券低，融资成本有可能降低。因此，上市公司越来越重视专业机构的 ESG 评级，并不断推动 ESG 管理水平提升，具体行动如下。

诊断与优化

报告解读是提升 ESG 评级的基础。详细的报告解读能帮助公司认知 ESG 评级结果，明确失分项与公司短板，从而识别有提升潜力的关键议题。

由于 MSCI 评级的信息以公开抓取为主，因此，中国上市公司在信息披露方面可能存在以下情况，难以被评级机构获取有效信息：

- 没有披露相应信息。
- 信息披露不充分或不规范，或者表述与评级抓取信息不一致。
- 对争议事件的处理情况未进行妥善披露。

ESG 相关报告是机构评级活动的基础信息来源。A 股公司提升 ESG 评级等级的第一步是进行 ESG 信息披露。据《证券时报》报道，截至 2023 年 8 月 1 日，A 股有 1771 家上市公司披露了 ESG 相关报告，披露率达 33.78%，创历史新高。因此，建议上市公司通过信息优化、信息纠偏，强化信息披露的完整性、规范性与及时性。

针对性地改善和提升 ESG 绩效

目前，绝大多数评级体系较为复杂，管理策略、关键绩效、争议事件等均被纳入评级体系的考量中，这可能会让很多上市公司无从下手。我们认为，提升 ESG 绩效本来就不是一蹴而就的事情，上市公司大可基于现状制订针对性改善计划，持续投入，逐项攻破。上市公司可从完善公司管理制度文件和提升 ESG 绩效水平两方面入手，并对年际间变化趋势保持关注。

1. 使用 ESG 评级提升 ESG 绩效

公司可以使用 ESG 评级来评估其 ESG 绩效，突出实质性高的议题，识别风险并将这些发现整合到公司战略中。公司的 ESG 评级通常会被公开发布在评级机构的网站上。公司可以通过将自身 ESG 评级与同行进行比较，了解其 ESG 绩效水平。由于 ESG 评级机构通常使用特定行业的关键问题和加权方法来选择对行业来说最重要的 ESG 风险，因此它们通常有自己的行业重要性评估地图。公司可以参考这些行业重要性评估地图，突出对它们来说最重要的议题。此外，从风险缓释的角度来看，公司应确定实质性高的议题，并围绕这些议题专注于建立强大的管理架构。通过监控重要但目前尚未解决的问题，公司可以识别潜在风险和需要改进的领域。最后，通过在企业战略中增加重要的社会和环境议题，并将可持续发展问题的管理纳入更广泛的业务流程，公司可以提高弹性并建立更强的市场竞争力。

2. 重视环境量化信息披露

A 股公司环境类数据强制披露的内容仅集中于环境污染、重大事故、行政处罚等信息，主体范围以重点排污单位、实行排污许可重点管理等特殊类型的公司为主，披露率较低，如果公司主动披露环境量化信息，将有助于提升环境维度的得分。据秩鼎技术数据，2021 年 A 股公司温室气体排放信息披露率为 7.2%，较 2018 年提升了 2.9 个百分点，上升显著。相应地，据 Wind 数据，A 股公司在环境维度的平均得分连续 4 年上升，2022 年平均得分为 1.94 分，较 2019 年提升约三成。

以 ESG 管理能力提升促进可持续发展

ESG 评级每年都开展，这就要求上市公司同步持续提升 ESG 能力。中国上市公司由于产业链差异和 ESG 意识发展阶段不同两方面原因，与国际市场仍然存在一定差距。由于 ESG 评级结果是基于全球同业的相对结果，而中国企业基础较弱，因此 ESG 评级的持续提升能力已成为巩固和提升投资者信心的重要因素。

据 Wind 数据，A 股公司 ESG 管理实践平均得分由 2018 年的 4.09 分逐步上升至 2021 年的 4.6 分，2022 年因评级要求提升，平均得分小幅下降 0.08 分，但整体仍好于 2020 年，反映出 A 股在环境、社会及治理三个维度的管理实践在逐年加强。

chapter 4 | 第4章

践行 ESG，行业案例研究

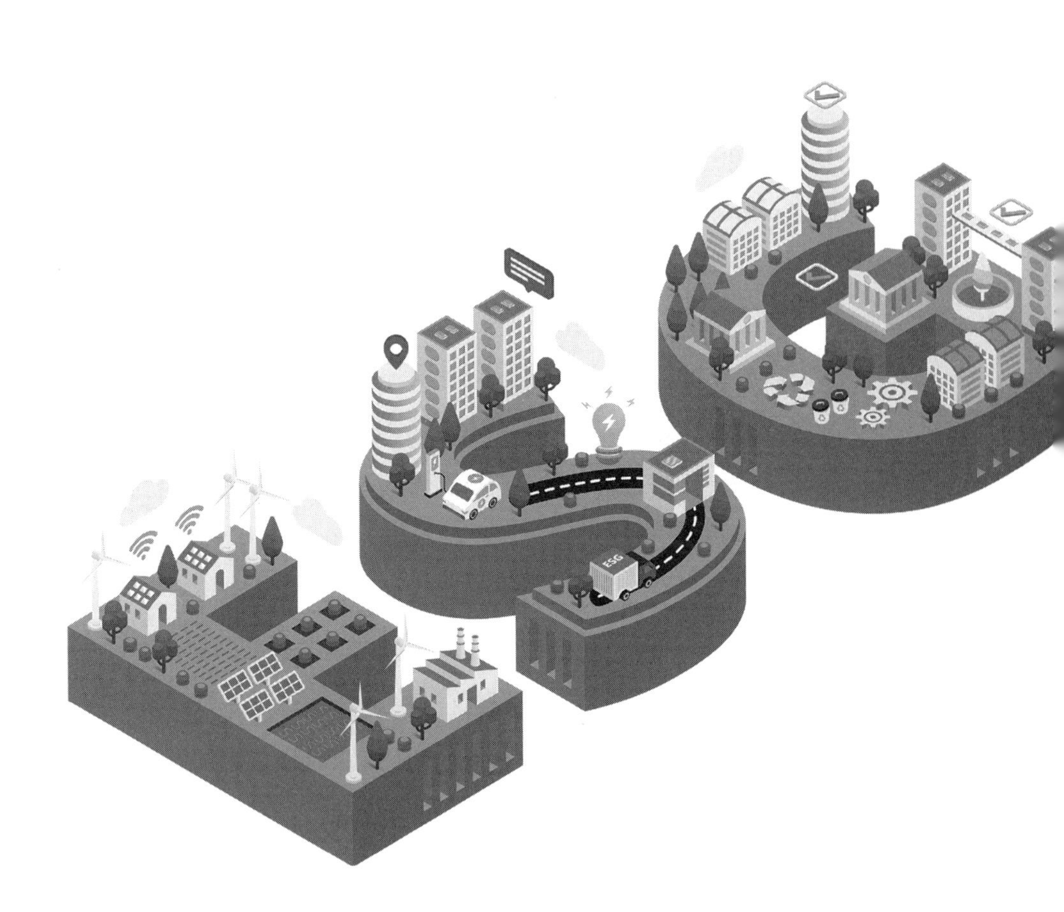

制造业案例

吉利汽车

基本情况

公司简介

吉利汽车控股有限公司（简称“吉利汽车”，股票代码 00175.HK）是一家专注于研发、制造以及销售乘用车的汽车生产企业。秉持“创造超越用户期待的智能出行体验”的使命，吉利汽车专注于成为具有全球竞争力和影响力的智能电动出行和能源服务科技公司，以汽车产业电动化和智能化转型为核心，在新能源科技、智能驾驶、车载芯片、低碳产品等前沿技术领域持续发力。在外部环境驱动与内部科技和制造能力的托举下，吉利汽车目前将新能源转型作为企业经营重点，[一]大幅加快新能源转型步伐。2021 年年初，吉利汽车发布了两个“蓝色吉利行动”，明确了重点发展智能化混动车型和纯电车型的行动路线。2021 年 10 月，吉利汽车进一步发布了“智能吉利 2025”战略，持续巩固自身在全球汽车行业的领先地位。2022 年，吉利汽车的新能源车型销量达 32.9 万辆，同比增长 300%，占总销量的 23%。[二]

行动概要

随着外部环境的不断变化以及业务运营模式的重构变革挑战，ESG 为企业的稳定可持续发展提供了最优解决方案，也从更综合的视角提供了商业发展和社会价值创造并行的新机遇。顺应当下趋势，企业不仅需要承接 ESG 带来的新兴挑战，更要把握高前景、高社会价值的机遇，这就要求企业建立与商业价值融合的 ESG 战略与目标，并确保其落地实

[一] 资料来源：吉利汽车控股有限公司 2022 年财务报告，http://www.geelyauto.com.hk/core/files/financial/sc/2022-02.pdf。

[二] 资料来源：吉利汽车控股有限公司 2022 年财务报告，http://www.geelyauto.com.hk/core/files/financial/sc/2022-02.pdf。

施，从而提升自身抗风险的可持续发展能力，为高质量发展规划道路。

作为首个详细披露 ESG 战略与目标的中国自主汽车品牌，吉利汽车的案例为中国企业提供了有价值的参考。在打造管理基础方面，吉利汽车建立了清晰的 ESG 管治架构，通过组织机构设立、沟通渠道优化等方式支持企业建立与推行 ESG 战略。面向 ESG 战略及目标如何落地这一命题，吉利汽车针对各战略方向给出了清晰的关键行动路径，并通过"碳中和"等"灯塔"项目为各项 ESG 战略提供了标杆方案。与此同时，吉利汽车持续提升自身在 ESG 指标管理与收集方面的能力，为 ESG 目标的评估与管理提供了坚实的依靠。

吉利汽车的 ESG 实践

背景 / 问题

（1）ESG 监管逐步升级，企业有待承接运营挑战

纵观全球 ESG 市场基础环境的变化可发现，ESG 监管标准趋于严格。多个国家和地区对于企业 ESG 管理的要求不是停留在 ESG 基本信息披露，而是对其 ESG 管理战略与目标提出要求，驱动 ESG 市场从"高速"发展转为"高质量"发展。

面对趋严的监管趋势，企业需要建立起完善的 ESG 体系，通过 ESG 战略设立、目标制定与落地实施等，体系化地提升 ESG 表现，自发性地响应逐步升级的外部要求。

（2）ESG 催生高潜赛道，业务发展机遇急需把握

全面提高的 ESG 要求诚然加剧了企业的变革压力，但同时也为企业带来了新机遇与潜在的商业回报，成为企业实现业务转型、拓展新发展模式的战略选择。

ESG 对于企业来说究竟是赋能还是负担，这个问题将由企业的 ESG

战略制定与实施水平做出注解。企业需要将 ESG 融入自身发展战略，实现“风险控制”与“机遇把握”并举，在支撑公司长期可持续发展的同时，创造更多的正向环境与社会绩效。

行动方案

相较于欧美发达国家，中国的 ESG 发展起步较晚。如何在当前时代走出有中国本土企业特色的 ESG 之路，考验着包括吉利汽车在内的所有中国企业。2022 年，吉利汽车首次披露了 ESG 六大战略方向（见图 4-1）。围绕“让世界充满吉利”的愿景，吉利汽车聚焦气候中和、自然受益、共荣发展、全域安全、数智创新、治理与道德六大战略领域，打造可持续出行生态。

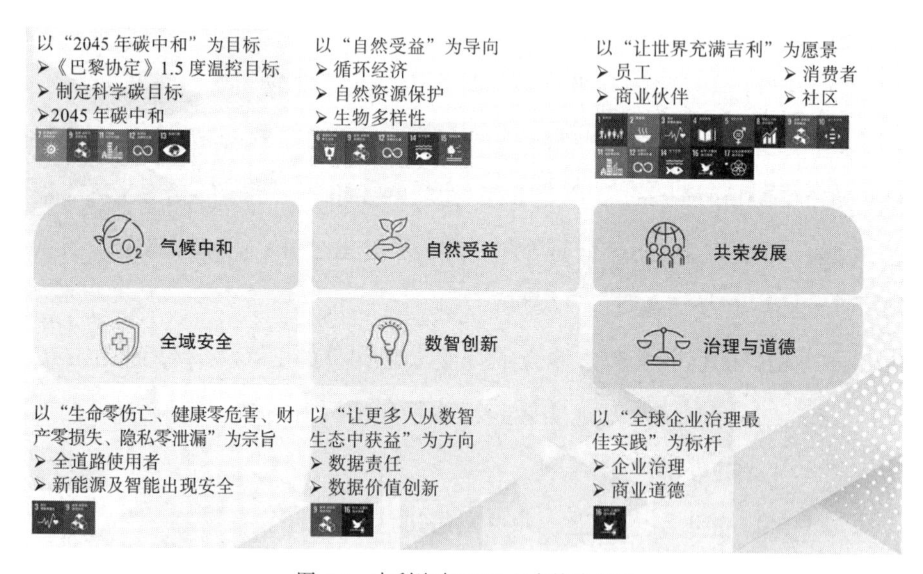

图 4-1　吉利汽车 ESG 六大战略方向

资料来源：吉利汽车 2022 年 ESG 报告。

作为中国自主汽车品牌中第一个对 ESG 战略与目标展开详细阐述的企业，吉利汽车披露的 ESG 战略与目标进程，标志着中国企业领先的

ESG发展水平，也标志着中国自主汽车品牌以发展ESG为契机在国际舞台上决胜未来的雄心。

（1）优化管治机制，构建战略实施基础

相比国外领先汽车企业动辄百余年的价值沉淀与ESG方面的成熟认知，中国汽车企业尚处“年轻”阶段。企业想要通过ESG战略落实提升商业竞争力，不仅需要持续不断的自发变革，更需要自上至下的价值观趋同。良好的变革来自企业顶层的驱动力，因而需要搭建有效的ESG管治架构，推动ESG监督职责、管理职责成为企业制定和落实ESG战略并保证其与商业战略相辅相成的重要组成部分。

让现代企业的ESG制度落地生根，是打造全球竞争优势与可持续发展能力的基本前提。为此，吉利汽车打造了自上而下、分工合理、科学透明的ESG管治架构，为自身的ESG管理提升路径规划与目标达成奠定了坚实的基础。2021年，吉利汽车设立了董事会层面的可持续发展委员会（见图4-2），这是在审核委员会、薪酬委员会及执行委员会的基础上全新增设的委员会，以科学透明的管理体系，指导并促进吉利汽车持续提升可持续发展管理水平，深化ESG管理的有效性。

设置ESG管治架构仅仅是第一步。能够落地ESG战略与目标的领先管治水平，需要通过在常态化的工作中付出持续不断的努力而达成。吉利汽车可持续发展委员会在2022年共计召开了6次会议，邀请关键管理人员与ESG联合工作组共同讨论企业的ESG战略规划与目标设定等关键事项。

在讨论后，可持续发展委员会针对重大决议向董事会提供建议以做进一步审批，确保董事会对ESG战略规划等工作的参与度，这一步对于企业商业战略与ESG战略的紧密结合至关重要。为了达成这一目标，吉利汽车董事会的所有董事均参与年度ESG调研，并通过定期进行ESG汇报掌握企业的ESG近况与成果，对关键ESG事项进行决策。

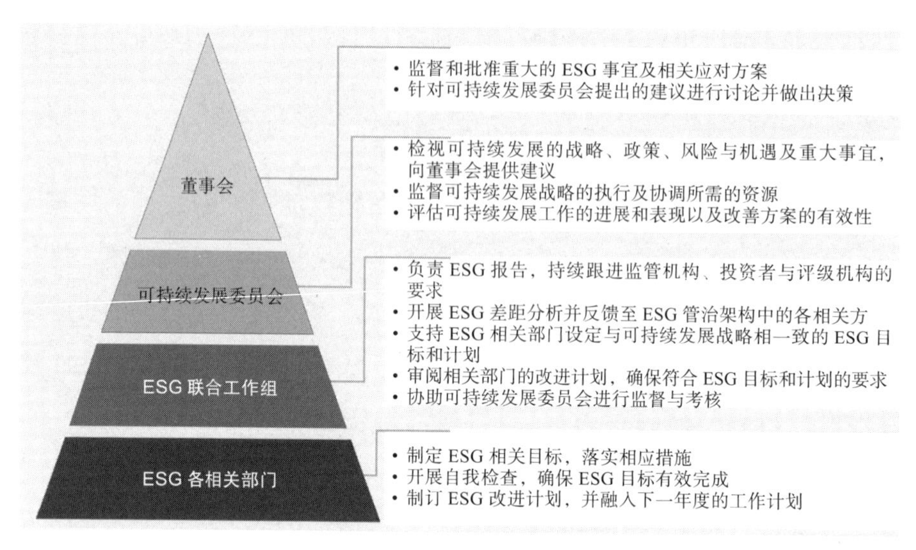

图 4-2　吉利汽车的 ESG 管治架构

资料来源：吉利汽车 2022 年 ESG 报告。

凭借完善的 ESG 管治架构与工作流程，吉利汽车形成了“提议—讨论—决策—实施”的 ESG 管理链条，自上至下地落实可持续发展委员会会议讨论事项（见表 4-1），ESG 战略与目标的制定与实施的逐步落实，为 ESG 战略的推进与目标的达成建立了稳定的基本盘。

表 4-1　2022—2023 年吉利汽车可持续发展委员会部分讨论事项与相应进程

可持续发展委员会讨论事项	ESG 战略及目标制定与实施进程
应对气候变化的措施：减少碳排放及制定“科学碳目标倡议”（SBTi）的目标规划、具体举措及进展回顾	• 2022 年 3 月，公开发布短期减碳目标及长期碳中和目标；2023 年 1 月，正式成为 TCFD 支持者 • 2022 年 4 月，承诺设定符合 SBTi 的碳目标 • 2022 年 11 月，西安工厂获得国内整车企业中首个零碳工厂认证，并且成功入选 APEC 工商领导人中国论坛“可持续中国产业发展行动”2022 年度产业案例
ESG 战略规划及关键实施举措	• 2022 年 5 月，正式发布《可持续金融框架》，并获得国际权威 ESG 评级及研究机构 Sustainalytics 的第二方意见；2022 年 6 月，启动 ESG 战略规划项目 • 2022 年 8 月，获得基于《可持续金融框架》下的 4 亿美元可持续俱乐部贷款，资金全部用于新能源汽车的研发和生产 • 2023 年 3 月，公开发布 ESG 战略的六大方向

（2）确立“灯塔”行动，聚力 ESG 目标落地

对于谋求战略转型的企业来说，突出 ESG 重点并优化资源配置成了重中之重。识别出能够赋能业务发展的关键议题并建立标杆化的“灯塔”项目将会让企业有的放矢，进行合理的资源倾斜，为企业的 ESG 战略实施锚定具体方向，并形成示范效应，从而在企业内部进行复制与推广。

对于吉利汽车来说，“碳排放与气候变化”近几年在公司高度重要的 ESG 议题中均排在首位（见图 4-3 和图 4-4）。因此，针对这一议题的管理也成为吉利汽车 ESG 战略中浓墨重彩的一笔。

图 4-3　2021 年吉利汽车 ESG 重要性议题矩阵

资料来源：吉利汽车 2021 年 ESG 报告。

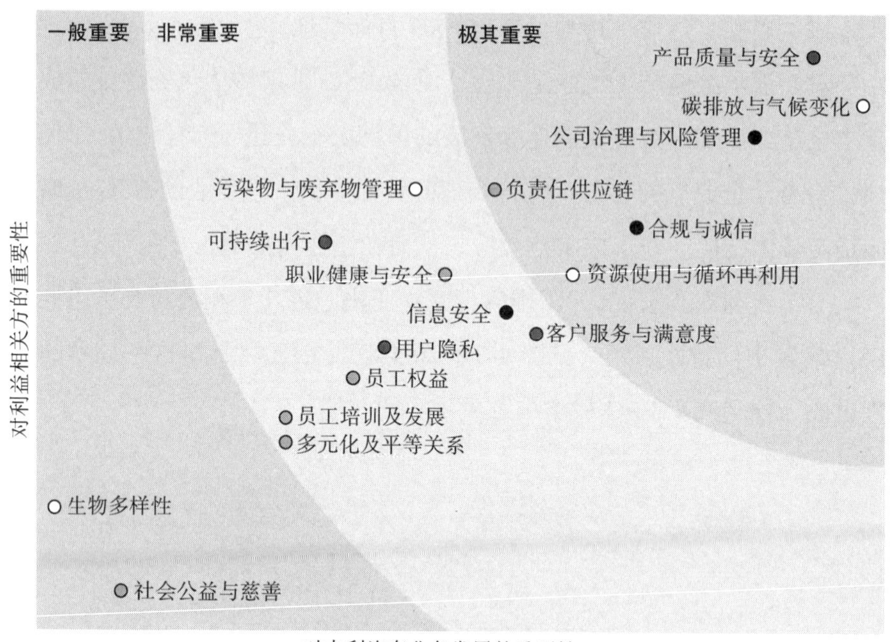

图 4-4　2022 年吉利汽车 ESG 重要性议题矩阵

资料来源：吉利汽车 2022 年 ESG 报告。

在 2021 年的可持续发展报告中，吉利汽车首次提出“实现 2045 年全链路碳中和目标”（以 2020 为基准年）（见图 4-5），成为国内整车企业中第一个宣布明确碳中和时间节点的企业。更重要的是，吉利汽车不仅承诺了雄心勃勃的整体碳中和目标，并在此基础上明确了整车制造全生命周期各环节（制造端、使用端、供应端）的目标与路径规划，并在各项规划路径中建立了对应的指标。这一举动不仅保障了吉利汽车碳中和战略的可拆解、可落地、可量化和可评估，同时也不难看出，吉利汽车这套“目标拆解 + 路径部署 + 指标制定”的方法论也为其 2022 年提出的整体 ESG 战略规划提供了可复制的模板，实现了“灯塔”项目的意义。

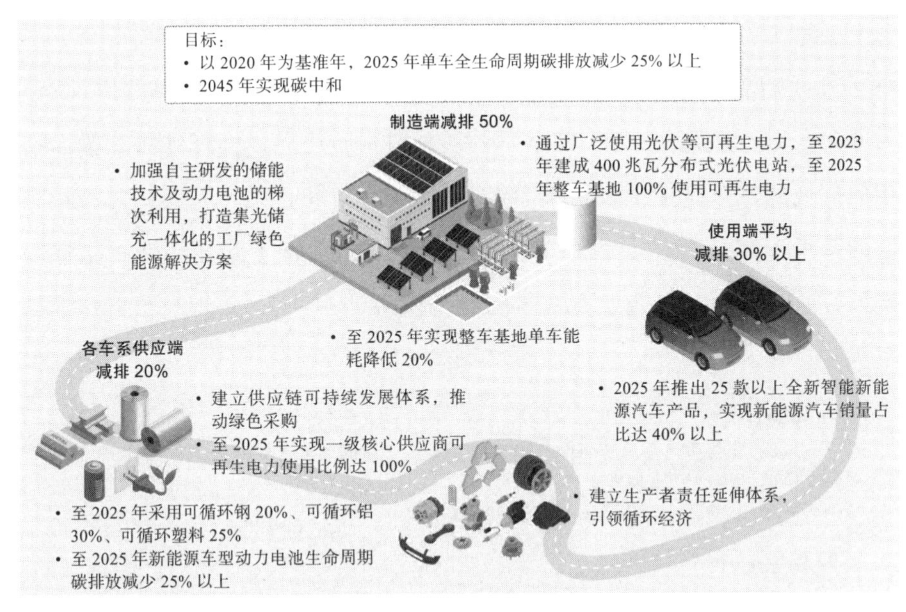

图 4-5　吉利汽车碳中和目标

资料来源：吉利汽车 2021 年 ESG 报告。

在 2022 年对外披露的材料中，吉利汽车不仅重申了“2045 碳中和”目标不变，还披露了各项碳中和路径的目标进程（见图 4-6）。评估 ESG 战略进程与目标进度离不开企业对于 ESG 指标的收集评估的能力。吉利汽车在 2022 年披露了自身在碳足迹盘查方面的最新进展。相比跨国企业成熟的管理制度，对于中国企业而言，现阶段完成碳足迹的追踪并非易事。一方面，国内供应商对于碳相关数据的收集意识较弱，难以支持供应端的数据提供；另一方面，国内在碳排放系数方面的准确度和选择度较低，为企业的数据计算带来挑战。而在这方面，吉利汽车交出了令人满意的答卷。

多重价值

助力中国企业 ESG 战略布局。作为首个详细披露 ESG 战略与目标的中国自主汽车品牌，吉利汽车搭建了全方位的管理流程，确保 ESG 战略与目标的顺利实施。吉利汽车以 ESG 治理架构为基石，以 ESG 战略为方向，以可追踪的 ESG 目标为引领，同时还建立了标杆项目，为面临相似挑战的汽车企业提供可借鉴的 ESG 战略布局方案。尤其针对最具难度的落地追踪环节，吉利汽车所遵循的“目标拆解 + 路径部署 + 指标制定”方法论，为众多企业打开了破局新思路。

减碳目标：

短期：以 2020 年为基准年，2025 年单车全生命周期碳排放减少 25% 以上
长期：2045 年实现碳中和
进度：单车全生命周期碳排放量对比基准年下降 8%

使用端减碳：

- 纯电动汽车销量：26.2 万辆（↑ 328%），占总销量 18.3%(↑ 13.7%)
- 插电混动汽车销量：6.6 万辆（↑ 219%），占总销量 4.6%（↑ 3.1%）
- 平均尾气碳排放密度：179.15 克二氧化碳当量 / 公里（↓ 9.87%）
- 乘用车企业平均燃料消耗量：5.23 升 / 百公里（↓ 15%）
- 平均燃料消耗量积分：1 891 821；新能源汽车积分：836 077

制造端减碳：

- 整车基地能源消耗的可再生能源占比：18%（↑ 12%）
- 整车基地电力使用的可再生电力占比：36%（↑ 25%）
- 光伏装机总容量：307 兆瓦（↑ 179%）
- 能源管理系统覆盖 70% 整车基地
- 西安、极氪 PMA、领克余姚工厂实现 100% 可再生电力
- 西安工厂获得“零碳工厂”五星级认证

供应端减碳：

- 使用可再生电力的一级供应商占比：30%
- 使用 100% 可再生电力的一级核心供应商占比：10%

未来：

- 气候中和 CO_2 • 自然受益

图 4-6 吉利汽车 2022 年碳中和进程

资料来源：吉利汽车 2022 年 ESG 报告。

赋能汽车产业链低碳进程。对于中国汽车企业来说，“碳排放与气候变化”议题与生产制造息息相关，是ESG管理中的重要一环。作为吉利汽车ESG战略的“灯塔”项目，吉利汽车碳中和战略不仅涵盖自身制造端，还针对下游使用端和上游供应端制定了明确的目标和行动方案。这将不仅为中国汽车产业提供低碳管理的示范，更将作为汽车产业绿色发展的起点，从数据收集、意识提升和能力建设等方面推动产业上下游聚力低碳进程，逐步形成全产业链携手共进的美好局面。

专·家·点·评

随着中国经济由高速增长转向高质量发展，作为国民经济的一个重要支柱，中国的汽车产业也在面临同样的挑战。吉利汽车清楚地认识到肩负的责任，率先承诺在2045年实现整个价值链的碳中和，并为此建立了清晰的ESG管治架构，执行了明确的工作流程，形成了“提议—讨论—决策—实施”的ESG管理链条，以“灯塔”项目为标杆方案，面向整车制造全生命周期和价值链的各环节、各项规划路径建立了对应指标，强化ESG指标管理与工作结果的收集能力，力争战略目标的实现。吉利汽车ESG管理与实践对其他企业是极具借鉴意义的优秀样板。

——清华大学苏世民书院副院长、清华大学经管学院教授、
清华大学绿色经济与可持续发展研究中心主任　钱小军

宝钢股份

基本情况

公司简介

中国钢铁行业碳排放量占全国碳排放总量的15%左右。[1]然而，钢

[1] 国家大气污染防治攻关联合中心，《占据全国碳排放总量15%左右，钢铁行业将纳入全国碳市场》，2021年6月。

铁本身是高度可循环的绿色产品，如果能实现钢铁制造全过程的低碳化，将极大地推动全社会的碳中和步伐。

宝山钢铁股份有限公司（简称“宝钢股份”，股票代码600019）是全球领先的现代化钢铁联合企业之一，是《财富》世界500强中国宝武钢铁集团有限公司（简称“中国宝武”）的核心企业，作为钢铁行业的引领者，宝钢股份充分贯彻中央精神，在原城市钢厂规划基础上，编制绿色低碳专项规划，以成为钢铁行业绿色发展的示范者和引领者为目标，确定了“2023年力争碳达峰，2050年力争碳中和”的“双碳”战略目标，并积极探索实践，取得了阶段性成果。

行动概要

2021年宝钢股份启动碳中和管理体系建设，完善了董事会下设的战略、风险及ESG委员会，将ESG管理融入公司日常管治和经营理念。在“双碳”目标的指导下，宝钢股份制订了技术革新、产品创新，打造绿色钢铁生态圈的战略实施方案，围绕着极致能效、绿色能源、低碳冶金、产品创新和低碳供应链的搭建等维度，多管齐下，以实现钢铁产品全生命周期的低碳和零碳，引领钢铁行业低碳发展。

宝钢股份的ESG实践

背景/问题

响应国家和中国宝武绿色低碳发展的要求。中国宝武紧跟国家要求，2021年1月在国内钢铁行业率先发布了“2023年力争实现碳达峰，2025年具备减碳30%工艺技术能力，2035年力争减碳30%，2050年力争实现碳中和”的战略目标。在中国宝武统一的战略目标下，宝钢股份深入践行中国宝武的绿色发展理念，进一步细化目标实施路径。

满足下游战略客户低碳发展的诉求。为响应低碳转型的社会需求，宝钢股份下游客户所在的汽车、家电、能源、工程机械以及基础设施行业均制定了自己的低碳转型路线图。下游客户在制定碳中和战略目标的同时，也制定了价值链碳减排目标，对供应链上游减碳提出了期望。长期以来，宝钢股份坚持以客户为中心，充分考虑下游客户的低碳绿色产品需求，积极完善绿色产品布局，为客户的低碳转型带来更具竞争力和市场优势的钢铁产品。

践行公司自身的可持续发展理念。宝钢股份深刻意识到，全球变暖及其潜在影响已成为全人类共同面临的战略性议题，实现碳中和已成为全球发展大势。作为中国钢铁行业的重要参与者和引领者，宝钢股份勇担使命，积极拥抱行业转型。

行动方案

（1）追求极致能效，加大绿色能源投入，打通“双碳”的实现路径

全流程能源效率提升是钢铁行业减碳的优先工作，宝钢股份通过能效提升专项行动，实施工序能耗达标杆、界面提效、低铁钢比、系统能力提升等措施，大力推进全流程能耗下降，挑战极致能效。在四大制造基地（宝山、青山、东山、梅山）快速推行宝钢股份节能低碳BACT（最佳可行商业技术）库的全流程覆盖和装备升级改造，实现了可观的技术节能量。

为促进公司绿色能源转型，宝钢股份结合自身优势，加大了对外购绿电的使用，以及通过部署分布式可再生能源发电，不断提高循环利用余能发电设施效率，不断推进以氢替碳和能源电气化等措施的落地，加大绿色能源投入，降低了化石燃料的直接和间接使用比例。

| 案例一 | 全流程BACT库对标应用

宝钢股份一直在跟踪、梳理钢铁行业前沿节能低碳技术，结合这些技术在公司内部的应用、拓展、提升情况，区分不同技术成熟度，建立

宝钢股份节能低碳 BACT 库 1.0 和 2.0 版本，共计 400 余项，并持续更新，以追求这些优秀技术在公司各生产基地快速推广（见图 4-7，技术成熟度 =9 的焦炉上升管荒煤气显热回收技术：在焦炉上升管增设换热器回收荒煤气显热系统生产蒸汽，可实现 100kg/t 焦热能回收）。过去 6 年（2017—2022 年）已累计实现技术节能量 70 万吨标煤（1 千克标煤 =29.308 兆焦 =8.142 千瓦时），按一吨标煤 2.5 吨二氧化碳计算，减少了二氧化碳排放 175 万吨。

图 4-7　全流程 BACT 库对标应用——焦炉上升管荒煤气显热回收技术

| 案例二 | 扩大清洁能源自发电规模，积极参与电力市场绿色电力交易

扩大清洁能源自发电规模

宝钢股份本着“应设尽设”的理念，力争在可利用面积超过 100 平方米的现有厂区和建筑物屋顶装配分布式光伏发电设备（见图 4-8），未来五年预计光伏发电装机容量增长 400% 以上，为公司内部提供 400 吉瓦[㊀]时 / 年的电力。此外，通过探索开发厂内风电系统，将公司内部可再生能源发电装机容量进一步提升。通过协调城市管理、电力公司等部门，积极支持建设城市垃圾发电设施，并结合属地政府控煤政策和电网条件，

㊀　吉瓦即 GW。

开展接入系统电网改造，为宝钢股份源源不断输送绿色电能。

图 4-8　屋顶装配的分布式光伏发电设备

提升绿色电力交易量

宝钢股份主动寻求与各大能源集团达成战略合作关系，以此获取绿色能源的长期稳定供应。各基地积极探索与电网和绿电企业合作，战略性地利用大用户直购、发电权交易和电力交易等途径外购绿色低碳电力（见图 4-9）。清洁绿电年采购量最高达到 1370 吉瓦时。

湖北绿色电力交易凭证

交易电量：15000 兆瓦时

电量类型：太阳能

等效减排二氧化碳量：10731 吨

图 4-9　湖北绿色电力交易凭证

资料来源：宝钢股份。

（2）以技术革新推动低碳冶金

追求冶金流程的极致能效，能在短期内获得立竿见影的减碳效果，但节能提效的减碳效果只是量变，从根本上推动冶金技术的转变才能达到质变。2020 年

7月，中国宝武成立低碳冶金创新中心，与碳中和推进委员会配合，从集团层面统一开展低碳冶金创新技术的基础研究和应用研究。中国宝武将提出的六种碳中和冶金主要技术深度融合为两条创新工艺路径——以富氢碳循环高炉为核心的高炉－转炉工艺路径和以氢基竖炉为核心的氢冶金工艺路径。作为中国宝武低碳冶金技术布局的重要一环，宝钢股份深入参与：富氢碳循环高炉工艺，在新疆八一钢铁实证试验工艺具备商业化的基础上，推广至宝钢股份的千立方米级高炉上实现；氢冶金工艺，工艺实践在宝钢股份湛江钢铁基地落地，在2023年年底建成国内首座百万吨级氢基竖炉。

| 案例三 | 富氢碳循环高炉试验

富氢碳循环高炉工艺是以富氢碳循环为主要技术手段，最大限度地利用碳的化学能，以降低高炉还原剂比，加上绿色电加热和原料绿色化技术措施，实现高炉流程的大幅减碳（见图4-10）。

图4-10 富氢碳循环高炉项目

2019年1月，中国宝武在新疆八一钢铁股份有限公司（简称“新疆八一钢铁”）成立富氢碳循环高炉项目组，宝钢股份协同，对新疆八一钢铁“功勋高炉”——原430立方米高炉进行改造，2020年12月该高炉成为全球首个实现35%富氧冶炼目标的高炉；2021年6月，富氢碳循环高炉实现风口喷吹脱碳煤气和焦炉煤气，成为全球高炉首次实现脱碳煤气循环利用的案例，可实现减碳15%以上；2021年7月，富氢碳循环高炉成功实现第二阶段超高富氧冶炼目标，达到降低固体燃耗12%～15%的工艺能力；2022年7月，全球首个400立方米工业级别的富氢碳循环氧气高炉在新疆八一钢铁点火投运，经过三个月的工业试验，富氢碳循环高炉的固体燃料消耗降低达30%，碳减排超20%。目前正开展将该工艺逐步大型化的工作计划，将现有的千立方米以上规模传统高炉改造为富氢碳循环高炉商业化装置。

| 案例四 | 氢基竖炉

以气基竖炉工艺为基础，研发可自由使用天然气、焦炉煤气和绿色氢气等氢基气体作为还原气源的氢基竖炉直接还原工艺技术，不同的气源比例可灵活调节，氢气的比例最高可达到100%。用氢气还原氧化铁时，其主要产物是金属铁和水蒸气，还原后的尾气对环境没有任何不利的影响。

在湛江钢铁基地，宝钢股份总投资18.9亿元建设百万吨级氢基竖炉，是钢铁行业低碳冶金示范性、标志性项目。氢基竖炉+电炉将在2025年年底全线贯通。投产后对比传统全流程高炉炼铁工艺同等规模铁水产量，每年可减少二氧化碳排放50万吨以上。未来，宝钢股份将利用南海地区光伏、风能和周边零碳电力，搭建“光－电－氢”“风－电－氢”等绿色能源体系，形成与钢铁冶金工艺相匹配的封闭的全循环流程，产线碳排放相较长流程降低90%以上，并通过碳捕集、生态碳汇等实现全流程零碳工厂（见图4-11）。

图 4-11　宝钢股份湛江钢铁氢基竖炉 126 米本体钢结构顺利封顶

（3）通过产品创新助力下游行业减排

宝钢股份积极布局高强度、高能效、耐腐蚀、长寿命、高功能的钢铁产品，覆盖能源、汽车、电机、建筑等行业客户，为客户的低碳转型带来更具竞争力的钢铁产品。

能源行业。作为经济发展的动脉，电力能源在国内大循环体系中具有很强的带动力。宝钢股份通过持续提升在水电、风电、光伏、核电等清洁能源行业的综合材料解决方案能力，研发高性能能源用钢，助力全球能源转型。例如，宝钢水电用高强钢产品具有更大的抗压能力，在减少用材实现绿色环保方面具有明显优势，支撑了世界最大清洁能源走廊——长江干流乌东德、白鹤滩、溪洛渡、向家坝、三峡、葛洲坝 6 座大型梯级电站的建设。

汽车行业。交通运输业二氧化碳排放约占中国碳排放总量的 10% 以上，其中道路交通排放占比超 80%，发展新能源汽车，成为推动交通运输行业绿色低碳转型的重要解决方案之一。宝钢汽车板具有全球综合排名第一的 QCDDS（即质量管理（quality）、用户成本（cost）、合同交付

（delivery）、研发能力（development）以及服务（service））核心竞争力。宝钢股份 2021 年推出新能源车整体解决方案 SMARTeX，在保障车身安全的同时，帮助整车制造商突破车身轻量化的瓶颈问题，积极从钢板制造端和汽车行驶端推动二氧化碳减排，并致力于在不久的将来为汽车产业提供全工序零碳车身材料，确保汽车全生命周期绿色。

电机行业。电机是我国耗电量最大的终端能耗设备，无取向硅钢是电机制造的核心材料，使用宝钢股份高等级无取向硅钢制造电机，可以大幅降低电机生命周期电力损耗，提升电机系统整体效率。宝钢股份持续探索宝钢硅钢 BeCOREs® 高牌号无取向硅钢等各种规格的无取向硅钢产品，深耕其技术发展和市场应用，并广泛运用于各类工业或民用电机中。

｜案例五｜宝钢硅钢 BeCOREs® 赋能“清洁能源走廊”

长江干流已经建成乌东德、白鹤滩、溪洛渡、向家坝、三峡、葛洲坝 6 座大型梯级电站，总装机容量 7169.5 万千瓦，构成了世界上最大的“清洁能源走廊”。在这里，宝钢产品成功运用于乌东德、白鹤滩、溪洛渡、向家坝、三峡 5 大梯级电站。目前，全球在建规模最大的白鹤滩水电站项目中，宝钢硅钢 BeCOREs® 为该项目核心发电机组和配套输电变压器提供了近 3 万吨关键核心硅钢材料（见图 4-12）。截至 2021 年 10 月，这条世界最大“清洁能源走廊”累计发电量约 28 916 亿千瓦时，相当于减排二氧化碳 232 700 万吨。

图 4-12　白鹤滩水电站项目

（4）构建低碳供应链，以数智化技术高效核算碳排放数据

宝钢股份秉承绿色低碳理念，始终坚持“发展与绿色同步”的价值观，积极推动并引领供应链绿色建设。宝钢股份根据发布的降碳行动方案，制订并落实了供应链减碳计划，与供应链伙伴携手，共同探索、共同开发。在原料采购方面，宝钢股份正计划构建原料采购供应链碳管理体系，为公司碳管理信息系统制定原燃料的碳核算单位基准和核算逻辑，以实现原燃料供应链碳排放数据的自动生成和常态化管理。在资材、备件、设备等工业品采购方面，宝钢股份通过参股的欧冶工业品股份有限公司开发的工业品碳足迹核算系统平台——欧贝零碳对供应商提供给宝钢股份的各类工业品按照全生命周期理论和 ISO 14067 国际标准核算实际碳足迹。

| 案例六 | 推动建立欧贝零碳平台，为生态圈用户提供“碳足迹量化与评估”服务

欧贝零碳平台采用符合国际标准的全生命周期碳核算评价方法为供应链企业和生态圈客户进行产品碳足迹核算及量化评价，协助识别减少产品碳排放的潜在改进点，引导供应链企业减少产品全生命周期碳排放（见图 4-13）。

图 4-13 欧贝零碳平台

截至 2023 年 4 月，欧贝零碳平台已实现 260 个采购叶类、1900 多个采购物料的碳足迹数据覆盖，占宝钢股份重点采购叶类的 48%。随着产品碳足迹核算工作的全面推广，欧贝零碳平台受到了供应链企业和生态圈客户的广泛关注，已有 800 多家企业签约参与产品碳足迹核算，签约服务产品数超过 1800 个，已发布产品碳足迹报告超过 1000 份，覆盖宝钢股份生产所需的各类重点工业品（见图 4-14）。

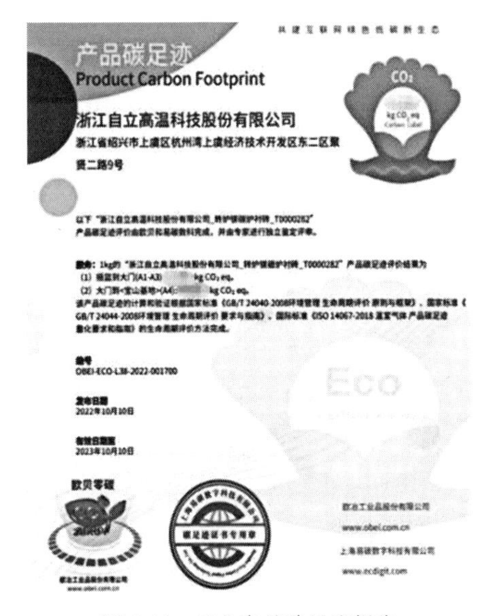
产品碳足迹
Product Carbon Footprint
浙江自立高温科技股份有限公司
浙江省绍兴市上虞区杭州湾上虞经济技术开发区东二区聚贤二路9号
[illegible]
(1) [illegible]大门(A1-A3) [illegible] kg CO₂ eq.
(2) 大门到<宝山基地>(A4) [illegible] kg CO₂ eq.
[illegible]（GB/T 24040-2008 [illegible]）、[illegible]（GB/T 24044-2008 [illegible]）、[illegible]（ISO 14067-2018 [illegible]）[illegible]
编号
OBEI-ECO-L38-2022-001700
发布日期
2022年10月10日
有效日期至
2023年10月10日
欧贝零碳
www.obei.com.cn
www.ecdigit.com

图 4-14　工业产品碳足迹报告

多重价值

环境效益：切实实现低碳减排

宝钢股份通过改进生产工艺，优化能源结构，持续降低公司生产过程的能源消耗与环境影响，在生产制造流程中切实实现低碳减排。近三年，宝钢股份温室气体排放强度（吨二氧化碳当量 / 吨粗钢）从 2019 年的 1.91 下降至 2022 年的 1.86，吨钢综合能耗（兆瓦时 / 吨粗钢）从 2019

年的4.70下降至2022年的4.61。

通过研发并生产高强度、高能效、耐腐蚀、长寿命、高功能、低排放的钢铁产品，宝钢股份持续降低生产的产品使用过程的能源消耗与环境影响，于帮助使用端产品减量化、长寿化、高效化过程中，助力下游客户企业完成脱碳战略，切实实现低碳减排。以为下游汽车厂商生产的吉帕钢®（X-GPa®）为例，该系列产品具有高强度、高延伸性、良好弯曲特性、高屈强比、高扩孔性等特点，更容易设计和使用，可以满足用户轻量化和安全性需求。利用该钢种的BCBEV宝钢超轻型高安全纯电动白车身解决方案，每个白车身制造所需钢材可减少200千克二氧化碳排放。

社会效益：携手供应链伙伴共同践行“双碳”目标

供应链碳排放占宝钢股份碳排放总量的26%，对公司推进碳中和意义重大。宝钢股份的下游客户低碳发展走在前列，“双碳”战略目标实现路径较为清晰。但上游供应商在可持续发展方面的意识存在不足，宝钢股份通过修订和完善供应商管理和绩效评估标准、启动碳足迹核算和统计等举措，切实提升了上游供应链伙伴的“双碳”意识和绩效，通过加强产业上下游合作和联动，携手共建高质量的钢铁绿色低碳生态圈。

未来，宝钢股份将持续加大低碳转型的推动力度，在现有方案基础上不断深入，加大低碳冶金工艺技术的研发和低碳产品的开发力度，并紧密与上下游、合作伙伴的交流合作，以确保下游客户获得全生命周期绿色低碳产品。不仅如此，宝钢股份将始终聚焦于探索更多目前未知的减碳途径，采取负责任、可信赖的气候行动措施，共同创建美好的可持续发展未来，携手利益相关方为社会带来更多福祉，将地球打造成零碳和谐的新家园。

专·家·点·评

宝钢股份的“双碳”战略及其实施是企业 ESG 管理的重要内容，紧密围绕企业的核心业务展开，不仅关注自身运营中的减碳问题，还从产品生命周期的角度去考虑钢铁产品全链条的减碳问题，特别是下游客户和上游供应商的减碳问题，非常清晰准确地识别出企业减碳的核心领域，减碳需要解决的关键问题，以及企业减碳目标与市场机会的对接问题，并采取了切实有效的措施，以极大的魄力进行落实，将这一战略的实施与企业的市场开拓和可持续发展紧密结合起来，取得了良好的效果。通过技术创新来解决问题，将自身的碳减排举措和结果有效转化为市场机会，实现良性循环，对钢铁行业的绿色低碳发展具有引领和示范作用。

——对外经济贸易大学国际经济研究院研究员、
技术性贸易措施研究中心主任　李丽

上汽通用五菱

基本情况

公司简介

2002 年 11 月 18 日，上汽集团与通用汽车公司及柳州五菱联手打造了一家全新的汽车合资集团，命名为上汽通用五菱汽车股份有限公司（简称“上汽通用五菱”，股票代码 00305.HK）。[㊀]在 2020 年 7 月，公司推出了爆款车型宏光 MINIEV，这款小而强大的年轻人时尚单品，在出行及停车、便利性、空间、成本之间找到了最优解，因此一上线就获得了巨大的成功。截至 2023 年 10 月 31 日，宏光 MINIEV 家族系列的总销售量已经超过 115 万辆，这一成绩也使它曾在中国品牌纯电新能源汽

㊀ 上汽通用五菱：SGMW 企业介绍，https://www.sgmw.com.cn/sgmw_intro.html。

车市场上保持了连续 28 个月第一的位置。㊀

行动概要

当前，中国在转型绿色低碳发展过程中面临着国际能源危机、地缘政治风险以及全球通胀的压力和巨大的挑战。随着第四次工业革命的推动，汽车及能源行业发生了前所未有的变化，这不仅为我国实现“碳达峰、碳中和”的目标提供了强大的支撑，而且也为应对全球气候变化、推动绿色发展提供了重要的产业支持。在此背景下，大力发展新能源汽车产业成为我国汽车未来发展规划中的重要目标。

基于新能源汽车的未来发展趋势及国家政策导向，秉承“人民需要什么，我们就造什么”的设计理念，五菱瞄准消费者短途出行的需求，开创了代步车全新品类，推出五菱宏光 MINIEV 等新能源系列车型，为用户出行提供了经济实用、简单便捷的绿色解决方案。此外，公司也在积极推动“零碳”生态建设，自研 Ling OS 生态系统，建立碳管理平台，帮助上下游产业及广大用户形成绿色低碳的生产及生活方式。㊁

上汽通用五菱的 ESG 实践

背景 / 问题

“碳中和”已成为世界范围内的一个普遍议题，截至 2021 年，世界上已有 137 个国家和地区致力于碳减排运动。中国在 2020 年也做出了重要的承诺：力争 2030 年前实现“碳达峰”，2060 年前实现“碳中和”。以“双碳”为导向，将推动中国经济结构与社会运行模式进行深刻的调整与转型。能源结构将进一步从化石能源向清洁低碳、安全高效的现代能源体系转变；在产业结构方面，一方面要持续提高服务业所占比例，另一方面要持续推动传统制造业的转型升级，并发展战略性新兴产业。

㊀ 林子 . 五菱宏光 MINIEV 累计销量破百万，新京报贝壳财经讯，2023。

㊁ 黎冲森 . 七大战略支撑力促中国五菱新能源战略落地 [J]. 汽车纵横，2022（4）：74-80。

汽车工业作为其中的代表性产业，具有产业规模大、研发与制造链条长、涉及面广等特点，并具有较强的产业集群辐射能力，在整个工业系统中扮演重要角色。在“双碳”的背景下，中国汽车产业实现低碳转型，既是实现汽车产业高质量发展、实现汽车产业大国目标的重要途径，也是中国实现“碳中和”承诺的重要途径。

我国的新能源汽车产业在“十五”时开始进行研究和规划，“十一五”时开始进行基础建设和生产，“十二五”时开始进行示范和普及，这一切都为我国的新能源汽车产业的快速增长奠定了基础。到“十三五”时，我国的新能源汽车产业正在迈向一个全面的增长阶段，终端需求提升、技术革命和产品升级换代已经成为这个阶段的标签。

然而，中国新能源汽车的发展也面临着诸多挑战。中国电动汽车百人会副理事长、中国科学院院士欧阳明高，于 2023 年的中国电动汽车百人会讲坛上强调，我国新能源汽车革命和汽车行业的深层次变革正迎来阵痛期。[㊀]首先是汽车产业链的整车价格竞争及转型问题；其次是随着大规模新能源车的普及，电动车充电难题和能源产业链的转型问题日益凸显；最后是新能源汽车产业链中，电池锂价波动与电池产业链的转型问题。这些问题的解决对于“双碳”目标的实现有着重大意义。

行动方案

（1）针对企业，以“一二五”工程为抓手，将低碳战略与数字化转型相融合

“一二五”工程战略是上汽通用五菱针对新能源汽车产业提出的全面发展规划。其中，“一”代表广西新能源汽车实验室，它将成为广西目前水平最高的科技创新平台，从技术应用领域基础科研到工业化共性关键

㊀ 左茂轩 . 中国电动汽车百人会论坛（2003），欧阳明高：2023 年是新能源汽车革命与汽车行业深度转型的阵痛期，21 世纪经济报道，2023。

技术开发，再到研究成果迁移改造、产品培育和国际交易市场推进，形成完整的新能源全链条体系。通过建立这样的机制，上汽通用五菱将有效应对新能源汽车产业的挑战，建立起自己的创新策源地、产业链融合、科创飞地、产业本地化的循环，从而实现持续的技术进步。在此基础上，上汽通用五菱还将加强与广西政府、科研院所、供应商等合作伙伴的协同创新，不断提高新能源汽车产品的质量和技术含量。“二”代表上汽通用五菱致力于开发出两个百万规模的纯电动汽车、混合动力汽车平台，从而提升品牌形象，促进其在新能源汽车领域的发展，并大力拓展其在全球的销售范围。“五”则意味着上汽通用五菱致力于形成五个百亿级的新兴产业集群，包括电子电气、智能电驱、智能移动机器人、科技商务等五大领域，为新能源汽车产业提供全方位的支持和服务，促进新能源汽车产业的持续健康发展。

此外，五菱正在计划建设数字化碳管理平台，该平台会逐步将公司所辖工厂和旗下供应链的碳排放纳入统一的管理并进行披露。数字化碳管理平台将赋能和带动生态系统，为供应链提供数字化碳盘查能力，带动上游产业链向低碳方向转型，提高整个产业的发展质量。通过管理手段，公司有望同比降低 10% ～ 15% 的碳排放，并通过对供应链的碳排放指令传导，带动整个生态系统同比减少 10% 以上的碳排放，实现低碳战略的贯彻落实。

（2）针对研发，技术赋能，“绿电”模式助力企业低碳转型

在能源管理方面，五菱也一直积极采用技术创新，致力于推动可持续发展。通过积极推广可再生能源，公司建立了广西首个兆瓦级大型光伏风能一体化利用储能电站，并将其应用于宏光 MINI 和宝骏 E100/E200 汽车的电力供应，实现了可持续发电。上汽通用五菱采用多项先进的科学技术，包括 RTO 余热再循环、CUC 站房智能控制以及发动机

生产的数字化监测，以实现对能源的有效掌握，大大提升公司的用电效率。[㊀]

上汽通用五菱一直致力于开发 V2G/V2H、基础设施车辆、AGV 车辆的电动车电池、车辆内部的光伏系统，旨在提高公司的自我赋能。未来，公司计划通过分阶段回收宏光 MINI 电动车的电池，创造更多的经济效益。通过采用先进梯次利用储能技术，公司不仅满足了可持续发展的需求，而且还大大改善了周边环境，并进一步推动了企业的绿色转型发展。

多重价值

“五菱模式”为政府打造城市绿色新经济模式赋能

“五菱模式”是一套政企联动的城市新能源规模化应用的生态建设解决方案，通过 GSEV 全球小型纯电动架构为支撑，上汽通用五菱利用其在市场上的领先地位，加上政府的支持、庞大的消费群体、强大的基础设施建设能力，推进了柳州市新能源汽车产业规模化、生态人性化、环保低碳化的实现。

在“五菱模式”的引导下，柳州市大力发展了建设充电设施的计划，使得 2.8 万个不同形式的充电桩及 1330 个充电服务网络得以完善，大大提高了城市新能源汽车的使用便利性，此计划让柳州城市充电设施的数量和密度都超过了本地加油站，解决了新能源汽车充电难的问题。此外，通过推广小型新能源汽车专用泊位，柳州市节约了 12.7 万平方米的面积，相当于半个鸟巢（国家体育场）的大小，提升了城市空间的利益效率。

为了更好地解决新能源汽车用户的出行难题，柳州市大力推广小型新能源汽车专用泊位，充分利用城市公共空间的闲置空地，实现了城市

㊀ 孙旭东. 上汽通用五菱“变废为宝”建成广西首个梯次利用储能电站. 易车网，2020。

停车资源的最大化利用。此外，柳州市还采取了许多措施鼓励新能源汽车的使用，例如，新能源汽车可以在公交专用道上行驶，减少了交通拥堵的情况。柳州市还积极推进“10 分钟充电圈”的用车生态建设，给予新能源汽车的使用者一定的财政补贴，比如，针对市内的充电站，可以免收停车费，而且针对某些社区，可以为微型汽车的使用者提供更多的优惠。这些措施和政策有效地促进了新能源汽车在柳州市的推广和应用，解决了新能源汽车推广的认知难、充电难、停车难三大实际问题，强化了柳州的“中国新能源汽车城”这一特别的名片。基于“五菱模式”的柳州新能源汽车生态发展，柳州的新能源汽车产业群得以迅速壮大，每年可以创造数千亿元的产值，同时也促进了柳州的汽车销售，以及新能源汽车共享经济的发展。这一创新的“五菱模式”不仅为柳州的新能源汽车发展提供了一条新的道路，而且也为柳州的绿色新经济体系的建立提供了一种可持续的发展模式，形成了一套可推广、可复制的城市绿色新经济体系。

中国新能源企业标准“领跑者”，为体系标准制定提供关键帮助

上汽通用五菱以高标准赋能宏光 MINIEV 等系列产品的开发，该系列车型在极端工况下表现优异，经过大量反复的实验和实践，公司将打造宏光 MINIEV 的“九大标准”进行开源共享，其中就包括“一核心五体验三保障”，即以安全标准为核心、空间体验、经济体验、续航力体验、能量补充体验、全周期体验、品质保障、体验保障、服务保障。目前，上汽通用五菱新能源 GSEV 架构已拥有超过 1400 项授权专利，累计制定了 141 条与新能源相关的企业标准、参与制定了 117 项新能源汽车行业标准，并获得了中国新能源企业标准“领跑者”证书。[一]

正如通用汽车前总裁斯隆所言，“要么与众不同，要么成本领先”，

[一] 新华网，五菱新能源 GSEV 架构开源共享，2022。

上汽通用五菱一直走的是一条“为人民造车”的道路。上汽通用五菱推出的每一款新品，都力求完成对过去产品定位的超越或者对细分市场的重新定义，从产品差异化出圈到技术差异化立足，在未来上汽通用五菱将继续坚定实施“两个百万、五个百亿”新能源战略，强链补链，构建五菱特色新能源产业生态圈，并跨越用户圈层，为人民提供更美好的绿色出行解决方案。

专·家·点·评

在我国大力发展新能源汽车产业的背景下，上汽通用五菱的 ESG 实践所创造的价值值得称道并且具备示范性。这篇构建数字低碳 / 车生活的案例，讲述的是上汽通用五菱将绿色追求和人文关怀相结合，构建起基于企业 ESG 的商业创新模式——创新的产品和业务来源于企业对环境问题的发现与解决，来源于企业对于人们美好生活的助力和支撑。

上汽通用五菱推出的每一款产品，都力求完成对产品定位的超越和对细分市场的重新定义，这体现出企业对社会问题（S）和环境问题（E）的再认识，并将这种认识融入企业运营的决策过程（G）和从设计开始的产品全生命周期中。这正是近年来上汽通用五菱能够紧跟时代发展潮流，不断引领行业发展的重要原因。

——《可持续发展经济导刊》社长兼主编　于志宏

海螺水泥

基本情况

公司简介

安徽海螺水泥股份有限公司（简称“海螺水泥”，股票代码 600585.SH、00914.HK）成立于 1997 年 9 月 1 日，主要从事水泥、熟料、骨料以及商品混凝土的生产和销售，是中国第一家 A+H 股水泥上市公司，享有“世界水泥看中国，中国水泥看海螺”的美誉。海螺水泥一直致力于加速传统产业数智化转型，加快新兴产业规模化，以实现可持续发展，同时充分利用工业互联网技术，赋能升级传统产业，努力寻求产品品质提升与工艺突破，全力推动建材行业数字赋能。截至 2022 年年末，海螺水泥共计拥有 473 家附属公司、11 家合营公司、参股 7 家联营公司及 1 家合伙企业，分布在 20 多个省、市、自治区和印度尼西亚、缅甸、老挝、柬埔寨、乌兹别克斯坦等国。

行动概要

作为水泥建材行业的领军企业，海螺水泥积极响应国家“碳达峰、碳中和”目标，贯彻落实碳排放管理政策，秉承绿色低碳发展战略，以节能降碳为抓手，持续加强碳排放管理。海螺水泥通过研创低碳技术降低生产运营中的碳排放强度，坚定不移走生态优先、绿色低碳的高质量发展之路，从而带动整个行业的全面绿色转型，为实现“双碳”目标贡献海螺力量。为此，海螺水泥已初步规划了碳中和路径，从绿色能源推广、减排技术创新、协同处置应用、智能化生产建设管理等主要方面践行低碳运营，积极探索适用于海螺水泥的绿色低碳行动框架，不断提升碳减排潜力，为水泥行业的碳中和发展提供优秀实践样本。

海螺水泥的 ESG 实践

背景 / 问题

随着全球自然资源约束趋紧，环境污染日益严重，国家持续强化生态文明建设理念，以“生态文明建设是关系中华民族永续发展的根本大计”的思想，不断推进建设人与自然和谐共生的现代化，解决生态环境问题、打好污染防治攻坚战成为企业可持续发展的长期任务。对于水泥行业而言，由于水泥生产对化石燃料的需求较高，生产过程往往伴随着高能耗、高排放，因此水泥行业的节能减碳任务非常严峻，这就要求水泥企业积极调整产品结构，加快技术改造和创新，促进能源结构多元化、二氧化碳捕集与利用等方面的实践，以推动行业低碳发展，助力生态环境保护。

为解决上述问题，规划出符合自身生产运营现状的碳中和路径对海螺水泥而言十分必要。海螺水泥运用其领先的生产工艺技术装备、丰富的业务运营与管理经验及广泛的对外合作研究资源优势，大力开展节能减排研发攻关、强化减排潜力，这些都对水泥企业的低碳发展有着重要的借鉴意义。

行动方案

海螺水泥围绕“创新引领、数字赋能、绿色转型”发展思路，不断完善自身碳中和路径，将节能减排、减少环境污染理念融入生产运营的各个环节，并持续攻关减污降碳前沿技术，全方位推进节能降碳工作，加速构建绿色低碳循环发展体系。

（1）探索清洁能源使用，推行能源结构绿色化

海螺水泥将清洁能源使用视为生态文明建设的集中发力点，不断加快清洁能源的推广步伐，持续加大光伏、风电、生物质等替代燃料和清洁能源的应用，减少化石能源消耗，并且不断优化用能结构。

| 案例一 | 济宁海螺打造零外购电清洁能源低碳工厂

为有效利用济宁海螺 18MW 余热发电机组，研究生物质气化电炭联产方案，海螺水泥于 2022 年在济宁海螺实施 9MW 生物质气化补充热能项目，建设 6 台 10 吨 / 小时生物质气化炉和 2 台 25 吨 / 小时低温锅炉项目，年消化使用生物质稻壳 12.4 万吨，年发电量约 7200 万千瓦时，

年产碳化稻壳2.86万吨。同时，济宁海螺继续优化完善智慧能源调度控制系统，自动平衡园区电力能源供应和消纳，最大化使用清洁电力能源。截至2022年年末，济宁海螺已成为集余热发电、风力发电、光伏发电、垃圾发电、生物质发电于一体的“零外购电清洁能源低碳工厂”（见图4-15），年清洁能源发电量约2亿千瓦时，实现工厂用电100%自供。

图4-15 济宁海螺零外购电清洁能源低碳工厂

（2）发展创新减排技术，建设碳捕集、利用与封存技术（CCUS）项目

碳捕集技术对水泥行业温室气体的减排和商业化利用具有重要的意义，也是海螺水泥对绿色发展的有益探索。碳捕集技术的深入开发和推广利用将成为发展循环经济的重要组成部分，使得传统水泥工业再次焕发崭新生命力。

| 案例二 | 水泥行业首个二氧化碳捕集纯化项目

2018年，海螺水泥率先在白马山水泥厂建设世界水泥行业首套5万吨级水泥窑烟气二氧化碳捕集纯化示范项目（见图4-16）。该项目的核心技术为化学吸收法，通过工艺加工和精馏后，得到纯度为99.9%以上的工业级和纯度为99.99%以上的食品级液态二氧化碳，每年可生产3万吨食品级和2万吨工业级二氧化碳，在世界水泥行业开创了碳捕集技术与利用先河，对推进中国乃至世界水泥行业减碳有着深远的示范意义。依托白马山水泥厂水泥窑烟气二氧化碳捕集纯化项目，白马山水泥厂智慧农业项目也应运而生（见图4-17）。该项目将水泥生产过程中产生的二氧化碳捕集纯化后作为植物气肥，可以提高植物的光合作用，这样每年可以综合利用40吨二氧化碳，不仅符合绿色低碳发展要求，还具有节水、减“药”、减“肥”的功效。

图4-16 白马山水泥厂水泥窑烟气二氧化碳捕集纯化项目

图4-17 白马山水泥厂智慧农业项目

此外，海螺水泥继续与大连理工大学深度合作，加强技术攻关，进一步优化碳捕集工艺，降低单位二氧化碳捕集能耗；联合南开大学开展基于水泥窑烟气捕集纯化的二氧化碳转化制备合成气研究，电催化二氧化碳还原系统已运至白马山水泥厂进行现场实验和展示；联合百穰新能源在芜湖海螺建设新型二氧化碳储能系统，多措并举降低碳排放水平。

（3）推广协同处置，力求减少生态环境污染

海螺水泥秉承“无害化、减量化、资源化”原则，早在2010年就在国内建成首套水泥窑协同处置城市生活垃圾系统，依托固废消纳和资源循环利用技术，解决工业和城市废弃物再利用和消解难题，减轻垃圾焚烧与填埋给环境带来的负面影响。

| 案例三 | 宿州海螺水泥窑协同处置项目

宿州海螺利用两台水泥窑协同处置固危废[㊀]，年处理规模达20万吨。相较于其他的固废处理方式，水泥窑协同处置优势明显。一方面，水泥窑煅烧时的高温和碱性环境能有效避免酸性物质和重金属挥发，使得有机物被彻底分解；另一方面，水泥窑煅烧产生的热能被回收，残渣和飞灰作为水泥组分进入水泥熟料产品中，有害物质可全部固熔在水泥熟料的晶格中不能再逸出或析出，最终实现废物资源化和减量化，不会产生二次污染。宿州海螺水泥窑协同处置项目有效解决了宿州固危废资源回收再利用的难题，改善了宿州市及周边地区的环境质量（见图4-18）。

图4-18 宿州海螺水泥窑协同处置项目

㊀ 危险固体废弃物的简称。

（4）推进工业互联网建设，推动智能化技术与水泥制造过程相融合

海螺水泥紧抓智能化建设，持续加大智能矿山建设投入，全力推进矿山机械化、自动化、信息化、智能化“四化”建设，持续推进数字化矿山管理系统的建设，通过矿体三维地质建模、采剥编制、计算机优化等技术，实现自动化配矿和车辆智能调度，每月可多搭配低品位矿石 2 万吨，柴油消耗同比下降 7%，轮胎消耗同比下降 36%，大大提高了矿山的生产效率与资源利用率。

| 案例四 | 矿山无人驾驶和智慧开采项目

矿区无人驾驶车辆的推广是海螺水泥智能化矿山建设中重要的一环。以芜湖海螺矿山为场景，海螺水泥于 2022 年完成了露天矿山无人驾驶和智慧开采领域首个全流程、国产化、产业化的综合性项目，实现了矿山运输工序无人化，项目技术成果达到国际先进水平，并入选了中国机电装备维修与改造技术协会建材装备分会“先进适用技术装备”，荣获海螺集团第四届科技创新项目一等奖。目前，海螺水泥无人驾驶矿车单班运矿量超过万吨，总计运矿量已超过百万吨（见图 4-19）。

图 4-19　无人驾驶矿车

多重价值

管理价值

推进企业智能化管理。海螺水泥的智能化管理实践以智能化矿山建设为首，通过不断实践矿山无人驾驶项目，应用智能化的模型策略与路径规划技术，实现了矿山各作业单元全面的数字化、智能化改造提升。截至2022年年末，海螺水泥共有32家公司矿山完成了数字化矿山建设，并有7家公司共30台无人驾驶矿车在运行。

助力行业转型升级。水泥行业的低碳转型离不开能源结构的调整与优化。目前，海螺水泥下属济宁海螺“零外购电清洁能源低碳工厂”已实现工厂用电100%自供，充分践行了资源循环利用的理念，通过清洁能源使用，大大提升了节能减排降碳效率，在促进水泥工业绿色发展上发挥着重要的作用。此外，海螺水泥基于智慧开采项目的智能化矿区建设也有助于优化生产安排和资源调配，提高生产效率和质量，从而促进行业转型升级。

经济价值

提高企业经济效益。CCUS技术的应用使得海螺水泥成为国内水泥行业领先者，在减少二氧化碳排放的同时实现能源的存储和资源回收再利用，帮助企业更好地应对能源价格波动和资源短缺等问题，并通过重复利用捕集到的二氧化碳获取额外收益，提升市场竞争力。

扩展产业经济效益。海螺水泥在持续加大光伏、风电、生物质等替代燃料和清洁能源应用的过程中，不仅为产业绿色发展奠定了基础，同时助力新能源产业发展。海螺水泥在清洁能源使用方面已取得显著成效：在风力发电方面，海螺水泥风力发电项目2022年全年发电量115.79万千瓦时；在光储发电方面，海螺水泥已累计光储发电装机容量475

兆瓦，2022年光伏发电2.46亿千瓦时；在生物质发电方面，海螺水泥2022年累计发电量291.42万千瓦时。全年海螺水泥清洁能源发电相当于节约标准煤3.1万吨，减少二氧化碳排放20.4万吨，体现出良好的能源经济效益。

社会价值

解决城市生态环境问题。工业生产过程中的废弃物合理处置对于保护城市生态环境而言十分重要。截至2022年年末，海螺水泥已建成水泥窑协同处置生产线67条，全年累计处理生活垃圾734 628吨，处理危险废物609 164吨，处理污泥526 996吨，处理其他一般固体废物637 553吨。通过协同处置，避免使用焚烧与填埋等废弃物处置方式，并强化城市固危废资源的回收再利用，有效缓解城市生态环境问题，促进城市固危废处理向资源化方向的转型升级。

助力国家“双碳”目标的实现。海螺水泥目前大力推广的各项节能减排技术不仅符合国家能源政策、环保政策和科技发展方向，能够通过助力能源结构转型、企业低碳发展，为“双碳”战略贡献力量，同时也为全球应对气候变化问题提供了创新的、可持续发展的解决方案。

近年来，海螺水泥一直积极布局新能源产业，发展绿色清洁能源，并已将提升综合能效、推进节能减碳、减少环境污染作为公司长期发展战略的重要部分，通过制定并稳步推进碳减排目标，持续跟踪绿色低碳方面的绩效表现。这一系列低碳举措已经取得一定成果，不仅符合国家“双碳”目标的要求，更有助于践行国家“绿色发展、循环发展、低碳发展，坚持走生产发展、生活富裕、生态良好的文明发展之路”。

展望未来，海螺水泥将继续完善绿色低碳发展路径，通过健全碳排放管理体系、创新减排技术、推动生产线节能降耗、推广使用清洁能源、研发低碳水泥产品、发展森林碳汇、推动数字化转型等一系列举措，控制并减少碳排放的同时促进和增加碳吸收，从发展理念、发展模式、实践行动上积极参与和引领绿色低碳发展进程，探索具有海螺特色的碳中和实现路径，积极面对挑战，强化风险管控，加快创新驱动，深化机制改革，把握新机遇，展现新作为。

专·家·点·评

水泥建材行业是高能耗、高排放的行业，同时，水泥生产与制造工艺改进提升的技术要求较高，如何更好地兼顾节能减排和经济效益，是水泥企业面临的一个巨大挑战。

作为水泥行业的领军企业，海螺水泥围绕着“创新引领、数字赋能”，以系统化的思维不断完善自身的碳中和路径，将节能减排、减少环境污染理念融入生产运营的各个环节，通过持续攻关减碳降碳前沿技术，全方位推进节能降碳工作，加速低碳循环发展体系的构建和完善。无论是通过创新驱动和数智赋能，探索清洁能源的使用，推行能源结构绿色化，还是建设CCUS项目，推广协同处置项目，减少生态环境污染，以及大力推进工业互联网建设，推动智能化技术与水泥制造的有机融合，协同提升矿山的生产效率与资源利用率等，各方面都取得不错的成效和成果。海螺水泥在节能减排上的经验探索，以及其坚定不移地走生态优先、绿色低碳的高质量发展之路的决心，将大力助推整个行业的全面绿色转型。

——浙江大学管理学院教授、博士生导师、
浙江大学校学术委员会委员、
浙江大学管理学院创新创业与战略学系系主任、
浙江大学－剑桥大学全球化制造与创新管理联合研究中心中方副主任　郭斌

上海电气

基本情况

公司简介

上海电气集团股份有限公司（简称“上海电气”，股票代码 601727.SH、02727.HK）是世界级的综合性高端装备制造企业，公司作为全球领先的工业级绿色智能系统解决方案提供商之一，业务遍及全球。面向“十四五”，上海电气明确提出“4+1+X”整体战略新规划，以硬科技“X”支撑“4+1”新赛道发展方向，推动中国及全球工业高质量发展，为人类美好生活创造绿色可持续价值。上海电气坚持开放协同、合作共赢的理念，持续推进智慧能源、智能制造的双智联动；产业智能化、服务产业化的双轮驱动；能源互联网、工业互联网的双网互动。公司秉持“开放协同、合作共赢”的理念，布局新赛道、壮大新动能，以科技创新重塑核心竞争力，以科技赋能全球工业发展，智创人类美好生活。

行动概要

2022 年，党的二十大报告指出，要加快绿色转型，完善能源消耗总量和强度调控，加快节能降碳先进技术研发和推广应用。上海电气坚持通过绿色转型、科技创新、数智融合驱动企业的可持续发展，注重与各方的联合创新、协同创新、开放创新，紧紧抓住“双碳”目标下的重大机遇。

上海电气通过系统性推进“4+1+X”战略转型，推动建立“1234”十大行动体系，围绕“风、光、储、氢”等新赛道积极展开布局，并着力构建以新能源为主体的新型电力系统。同时，公司围绕科技创新、数智融合积极推动企业从传统制造向智能制造转型，拥抱“双碳”机遇。

不仅如此，上海电气还致力于提升集团风险应变能力，将应对气候变化相关风险纳入风险管理范畴，将 ESG 治理责任渗透到组织架构中，从顶层设计切入到基层贯彻落实，公司形成了全面且严谨的 ESG 治理模式，进一步推动了公司的可持续发展。通过多项举措并举，上海电气把握气候变化机遇，为公司可持续发展夯实了基础，实现了多重价值。

上海电气的 ESG 实践

上海电气深知可持续发展对公司的重要意义与价值，将可持续发展融入企业的日常经营管理和创新中。在“稳中求进、守正创新，坚定不移走高质量发展之路”的工作总基调以及“引领工业发展的世界一流装备企业集团”的企业愿景的引领下，上海电气充分发挥核电、气电、煤电等传统能源装备优势，大力发展风光储氢、源网荷储等“多能互补”的新装备和新技术，加速新旧动能转换。

产品与服务机遇：聚焦“双碳”机遇，智创美好生活

近年来上海电气持续加大绿色“双碳”领域的科技投入，根据上海电气 2022 年 ESG 报告所载，2022 年上海电气实施科研项目共 848 项，研发投入 50.28 亿元，研发投入率达 4.33%，较 2021 年提高了 0.16 个百分点，为近三年来最高。其中，针对低碳新赛道“风、光、储、氢”等领域的研发投入占比达到 33%。持续的科研投入，促进了企业核心竞争力的提升，释放了集团高质量发展的全新动能。

（1）“碳”路未来，逐“绿”而行

上海电气制定了环境可持续发展总体战略，应对气候变化是其中的一个重要组成部分。上海电气系统性推进“4+1+X”战略转型，为构建以新能源为主体的新型电力系统持续发力，打造全生命周期低碳服务，以把握气候变化带来的产品与服务领域的新机遇，拥抱“双碳”目标，实现企业的可持续发展。

在风电领域，上海电气紧跟国家“双碳”框架下的绿电开发方向，积极布局沙漠、戈壁风电项目。中核黑崖子风电场位于甘肃省玉门市西南 37 公里，安装有 25 台由上海电气制造的 W2100C-126-85 机组，该项目是国内第一个并网发电的平价风电上网项目，并获评 2020 年度中电联 5A 级项目。该项目的可利用小时数突破 4200 小时的大关，全年发电量达到 2.1 亿千瓦时。上海电气在风电的积极布局，为上海电气拓宽了市场空间，也助推了国家的绿色转型。上海电气汕头智慧能源示范项目是目前广东省内最大的智慧能源项目，集成了“风、光、储、充、智”一体的“能源互联网 +”，通过风力发电系统和覆盖整个园区屋顶的光伏发电系统，提高了园区可再生能源的比例；通过智能风机、屋顶光伏、储能调峰等能源替代措施，实现了 100% 碳中和（见图 4-20）。

在太阳能发电领域，上海电气承接了迪拜太阳能复合发电项目，推进上海电气从传统火电向新能源转型。该项目占地 44 平方公里，是目前世界上装机容量最大、投资规模最大、熔盐罐储热量最大的光热项目（见图 4-21）。项目建成后，每年可减少 160 万吨碳排放量，为迪拜 32 万户家庭带来绿色能源。

图 4-20 上海电气风力发电和光伏发电项目

图 4-21 上海电气迪拜光热项目

在储能领域，上海电气已具备系统级储能电站设计综合能力，拥有

领先的 50kW 大功率电堆核心技术，并已全部申报为专利，形成了自主知识产权。上海电气积极布局储能行业，已初步形成了相互协同且独立卓越的锂电池装备产业链生态圈。上海电气南通工厂年产能达 5 吉瓦时，其产品应用于全国首个电网侧共享储能项目，如青海格尔木 32 兆瓦 /64 兆瓦时项目（见图 4-22）。此外，上海电气参建的江苏金坛盐穴压缩空气储能项目，预计可节约标准煤 3 万吨，减少二氧化碳排放 6.08 万吨，是世界首座非补燃压缩空气储能电站、中国首个盐穴压缩空气储能电站。

在核电领域，上海电气参建的我国自主三代核电“华龙一号”示范项目全面建成投产，有力支撑了国家核电能力的发展。上海电气参建“华龙一号”示范工程第 2 台机组——福清核电 6 号机组，该项目机组每年发电将近 100 亿度，满足当地 100 万人的年度生产和用电需求，相当于每年减少标准煤消耗 312 万吨，减少二氧化碳排放 816 万吨（见图 4-23）。

图 4-22　上海电气格尔木储能电站投运仪式

图 4-23　上海电气三代核电“华龙一号”示范项目

（2）科技赋能，数智融合

上海电气作为大型装备制造企业，为应对气候变化，拥抱“双碳”机遇，积极推动围绕数智融合的企业转型发展。数智融合贯穿全流程，对传统产业进行全面改造，推动创新和智能制造，实现了产业、经营和价值形态的创新。上海电气通过数字化转型和“双碳”布局，实现了企业高质量发展。

在能源装备领域，上海电气依托能源系统解决方案的集成优势，积极打造以新能源为主的新型电力系统。上海电气推进在用户侧、发电侧、电网侧三个不同层面打造综合智慧能源示范工程建设，构建新型电力系统，解决新能源运行与消纳问题；融合工业互联网、大数据和人工智能技术，提供数据分析、设备运维和全生命周期管理服务，实现了储能电站管控和智能运维。

上海电气探索风电行业数字化道路，推出 WINDSIGHT·“巽鸣”风电场数字化设计平台。上海电气于 2021 年发布数字化产品 WINDSIGHT·“巽鸣”风电场设计平台，包括数据库、选址、设计及评估四个模块，有针对性地解决了传统风资源评估缺乏精细化全过程标准方法体系和统一管理平台的难题。

上海电气助力国产 C919 飞机实现交付。2022 年 12 月，中国商飞将编号为 B-919A 的全球首架国产 C919 飞机正式交付中国东方航空公司，上海电气旗下宝尔捷公司全程参与了该型飞机的制造过程，先后承担了两条 C919 中机身自动化装配线和襟副翼全自动机器人制孔装配线的制造工作，有效保障了国产大飞机制造过程中的工艺质量和建造精度，助力 C919 顺利交付。

资源效率机遇：节能增效，绿色发展

上海电气坚定“双碳”目标，拥抱“双碳”机遇，积极提升绿色制造水平，深化工业领域节能减排，做美好生活的智创者。2022 年，上海电气成功实现大型铸锻件产品单耗 1330 千克标准煤 / 吨的目标；温室气体排放密度为 195.04 吨二氧化碳当量 / 亿元营业收入，较上年实现 12.1% 的降幅；水耗密度为 0.5196 吨 / 万元营业收入，较上年实现 4%

的降幅。[1]

上海电气泰雷兹创新技术使地铁折返效率提升23%。上海电气子公司上海电气泰雷兹交通自动化系统有限公司凭借行业领先的TSTCBTC2.0®移动闭塞列车控制信号技术，贯彻“以资源为中心”的设计开发理念，自主研发了基于“站/区一体化移动闭塞”的高新能折返（RET）技术，使地铁折返间隔从112秒减少到86秒，实现时间和空间双维度的增效。此项技术在国内尚属首创，对实现“双碳”目标具有积极意义。

在资源利用方面，上海电气拥有烟气治理、水处理、固废处理、二氧化碳捕集及其综合利用的核心工艺设计以及系统装备能力，促进了能源资源的循环利用：比如上海电气舟山石化热法海淡项目，实现了更低成本、更为高效的海水淡化，是目前国内最大热法海水淡化系统。2021年4月，上海电气浙江舟山石化每天30万吨MED（低温多效蒸馏）热法海淡项目喜获2021“全球水奖”提名，成为全球4个提名供应商之一。该项目一期已于2020年完成；2021年12月，项目二期8套共计20万吨/天热法海水淡化项目系统全部安装调试完毕。二期热法海水淡化项目是继一期10.5万吨热法海淡项目后，上海电气承接的国内最大热法海水淡化项目。

应变能力机遇：提升风险适应性

上海电气从可持续发展的战略高度看待气候变化的治理问题，构建了专门的ESG治理架构，形成了全面且严谨的治理模式。上海电气在有效应对气候变化带来的相关风险的同时，充分挖掘因气候变化所带来的机遇，在转型过程中发现和把握商机，努力打造成为对环境做出贡献的具有可持续发展前景的企业。

上海电气ESG治理架构由董事会、ESG管理委员会、ESG工作组

[1] 资料来源：2022年上海电气ESG报告。

构成（见图 4-24），其中 ESG 管理委员会下辖 ESG 专家委员会，ESG 工作组由集团办公室（董事会办公室）以及环境、社会、治理三个子工作组组成。三个子工作组由相关职能部门整合形成，负责协调具体事宜的推进与落实。

董事会

负责集团 ESG 事宜的监管与决策 |
制定 ESG 管理愿景、方针及策略 | 对 ESG 相关目标进行定期检讨等

ESG 管理委员会　ESG 专家委员会

识别、厘定和评估本公司 ESG 事宜相关风险及重要性 |
评估、制定本公司可持续发展战略与目标 |
监督、评核及检讨本公司 ESG 事宜相关政策、管理、表现及相关目标进度 |
审阅、检讨本公司就 ESG 相关事宜表现的公开披露 |
完成董事会授权的其他事宜

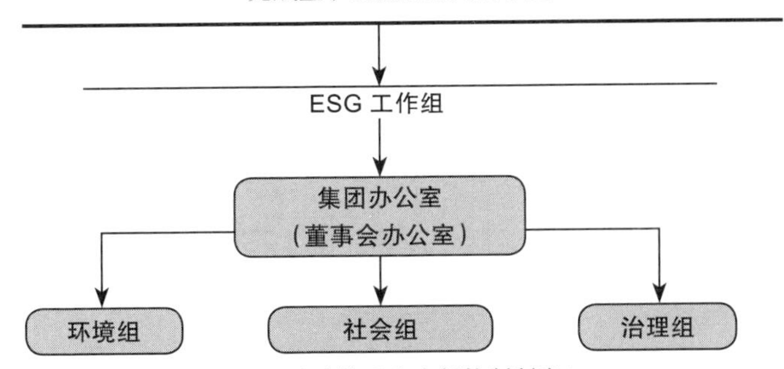

维护 ESG 风险管理和内部控制制度 |
推进 ESG 工作，落实 ESG 战略与目标 |
定期收集 ESG 数据和信息 | 编撰 ESG 报告

图 4-24　上海电气 ESG 治理架构

（1）提升应对气候变化风险的适应性：气候变化风险管理

上海电气将气候变化风险纳入风险管理范畴，董事会为最高决策机构，ESG 管理委员会负责管理气候变化事宜并向董事会报告工作成果。

同时，加大绿色“双碳”科技投入，引领数字化、智能化，提升核心竞争力，推动企业高质量发展。

打造“零碳”标杆，组建上海电气新能源发展有限公司，致力于打造新能源项目全生命周期服务平台，应对气候变化相关风险。上海电气新能源有限公司由上海电气集团和电气风电共同出资 30 亿元组建而成，致力于成为最具集成创新的新能源综合开发与全生命周期服务商。公司将拓展多能互补及一体化业务，支撑集团新能源产业发展。

（2）提升应对环境合规风险的适应性：SEC-LOVE

2022 年上海电气重点关注合规管控和环境整改治理，全面落实安全、绿色理念，提升安环⊖管理的质量与效益。以企业环保问题为导向，加强环保整改闭环跟踪管理，并按照年度环保治理方案实施《环保三年行动计划》，持续推进“SEC-LOVE”安环管理模式的实践和应用（见图 4-25）。

S	E	C	L	O	V	E
共享核心价值观：持续推动、强调企业社会责任的践行	管控集团化：着重加强职业健康、环境保护、消防集团管控，关注应急能力的提升	全面标准化：强化信息化、智能化、数字化要求，并将其纳入非生产性企业标准化安全管理要求	领导力提升：提高主要责任人的安全素质，通过领导力建设和安全文化建设促进整体安环水平提升	全方位目标与责任：关注普遍责任，优化全员责任制，强化横向协同	垂直监督：建立多类型、多模式的督查机制，以责任要求和风险特点实施更有效督查	愿景可期：优化完善绩效考核与激励机制，推进以发展目标为主的愿景建设

图 4-25　上海电气“SEC-LOVE”安环管理模式

⊖ 安全和环境，简称安环。

基于集权与分权相结合的安环风险管控机制，上海电气形成集团总部、产业集团、基层单位三级监管网络架构（见图 4-26），持续推动风险辨识与隐患排查治理双重预防机制。

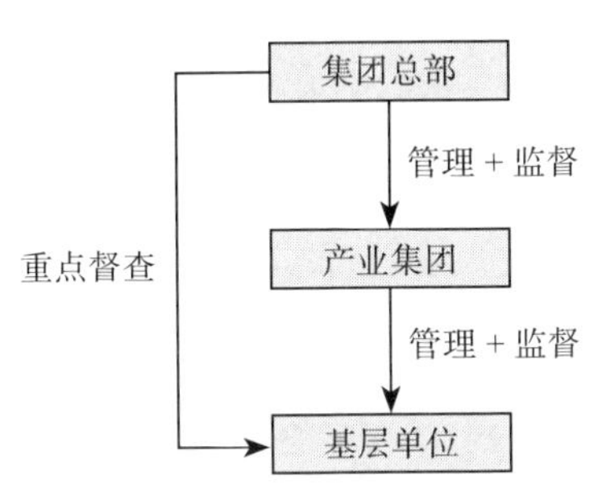

图 4-26　上海电气三级监管网络架构

上海电气聚焦 EHS 智能化应用，推进安环风险管控。同时，引入数智化、信息化技术，实现风险点视频监控和远程监督检查，提高了 EHS 管理效率。上海电气还完成了环境风险管控指导手册的编制，通过全面的辨识与规范化的分级管控，系统梳理各类风险防控措施，夯实企业环境风险管控基础，推进企业环境治理项目并实施清洁生产审核。

（3）提升应对人力风险的适应性：打造人才梯队

上海电气秉承“视人才为第一资源，把发现人和成就人作为第一追求，让奋斗者有表现的舞台”的人才理念，打造优质的人才储备库。截至 2022 年 12 月 31 日，公司拥有 41 739 名员工，员工流失率仅为 3.5%。公司充分维护员工权益，积极帮助女性就业，为技能人员职级及工种开设制定“3+1+X”培训体系，并建立“Y 型”职业发展通道。

（4）提升应对供应链风险的适应性：打造可持续供应链

上海电气在面对广泛采购挑战时，强化供应链规划，聚焦在线运营、大宗采购、业内配套与集中采购领域，构建新管理模型，以降本增效，强化协同。

顺应数字化变革趋势，上海电气打造供应商管理信息化（SRM）平台，推广先进的管理思想和标准化的采购流程，升级采购与供应商管理机制，进一步实现采购环节的风险管理。上海电气 SRM 平台包含供应商生命周期模块、招标寻源模块、订单协调模块及电子商城模块，平台打通了供应链的上下游，使相关部门能够实时、动态地管理供应链，提高管理效率。2022 年度，上海电气持续优化智慧供应链平台功能，扩大平台覆盖的企业及品类范围，合格供应商超 10 000 家，在线竞价模块覆盖 50 家企业，采购电商覆盖超 150 家企业。

上海电气积极打造可持续供应链，传递和实践 ESG 理念，严控采购环节期后变化风险。上海电气在《供应商行为准则》中对企业 ESG 方面的绩效提出了明确要求。例如，上海电气的子公司上海三菱电梯已在供应商准入与绩效中加入碳排放相关要求，建议供应商使用更低碳的生产方式提供产品。供应链的反贪污建设也是上海电气可持续供应链打造的重要环节。上海电气已将“采购合同”“廉政协议”的同步签订机制覆盖至全部供应商，同时也已将供应链反贪污管理纳入智慧供应链平台，筑牢廉洁采购、保障对失信和重大经营风险信息的抓取与追踪，并通过供应商生命周期平台实时公示供应商负面清单。

多重价值

管理价值

赋能企业提质增效，严控企业经营风险。上海电气在“双碳”目标指引下，积极转型绿色发展，通过数智融合，积极推动企业高质量转型发展，使得企业在产品和服务的新赛道上掌握先机，抢占市场；同时依法合规运营，加强内部合规管理，提升企业管治水平。

社会价值

服务国家“双碳”目标，助力国家乡村振兴。上海电气助力国家“双碳”目标，构建核心装备、集成系统、产业资本联动平台，提供能效提升、能源替代、资源循环的减碳主路径，打造新型电力系统和零碳产业园区解决方案，推动绿色低碳转型发展，以技术实力助力国家乡村振兴，以资金力量支持社会慈善公益。

利益相关方价值

服务国家战略和价值创造。把握“双碳”机遇与股东利益并不冲突，上海电气在应对气候变化风险下积极改变企业的发展模式，为企业的可持续发展夯实基础，并以科技创新驱动高质量发展，提高盈利能力和核心竞争力，实现服务国家战略和维护全体股东利益的有机统一。

创新促进发展，合作共赢未来。上海电气通过坚持生态协同，与各方达成战略合作，希望能共同抓住发展契机，打造“开放协同、合作共赢”的局面。上海电气携手行业内合作伙伴，在航空航天、数字化转型、低碳产业等方面加强合作，为全国多个区域发展贡献价值。

保障员工权益，创新人才发展机制。上海电气秉承“视人才为第一资源，把发现人和成就人作为第一追求，让奋斗者有表现的舞台”的人才理念，全面维护员工权益，提供多元化的培训和激励措施、建立公平合理的晋升机制，并高度重视员工身心健康。

专·家·点·评

ESG 实践是积极推动技术创新，充分调动科技、产业、金融等要素，实现“双碳”目标的必由之路。上海电气作为全球领先的工业级绿色智能系统解决方案提供商之一，将研发制造、集成服务及人才发展三位一体引入 ESG 的可持续发展框架，这是具备深厚长远企业价值及社会价值的综合体现。它也搭建了从高度协同的使命、愿景，到组织管理体系、激励制度及工具应用场景的一整套ESG践行体系，而且积累了丰富经验，并将这些实力应用在产品和服务中，为客户创造叠加价值。相信上海电气通过ESG的实践创新，一定能为国家可持续发展和企业及社会价值创造做出更大贡献。

——上海交通大学电子信息与电气工程学院教授、博士生导师　姚钢

大禹节水

基本情况

公司简介

大禹节水集团股份有限公司（简称“大禹节水”，股票代码300021）成立于1999年，2009年10月实现创业板首批上市。集团以全球视野构建产业布局，将物联网、大数据、区块链、人工智能、5G、智慧气象等现代信息技术运用于农业和水利领域，应用场景涵盖灌区现代化、水资源管理、城市智慧水务、河湖长制、农业灌溉、水库预警、山洪预警等，全面赋能农业和水利业务，发展至今已成为集规划设计、投资融资、产品制造、工程建设、信息智能和运营维护一体化能力的综合解决方案服务商。同时，大禹节水践行习近平总书记“节水优先、空间均衡、系统治理、两手发力”的十六字治水方针，以实现水利的高质量发展为努力方向，以应用ESG发展理念为行动指南，积极调整集团的产业结构，形成了六大子集团业务协同的产业布局（见图4-27）。

行动概要

中国水利向高质量发展不断迈进，但农业用水效率和灌溉模式还亟

待提高。受传统农业用水（简称“农水”）领域大水漫灌用水方式的影响，我国整体用水效率受到很大的限制；同时，我国基层水利项目“投建”和“管服”脱钩现象严重，水利基础设施无法高效运行；加之我国农水建设普遍缺乏成熟的数字化、信息化的服务工具，导致整体智慧水利建设发展受限。

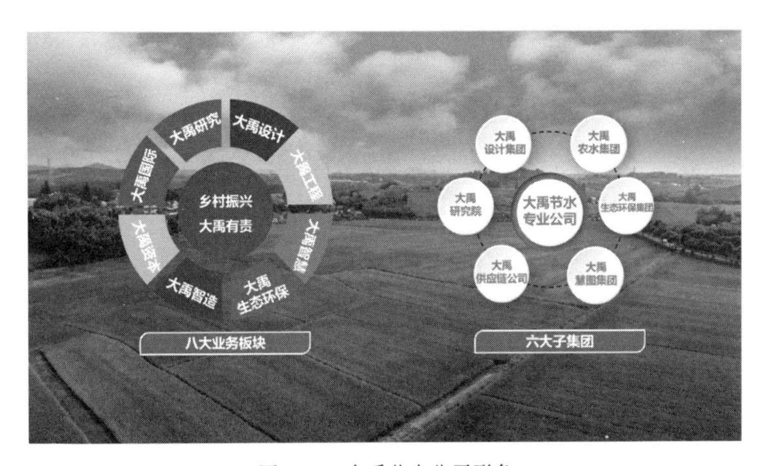

图 4-27　大禹节水公司形象

大禹节水作为国内农水行业的龙头企业，在中国农水向现代化、智能化、节能化方向转型的过程中，面临新的机遇及挑战。

与此同时，大禹节水充分意识到，将 ESG 融入企业发展战略能帮助大禹节水巩固头部企业的市场地位和赋能业务的发展。通过自身 ESG 知识的学习和积累，多渠道完善 ESG 报告披露，大禹节水因势而谋、应势而动，旨在进一步完善自身 ESG 能力建设。

大禹节水通过以下三点行动方案，兼顾行业变革、满足未来 ESG 监管要求，综合提升行业竞争力。

（1）参与农水现代化建设，巩固农业灌溉业务优势

大禹节水近年来参与了我国农田水利领域几乎所有机制模式的创新实践，因地制宜地探索了一系列能够承载各方资源、资本和专业能力的新模式，在缓解我国智慧水利发展痛点的同时，也推动了节水灌溉行业现代化发展。以元谋项目为示范案例，一方面，为全国水价改革提供了可复制的范本；另一方面，也体现了大禹节水领先的一体化服务能力，其通过解决客户项目“有人建、没人管”的痛点，贡献了大禹方案，获得了广泛认可。

（2）助力水利高质量发展，响应政策、不忘初心

大禹节水作为一家从事农田水利事业近 30 年的专业企业，2020 年通过收购北京慧图科技股份有限公司（简称“大禹慧图”），大力研发数字化、信息化服务工具，为大禹节水助力水利高质量发展插上了“数字的翅膀”。目前在高标准农田业务领域，大禹节水已经形成自己独特的竞争优势。

（3）走向国际，贡献中国水资源解决方案

大禹节水的元谋项目彰显了其行业领先地位，该项目先后入选多个国际奖项，为大禹节水的中国水资源解决方案带来了巨大的国际关注度，

也为大禹节水国际业务的拓展指明了方向。与此同时，大禹节水积极响应国内外 ESG 趋势，利用 ESG 战略赋能引领 ESG 发展路线图，同时主动拥抱国内上市公司 ESG 披露趋势，自发披露和逐步完善 ESG 报告，以 ESG 优势作为切入国际市场的另外一个抓手。

大禹节水的 ESG 实践

背景 / 问题

为巩固水利现代化成果，全面实现水利高质量发展，中国水利部指出要全面加快全国水网建设，着力提升水利基础设施的效益，加强乡村水利建设，夯实乡村水利基础，推进乡村振兴水利建设任务。然而，目前中国农村水利现代化建设与发达国家相比仍存在不小的差距，主要归结为以下三个方面的问题。

（1）缺乏合理的水价机制

中国作为农业大国，农业灌溉用水占全国用水总量的 60% 以上。据中国农业部统计及公开信息整理的数据，以 2017 年为例，由于农业用水方式比较粗放，造成我国农田灌溉水有效利用系数只有 0.542，低于 0.7 ～ 0.8 的世界先进水平。[㊀]究其根本，我国施行的水价机制实际上是对供水成本的核算回收，农业灌溉用水价格受国家统一调控，缺乏市场调节弹性，农民对灌溉节水的积极性无法得到有效引导。为解决这个问题，国务院办公厅在 2016 年印发了《关于推进农业水价综合改革的意见》，包括建立健全农业水价形成机制、精准补贴和节水奖励机制、工程建设和管护机制、用水管理方式，以保障农业节水和农田水利工程设施良性运行。并且，旨在通过水价机制的合理改革，辅以精准补贴和节水

㊀ 资料来源：中国政府网，深入推进农业水价综合改革，https://www.gov.cn/zhengce/2018-07/04/content_5303298.htm。

奖励机制，带动农民自觉合理用水、科学用水、节约用水，真正提高农业灌溉的水资源利用效率。

（2）我国基层水利项目“投建”和“管服”脱钩现象严重

随着我国高标准农田的建设标准不断提高，用于农田建设的中央资金更加集中，在项目的规划上更倾向于整县推进、灌区推进的方式，在更加系统化、规范化、专业化的同时，政府推行投、建、管一体化建设，这无疑对市场参与者的运营能力提出了更高的要求。由于我国还存在农田水利工程资金和运行管理服务能力不足，基层水利技术管理服务体系不完善，人员综合水平参差不齐的问题，也就出现了“有人建、没人管”的痛点项目。例如，一些水利部门在规划之初没有对后续的运维管理服务进行全流程招标，EPC 承包商完成建设任务之后，运营管理服务商因设备衔接问题及可用性问题等无法承接。与此同时，大量基层无法协调的问题也陆续涌现，例如，运营管理服务商服务质量逐年下滑，政府节水效益衰退，农民不交水费，设施维护无以为继。

（3）农村水利建设普遍缺乏成熟的数字化、信息化的服务工具

2019 年，全国水利工作会议提出加快“智慧水利”建设的总体要求，而我国智慧水利建设整体发展水平较低，是需要政府和社会资本的共同努力才能够完成的庞大的系统性工程。我国水利业务的主干网络带宽低，多数仅为 8Mbps，[⊖]成为云计算、智能感知、边缘计算、影像传输及大数据处理等技术应用的制约。基层水利主干网络的更新换代需要大量的资金投入，这需要政府发挥引导作用，促进社会资本发挥市场优势，通过“两手发力”，打通融资渠道，这样才能解决由于财政预算不足而限制基层农水信息化发展的问题。

⊖ 资料来源：目前智慧水利面临的问题 – 涂鸦智能（tuya.com）。

行动方案

水利领域在中国属于信息化程度、市场化程度相对不高的传统行业领域。党中央对水利发展做出战略部署，确立了水利发展方向，引导我国完成从工程水利到资源水利，最后到数字水利的行业改革目标。大禹节水积极响应习近平总书记“十六字”治水思路，针对水利建设“重建轻管”等顽疾，与各地方政府一起努力探索解决方案。例如，以政府、企业、群众三方共建共管共赢的“元谋模式”为商业模式及管理模式创新模板，就达到了“政府节水、农民增收、企业盈利”的“三方共赢”的发展目标。在此基础上，大禹节水依托传统农业水利领域经验，通过旗下大禹慧图的现代化数字手段，全方位赋能智慧水利建设，为政府客户提供涵盖农业和水利全场景的综合一体化服务。最终，大禹节水依托其国内龙头地位优势及品牌影响力，积极进行国际业务布局，以在国际农水解决方案市场发出中国声音。

（1）农水现代化建设：巩固农业灌溉业务优势

为了解决传统灌区的资金筹措方式只能依靠政府财政预算进行投资的痛点，大禹节水与元谋县政府共同合作开发解决方案。元谋县作为全国农业水价综合改革试点县，以水价改革作为撬动社会资本和提高农民节水积极性的抓手，与大禹节水进行社会相关方的积极沟通及可行性测试。元谋项目实施后，元谋县政府建立了初始水权分配机制和分类水价形成机制，水价由每立方米 0.12 元调整到定额内每立方米 0.9 元，为大禹节水的建设和运营成本提供了基本保障。在省水、省肥、省工、省钱的基础上，元谋项目也最终实现了“三增”（增产率 26.6%，增收率 17.4%，年流转费用从每亩 1000 元增加到每亩 3000 元以上）、“三提高”（灌溉保证率提高到 90%，水资源利用率提高到 0.9，农民节水意识提高）。元谋项目的重大成就，为后续大禹节水与政府进一步合作提供了合作范本和参考基础。针对传统农水项目的痛点，元谋项目通过商业模式创新，将初始水权、农田水利工程产权、投入农田水利形成的股权明晰到用水合作社及其社员，形成股权、产权、水权“三权”改革模式，完成了初始水价机制改革。与此同时，元谋项目通过创新管理模式引入社会资本参与建设和运营，形成了有效连接政府、社会资本和农户多元主体，均衡分配各方风险、收益和权责的商业模式，具体包括 PPP、EPC+O、特许经营、合同节水、水权交易等。最后，元谋项目还通过搭建数字孪生框架实现了科技赋能对灌区降本增效的优化管理。

| 案例一 | 元谋项目——提高农民生产效率

资本结构

项目总投资 30 778.52 万元。其中，政府投资 12 012.56 万元，占总投资的 39.03%；大禹节水投资 14 695.96 万元，占总投资的 47.75%；农户自筹资金自建田间地面工程投资 4070 万元，占总投资的 13.22%。

社会效益

项目实现增产、增收、增值。作物增产，亩产增幅达 26.6%；农民增收，亩均增收 5000 元以上；土地增值，年土地流转费用每亩从 1000 元增加到 3000 元。该项目实现了真正意义上的产业扶贫。

此外，该项目还提高了供水保障率，提高了水资源利用效率，提高了群众节水意识。供水保障率由 75% 提高到 90%，农田灌溉水有效利用系数从 0.5 提高到 0.9，滴灌技术推广普及率达到 98%。

经济效益

项目实现省水、省肥、省工。通过采用管道输水、滴灌浇水减少渗漏、降低蒸发，年均节水量 2158 万立方米；通过水肥一体化，每亩同比节肥30%；通过刷卡放水，解决了灌区群众昼夜排队轮流放水难题，较沟渠放水平均省工30%。

项目还促进了农业产业发展，促进了农民增收致富，促进了农村有效治理。元谋全县农业总产值由2017年的27.67亿元增加到2022年的54.22亿元；农村常住居民人均可支配收入由2017年的1.15万元提高到2022年的1.76万元；此外，还充分发挥了项目区基层党组织的战斗堡垒作用，基本消除了水事纠纷，构建了和谐用水秩序。

生态效益

该项目实现了节肥节药，节肥节药率达30%以上，减少了农业面源污染（见图4-28）。

图4-28 元谋项目

（2）水利高质量发展：响应政策、不忘初心

大禹慧图在被收购之前作为全国农水智慧信息化的头部企业，在业务上与大禹节水具有非常强的协同效应，具体体现在，一方面大禹节

水为大禹慧图提供了农水业务的实施场景，另一方面大禹慧图为大禹节水提供了行业发展必备的科技赋能。大禹节水对大禹慧图寄予厚望：为了缩短与国际先进节水企业产品的数字化差距，大禹节水加大了研发投入，仅在 2022 年就投入 1.2 亿元用于开发智能化灌区产品，并已成功应用于 70 多个灌区。大禹节水仍在积极探索数字孪生与水利融合的发展新路径。

2022 年中国水利部正式启动数字孪生流域先行先试工作，大禹节水中标全国试点的数字孪生疏勒河（数字灌区）项目。大禹慧图通过对疏勒河流域全面实施灌区续建配套与现代化改造，实现对现实流域的虚实交互和实时调度，有效地解决了当地耕地干旱问题的同时，下游河道和自然保护区的生态环境也明显好转，打造了数字孪生流域建设的“甘肃样本”。该项目被列入水利部网信办发布的《数字孪生流域建设先行先试应用案例推荐名录（2022 年）》。

大禹节水在落实中国水利部“需求牵引、应用至上、数字赋能、提升能力”要求的同时，不断创新业务模式，对灌区现代化管理进行数字化赋能，为水利现代化发展注入科技力量。

（3）走向国际：贡献中国水资源解决方案

大禹节水深耕中国农水市场，在保持自身行业优势的同时，积极承担社会责任；同时通过对国际 ESG 发展理念的探索和研究，赋能大禹节水国际业务的拓展。目前，大禹节水国际部的海外业务区域主要为东南亚、中东中亚、西南非、东北非和南美 5 大区域，涉及 50 多个国家和地区，主要业务为农田水利、农田灌溉、农业信息化以及城市供水业务等。下一步，大禹节水对国际市场的重点培育对象为：农业在国民经济中占主体地位的农业国家、以农业为经济发展基础的发展中国家，以及因水资源不均衡限制农业发展的缺水国家等。

元谋项目的巨大成功，提高了大禹节水在国际市场的关注度，为大禹节水的国际化业务发展提供了优厚的发展条件。2019 年 12 月，“元谋模式”经由中国财政部推荐，在联合国欧洲经济委员会第四届 PPP 国际论坛会议上被评为“人民的 GDP”；2022 年 7 月，在金砖国家 PPP 和基础设施工作组起草的《政府和社会资本合作推动可持续发展技术报告》中，元谋项目作为中国三个 PPP 项目案例之一被列入报告附件二；2022 年 11 月，元谋项目入选亚洲开发银行（ADB）项目案例。

大禹节水将“天下水”作为长期发展目标，投身于全球水资源管理的建设浪潮中，希望通过国内的长期服务经验及成功模式，推广具有中国特色的解决方案，为全球水资源高质量发展提供方法论及参考样本。

多重价值

作为中国上市公司协会促进 ESG 发展的积极参与者，大禹节水未来需要应对来自监管机构对其 ESG 的披露压力以及响应资本市场对企业可持续发展能力的持续关注。大禹节水一方面通过 ESG 战略路线图和 ESG 能力建设，希望进一步抓住 ESG 所带来的机遇，助力业务发展。另一方面，大禹节水也在建立健全内部 ESG 信息系统和机制体制建设，完善 ESG 治理体系，以敏捷数字化赋能企业做出快速市场响应，持续高质量的 ESG 报告披露也展现了大禹节水秉承长期价值的社会责任感，进一步获得了市场和投资机构的认可。

2022 年我国政府水利建设投资突破万亿元，在“双碳”目标的背景下，未来我国水利行业预计释放 10 万亿元的市场规模。在此良性市场驱动下，大禹节水从农水产业政策源头进行精准把握，助力基层政府完成水利发展现代化建设的政策分层解读，为国家水利行业发展献计献策，也为公司未来发展举旗定向。同时，大禹节水致力于向世界水资源领域贡献中国解决方案，借助对国际 ESG 理念的深刻理解和运用，通过对不同国家利益相关方的界定和分析，探索适用于不同国家、不同需求的水资源解决方案，以此制订企业行动方案，让大禹水最终汇入天下水。

专 · 家 · 点 · 评

ESG 是促进社会进步、实现可持续发展的有效手段。通过遵循 ESG 原则，可以实现经济效益、社会效益和环境效益的统一。对于企业而言，ESG 为其提升治理水平、创造价值提供了重大机遇和有效途径。

大禹节水作为中国农田水利行业的龙头企业，长期以来以将中国水利推向高质量发展为目标，参与了行业众多机制模式的创新实践。近年来大禹节水又进一步抓住 ESG 带来的机会，将数字赋能引入中国水资源整体管理的整体方案，打造了包括以政府、企业、群众三方共建共管共赢的“元谋模式”在内的中国水资源管理的诸多创新商业模式及管理模式，实现了科技赋能对灌区降本增效的优化管理，为与政府进一步合作提供了范本和参考基础。同时，大禹节水积极探索将这些成功经验应用于国际业务的拓展，向世界水资源领域贡献中国解决方案。

——上海交通大学电子信息与电气工程学院教授、博士生导师　姚钢

海亮股份

基本情况

公司简介

浙江海亮股份有限公司（简称“海亮股份”，股票代码 002203）专注于优质铜产品、导体新材料、铝基新材料的研发、生产、销售和服务，是全球铜管棒加工行业的标杆和领袖企业。公司始终坚持“以人为本，

构建蓝领社会生态；清洁生产，实现绿色健康发展；工匠精神，铸就国际经典品牌；自我超越，共建百年卓越海亮”的管理方针，在“有色材料智造实现跨越式发展”的目标指引下，致力于“成为全球有色产业生态引领者”。海亮股份的“有色材料智造”是世界 500 强海亮集团有限公司（简称“海亮集团”）的核心产业，也是海亮集团的主要利润贡献部分。

行动概要

在“既讲企业效益，更求社会功德”的发展理念的引领下，海亮股份高度重视节能减排工作，坚持走可持续发展之路。在发展过程中，海亮股份高度重视科技创新，自主研发第五代精密铜管低碳智能制造技术及装备研究项目，实现了经济效益和社会效益的双赢；充分发挥自身优势，在新能源汽车、风电、光伏、核能等新能源领域，开发、生产其所需的铜基新材料，助力新能源产业的绿色高速发展；深度挖掘自身业务特点，通过科学调研和充分论证，探索将光伏发电与制造主业有机融合；高度重视循环经济相关工作，提高废料回收率和包装材料的重复利用率，创造了高产高效、安全环保的生产模式。通过实践，海亮股份探索出一条以科技创新为动力，以短流程、连续铸造为技术依托，从源头上、在过程中持续推进节能减排工作，构建节能减排产业体系，具有循环经济产业特征的新型工业化道路。

海亮股份的一系列“组合拳”，体现了公司的前瞻远瞩。公司深刻认识到，只有将国家战略和社会责任融入企业的发展战略，才能有可持续、更持久的内生价值驱动力，实现经济价值和社会价值的均衡发展。在公司一系列战略决策中，科技创新、智能制造、高质量、绿色低碳、可持续、优化产品结构是出现频次比较多的词，体现了公司的战略方向，即通过科技创新和数字智能化不断优化产品结构，实现高质量、绿色低碳和可持续发展。海亮股份关注的经济指标包括市场拓展（即营收指标和盈利能力指标），关注的环境指标包括碳排放、三废（废水、废气、固废）排放。

海亮股份的ESG实践

背景/问题

作为民营企业，海亮股份乘改革开放的东风，不断发展壮大，同时，作为金属行业的先驱，在发展过程中也时刻面临着大量的社会和技术挑战。

一方面，传统的金属行业能耗高，碳排放量大，对环境的影响大，对企业清洁能源低碳转型发展提出了新要求。“低碳生活方式”“低碳社会”“低碳城市”“低碳世界”等一系列新概念、新政策应运而生。如何发展低碳经济、转变经济增长方式是企业必须面对和思考的问题。

另一方面，随着传统家电、建筑、轻工行业市场日趋饱和，消费需求呈现下滑趋势，这一情况促使公司积极研发新产品，拓宽应用领域，同时“走出去”积极参与国际市场的竞争。近年来，在全球高度重视气候变化的大背景下，各国纷纷提出了“双碳”目标，ESG的理念受到重视，实现绿色低碳发展，也是参与国际市场竞争，提高市场竞争力的必然要求。

2022年，全球经济形势更加错综复杂，全球经济低迷，除了技术和绿色的挑战，如何实现经营业绩的稳定增长也是企业经营者一直思考的问题。

行动方案

（1）向科技要节约，靠技术降能耗

海亮股份一直相信，追求社会效益不是靠牺牲企业的经济利益，而是要依托科技和技术进步，实现绿色、持续、高质量发展。

海亮股份一直加大科技创新的投入力度，坚持以现有研发体系为基础，重点聚焦铜基合金研究、制备技术研究、装备技术研究等领域，充分调动研发人员的积极性和创造性，推动设备制造、工艺技术和高端产品等新项目落地。公司的装备研究院和技术团队独立完成了第五代精密铜管低碳智能制造技术及装备研究项目，是海亮股份的一项备受瞩目的研发成果，拥有191项发明专利，并获得了第七届“中国工业大奖”[㊀]项目奖。该项目致力于铜管生产线工艺技术装备的升级换代及数字融合：燃气竖炉精炼与水平连铸有效结合实现了高速连续喂进轧制-联合拉拔一体化，高速磁悬浮电机提升了内螺纹成型速度，超高频小内径感应线圈使在线退火能耗大幅度降低；实现了硬态大散盘收卷成型、物料智能转运和超大盘辊底炉去除管内残油退火技术；结合智能行车、桁架式智能机器人、AGV等，实现了智能物流及仓储；融合SAP、MES、CRM等信息化手段，完成了传统生产线全流程低碳化、智能化的升级换代。该项目是具有自主知识产权的智能化生产线，它彻底改变了国内铜加工企业对成套装备依赖进口的现状，并反向出口至欧洲知名铜加工企业，获中国有色金属工业协会“国际领先水平”评价，为企业实现转型升级和可持续、高质量发展奠定了基础。

第五代精密铜管低碳智能制造技术及装备研究项目实现了产品成材率由89%提高到93%；单位产品综合能耗下降30%，劳动效率提高300%，综合成本下降38%。根据公司内部数字统计，2021年，该生产线销售52 100吨空调制冷管，新增销售收入319 929万元，新增利润6265万元；2022年上半年，该生产线销售33 850吨空调制冷管，新增销售收入223 724万元，新增利润3912万元。此外，该项目以“数字孪

㊀ 我国工业领域最高奖项，被誉为中国工业的“奥斯卡”。

生仿真设计技术”优化产品设计，形成了全球领先的产品设计理念。通过提高内螺纹管内表面换热面积，改变管内介质流量方向及速率，使换热效率提升 30%，空调整机效率提升 2%。

除了显著的经济效益，该项目还对生态环境产生良好反馈。它可显著提高再生铜使用率，减少电解铜冶炼，减少大量二氧化碳排放。按照每吨再生铜可以减少 1.04 吨二氧化碳排放计算，2021 年，海亮股份若全部采用该技术，可减少二氧化碳排放 13.17 万吨，如果推广至全行业，可减少二氧化碳排放 50.08 万吨。

该项目推动了海亮股份第五代连铸连轧盘管生产线的改造落地，相比已经是国内乃至国际都比较先进的第四代生产线在信息化、自动化和智能化方面实现了阶段性飞跃。在推进该生产线落地的过程中，海亮股份在生产线上使用的非标机器人以及控制系统方面进行了持续的自主创新。目前，该第五代生产线已推广至安徽、上海、广东、山东等生产基地，预计 2024 年年底会完成对全部工厂的生产线升级改造。

（2）通过产品组合，不断向绿色演进

海亮股份的传统优势产业为铜管产业，广泛应用于空调和冰箱制冷的蒸发器、冷凝器、连接管、配管、管件等。一方面，传统市场的日趋饱和要求公司升级转型；另一方面，公司作为行业的领头羊，一直以推动行业的高质量发展为己任，积极根据客户需求来研发新产品，拓宽应用领域。近几年，在全球高度重视气候变化的大背景下，各国纷纷提出“双碳”目标，不断优化能源结构，以实现绿色低碳发展。海亮股份为了加快企业发展和履行社会责任，充分发挥自身优势，在新能源汽车、风电、光伏、核能等新能源领域，开发、生产它们所需的铜基新材料，并将其作为公司又一个重要发展方向。“供给侧结构性改革”“绿色制造技术为内在核心的新能源材料”是海亮股份一直关注的战略方向，它未雨绸缪，先于市场行动。

面对势不可挡、高速增长的新能源汽车及储能市场，海亮股份将铜箔材料作为进入新能源铜基材料的重要切入点和重点发展产品，已在行业内形成巨大的优势和能力。电解铜箔被称为电子产品信号与电力传输、沟通的“神经网络”。其中，锂电铜箔为锂电池负极集流体材料，而锂电池下游应用领域为新能源汽车、储能系统、3C 数码产品、电动工具和电动自行车等；标准铜箔是制作覆铜板和印制电路板的基材，终端应用为通信、计算机、消费电子、汽车电子等领域。2022 年 6 月，高性能铜箔材料项目首条生产线试产成功，海亮股份计划在 2025 年完成年产 15 万吨高性能铜箔材料项目。该项目固定投资金额为 811 万元 / 亩，预留用地投资后，投资强度将超过 1600 万元 / 亩；项目全面投产后，预计实现产值超 180 亿元，亩产出将达到 2117 万元；预计税收超 10 亿元，每亩税收达 117 万元。

随着国内与全球的产业与能源转型，海亮股份对于太阳能光伏逆变器、空气能热泵、烘干机、热管散热器、燃气壁挂炉、半导体靶材、储能温控等下游行业产品也加大了生产投入。此外，应用于激光自动焊接机器人、数据中心和服务器的散热器，以及新能源汽车散热器等新兴领域的产品也得到进一步的开发与推广。

此外，海亮股份与浙江大学热能工程研究所达成战略合作协议，合作开发自主知识产权蜂窝式 SCR 脱硝催化剂生产技术：自主研发低温 SCR 脱硝催化剂，主要应用于燃煤电厂、化工、玻璃、水泥、焦化、钢铁、造纸厂等烟气脱硝领域。截至 2022 年年底海亮股份已经累计承接大大小小 1750 多个脱硝催化剂供应项目，累计销售 116 300 多方脱硝催化剂。每方脱硝催化剂可净化氮氧化物 16 吨，公司产品累计减少氮氧化物 1 860 000 吨。这对减少氮氧化物（NOx）对人体健康的伤害，减少高含量硝酸雨的形成，减少光化学烟雾的形成，降低臭氧生产速度，减缓全球气候变暖具有重大意义。

多样的产品结构和对 ESG 理念的践行极大地增强了海亮股份在国际市场上的竞争力。海亮股份产品外销比例占 45% 以上，囊括国内外大多数高端知名品牌客户，这证明中国企业在该领域已具备国际领先能力。

（3）使用清洁能源，实现低碳发展

海亮股份所属的金属行业是高耗能行业，但高耗能不一定意味着高污染。人为气候变化的影响越来越明显，气候保护在今天比以往任何时候都更加紧迫，在此背景下，海亮股份积极探索低碳发展模式。

与其他制造业企业不同，海亮股份设备几乎全部使用电和天然气等清洁能源，仅涉及燃料燃烧排放、净购入电力产生的温室气体（GHG）排放，不产生其他形式的排放。同时，公司结合自身业务特点，在科学调研和充分论证的基础之上，探索将光伏发电与制造主业有机融合，先期通过在各基地工厂屋顶建设分布式光伏电站并自主运营的方式优化能源供给结构；海亮股份位于浙江、上海、安徽、重庆、广东等基地的光伏项目先后建成并网（年发电量可达 5000 万千瓦时）。

2021 年，海亮股份境内生产基地的分布式光伏发电项目陆续投运，光伏总装机容量达到 63.3 兆瓦。2021 年发电量达到 6796.27 万千瓦时，可减少 43 069.43 吨二氧化碳排放，公司境内基地光伏用电量占其总用电量 9.35%；单位产品碳排放 0.766 吨二氧化碳 / 吨[㊀]。2022 年发电量 6862.16 万千瓦时，可减少 39 869.15 吨二氧化碳排放，公司境内基地光伏用电量占其总用电量 6.71%，单位产品碳排放 0.653 吨二氧化碳 / 吨。

（4）发展循环经济，实现闭环生产

海亮股份一贯以节能、环保为己任，致力于在创造节约型社会中起

㊀ 表示每吨（燃料）的二氧化碳排放量（吨）。

到先锋作用。公司高度重视循环经济相关工作，在资源投入、企业生产、产品消费及其废弃的全过程中，把传统依赖资源消耗的线形增长的经济，转变为依靠生态型资源循环来发展的经济。海亮股份是一家生产铜、铜合金半成品、各种铜制产品以及其他金属产品为主的生产商，实行循环经济主要体现在废料回收和包装材料重复利用两方面。

在废料回收方面，海亮股份完善企业负责金属回收的职能服务部门，提高金属废料回收率，回收后的废料用于再生铜的加工。在包装材料重复利用方面，海亮股份主要使用木质包装作为闭环流程的一部分，木质包装可重复使用多次。这意味着公司提供免费返回运输将木材包装送到木材加工厂，在那里它们可以被处理重复使用，也可直接进入客户所在地回收系统成为可回收材料。2021 年，海亮股份产品包装材料木托架和木盘片的综合回收率达 63%；2022 年，综合回收率超过 70%。

（5）将绿色低碳、持续创新融入团队的血液

海亮集团创始人、明德院院长冯海良曾说："随着时代对企业的要求越来越高，相应的团队标准也越来越高。企业要做到持续超越自我，首先是团队必须持续超越自我。只有团队持续卓越，企业才能持续保持卓越地位。建设好始终保持卓越的团队，才是企业的行业卓越地位确保不动摇之根本。"

海亮股份将其战略转化为具体行动方案，并融入团队的日常工作，绿色功勋无大小，均值得表彰。大到第五代生产线的突破性创新，小到废料回收的细节，公司鼓励全体员工躬身实践。

多重价值

海亮股份将社会责任融入经济决策，一直以来强调稳定经营和经济责任。海亮股份 2021 年和 2022 年的年报显示，研发投入分别为 72 298

万元和75 843万元，资本支出分别为152 821万元和257 181万元；2021年和2022年的营业收入分别为633.10亿元和738.65亿元，分别实现9.99%和16.67%的同比增长，其中海外销售的占比分别为34.08%和37.67%；2021年和2022年实现的利润总额分别为14.43亿元和15.05亿元，分别实现61.14%和4.30%的同比增长；2021年和2022年实现的归属于上市公司股东的净利润分别为11.07亿元和12.08亿元，分别实现63.36%和9.12%的同比增长。海亮股份整体经营业绩稳中有升。

环境效益方面，海亮股份通过技术进步，单位产品综合能耗下降300千瓦时，减少碳排放30%，并应用了碳足迹评价结果对产品各环节的碳排放进行改善。海亮股份国内废水排放由2021年的30.2万吨进一步下降为2022年的14.0万吨，废气排放由53.9亿立方米下降为28.2亿立方米，次品边角料由5762吨下降为2072吨。基于一系列有效实践，海亮股份获得“工信部第五批绿色工厂”“浙江省绿色企业”“浙江省第二届绿色低碳经济标兵企业”“浙江省‘十一五’污染减排先进个人”“工信部2022年度绿色工厂”等荣誉。

海亮股份始终坚守与环境共同和谐发展的道路，通过不断改进生产工艺、加强环境保护管理水平，进一步提升公司清洁生产能力，履行环境保护的社会职责，实现可持续发展的绿色经济。

专·家·点·评

如何发展低碳经济，转变经济增长方式，实现高质量发展，已经成为中国企业尤其是产业领导者企业必须面对和思考的问题。海亮股份作为专注于优质铜产品、导体新材料、铝基新材料的研发、生产、销售和服务的全球铜管棒加工行业标杆和领袖企业，在这些年的探索实践中逐渐摸索出一条行之有效的道路。为了贯彻“既讲企业效益，更求社会功德”的发展理念，海亮股份在战略设计上高度重视节能减排工作，并从如下三个方面为可持续发展寻找可行路径：①充分利用科技创新的力量；②将绿色低碳融入企业业务增长机会的捕捉上；③将循环经济模式纳入企业制造业主业的效率提升中。

——浙江大学管理学院教授、博士生导师，
浙江大学校学术委员会委员，
浙江大学管理学院创新创业与战略学系系主任，
浙江大学－剑桥大学全球化制造与创新管理联合研究中心中方副主任　郭斌

交通运输业案例

大秦铁路

基本情况

公司简介

大秦铁路股份有限公司（简称“大秦铁路”，股票代码 601006）是以煤炭、焦炭、钢铁、矿石等货物运输和旅客运输为主营业务的区域性、综合性铁路运输企业和国有控股公司。公司路网纵贯三晋南北，横跨晋、冀、津、京两省两市，拥有的铁路干线衔接了我国北方地区最重要的煤炭供应区域和中转枢纽，在路网中处于“承东启西”的战略位置，在国家煤炭运输大格局中占有重要地位。大秦铁路作为我国铁路运输行业的优良资产，是中国首家以路网干线为资产主体登陆 A 股市场的上市公司，见证了中国铁路改革的发展，目前是国内最大的货运上市公司。2022 年，大秦铁路完成货物发送量 6.8 亿吨，占全国铁路货运总发送量 49.8 亿吨的 13.7%，占国家铁路货物发送量 39 亿吨的 17.4%，其中煤炭发送量 5.6 亿吨，占全国铁路煤炭发送量 26.8 亿吨的 21.0%，在国家能源保供的战略中具有重要地位。2022 年大秦铁路全年实现归属于上市公司股东的净利润 111.96 亿元，居于山西省上市公司前列。

大秦铁路以弘扬“大秦精神”为动力，建设一流企业为方向，加快一流国铁控股上市公司建设，实现高质量发展；实施党建引领、安全强基、重载示范、经营提质、路网升级、创新赋能、文化兴企、民生幸福“八大工程”，牢牢把握“政治线、安全线、示范线、效益线、幸福线”；展示良好的国铁上市公司的风采，担负起“交通强国，铁路先行”的历史使命。大秦铁路以 2035 年实现公司全面的铁路现代化为目标，在技术设备、人才培养、科技创新、绿色发展、社会责任等方面持续加强投入和建设，旨在成为区域和行业内最具竞争力、影响力和投资价值的现代化上市公司。

行动概要

“绿水青山就是金山银山”。大秦铁路始终坚持以“建设美丽中国，实现绿色低碳发展”为己任，着力发挥铁路运输绿色低碳、节能环保的优势，承接“公转铁”责任，积极推行“清洁交通”，调整运输结构，在打赢污染防治攻坚战、实现中部绿色崛起中发挥积极作用，为实现“碳达峰、碳中和”目标贡献智慧和力量。

大秦铁路的 ESG 实践

背景 / 问题

实现“双碳”目标对交通运输体系提出了“新要求”：铁路是国民经济大动脉、国家重要基础设施、大众化交通工具和民生工程，在促进经济社会发展和提高人民生活水平中发挥着重要作用，肩负着神圣使命。铁路是全天候、运量大、成本低、能耗低、污染少的交通运输方式，是综合交通运输体系的骨干，对于推动新型工业化和城镇化建设，促进乡村振兴和区域协调发展，以及推进绿色发展、建设美丽中国，具有不可替代的重要作用。“安全运行、节能环保”的可持续发展战略目标需要铁路运输企业从技术、人员、制度上协同发力，走“清洁交通”的绿色发展道路，助力国家“双碳”目标圆满实现。

行动方案

（1）制定明确具体的制度与目标，推动可持续发展战略目标落地

大秦铁路“十四五”发展规划对可持续发展战略进行了明确，并制定了严格的细化分工表，落实部门责任，监督执行进度，对可持续发展进行有力保障。为制定明确的战略目标，大秦铁路设立了以下与可持续发展战略相关的指标。

1）复线率：增加铁路复线利用，评价公司土地占用方面的可持续发展进程。

2）电气化率：降低内燃机车使用率，增加电力机车使用率，降低全线碳排放。

3）货物周转量：提高铁路线路、铁路班次利用率，降低单位运输碳排放量。

4）中欧班列开行对数：增加开行数量，积极融入“一带一路”、可持续发展大战略。

5）10 亿吨公里死亡率：加强安全生产、安全运输要求，践行以人为本的理念。

6）吨公里用人数量：降本增效，提高企业运转效率，减少社会资源损耗。

7）研发投入比例：提高企业技术竞争力。

8）绿化里程：增加铁路沿线绿化面积，进一步减少全线碳排放。

通过以上各个指标的考核，降低单位运输工作量综合能耗，以实现大秦铁路可持续发展战略目标。

（2）积极承担“公转铁”份额，发展低碳运力配合政府的可持续发展方针

大秦铁路积极配合国家的可持续发展方针，积极发展低碳运力，加大“公转铁”份额，进一步减少煤炭产业链全程碳排放，铁路每亿吨货运量可比公路减少 270.6 万吨二氧化碳排放。大秦铁路积极发挥物流运输企业的龙头作用，配合政府部门编制了《山西省推进运输结构调整实施方案》，促进了山西煤炭外运和物流产业发展的结构性调整。2016—2021 年，公司货运量由 4.5 亿吨增长到 6.9 亿吨，煤运量由 3.9 亿吨增长到 5.8 亿吨，大幅压缩了汽车运输特别是煤炭汽车运输的空间，约减少碳排放 550 万吨，为保卫蓝天特别是保护京津冀生态环境起到了积极作用。在服务国家建设综合交通运输体系的过程中，作为可靠的资本运作平台，大秦铁路凭借现金流充足、稳定以及资本运营经验丰富的优势，可以更好地服务于全国的交通建设，进一步推动国家可持续发展。

大秦铁路的运输能力始终伴随着经济社会发展的需求不断突破。2002 年，大秦铁路达到年运量 1 亿吨的设计能力，此后历经三次大规模扩能改造、技术升级，年运量连续突破 2 亿吨、3 亿吨、4 亿吨大关。2012—2022 年，大秦铁路累计完成运量约 47 亿吨，超过之前 20 多年总运量近 14 亿吨，并于 2018 年创造了单条铁路年运量 4.51 亿吨的世界最高纪录，大秦铁路的货物运输能力不断提升，积极配合实现国家的可持续发展方针（见图 4-29）。

（3）充分运用信息化、智能化技术手段，确保大秦铁路在运量不断增加的同时，朝着生态线、环保线迈进

2022 年 9 月 1—3 日，2022 中国（太原）国际能源产业博览会在太原举办。大秦铁路的产品亮相博览会现场，受到了国内外嘉宾的关注。公司始终牢固树立新发展理念，持续推动铁路绿色低碳发展，并采取一

系列措施，研发生产出一系列相关产品。

图 4-29　大秦铁路货物运输列车

此次博览会上，大秦铁路科研所展示了无人机救援巡检系统和公铁两用全地形智能应急救援车，还通过连续播放《中国重载第一路》等宣传片，以及通过展板介绍大秦铁路近年来研发的重载铁路再生能量综合利用装置、新型抑尘剂、节能灯具等科技产品，向嘉宾展示大秦铁路在推动绿色低碳发展中所发挥的作用（见图 4-30）。

图 4-30　2022 中国（太原）国际能源产业博览会大秦铁路产品展示

大秦铁路严格遵守国家和地方节能环保相关法规及标准，扎实做好节约资源、降低能耗、减少污染物排放、保护环境的工作。公司配置的 HXD 型电力机车、CRH380A 型动车组等设备，采用再生制动的先进技术，具有良好的环保、节电性能；采用轨道结构减振和声屏障等新技术、新材料，可有效降低行车噪声污染。

大秦铁路采用中国自主研制的 C80 系列和谐型电力机车，通过将 Locotrol 列车同步操纵技术与 GSM-R 通信技术有机结合，首次实现网络化机车同步操纵命令无线传输；重载机车采用轻量化兼大功率设计，集自动过分相装置、5T、CTC、微机联锁、ZPW-2000、主体化机车信号、牵引供电、C80 型货车牵引杆、120-1 制动阀、大容量胶泥缓冲器等技术为一体；列车重载速度 80 千米 / 小时，空跑速度 90 千米 / 小时，在 0.2 秒内实现前后机车同步操纵、制动；通信延时 0.6 秒内。大秦铁路源头建成 16 个 2 万吨、51 个万吨等共计 178 个装车基地；装车系统每 30 秒可完成一节车厢 80 吨煤炭的装载，1 小时 46 分钟可完成 2 万吨煤炭列车装载；卸车采取不摘钩连续翻卸，3 节车厢一组、10 秒翻转，卸完后 5 秒归位；装船每秒 5.1 米；铁路沿途有 74 个抑尘站，每年装车喷洒抑尘液约 1600 万吨。大秦铁路配置的 CRH380A 型电力动车组振动小，噪声低，气密性高，压力波动小，乘坐环境宽敞明亮、舒适安静。大秦线煤尘监测系统正式投入使用，煤尘专项治理有序开展，并且制定了《大秦线煤尘监测系统用、管、修暂行规定》，为科学治污、精准治污、源头治污奠定了基础。公司坚持“高一格、严一档”，积极展示线路环境隐患排查整治和美化绿化专项活动（见图 4-31）。

2022 年，大秦铁路节能环保设施改造共投入 6131 万元。在大气污染防治方面，公司大力实施燃煤（燃气）锅炉环保改造，对沿线 42 个站区实施了燃煤锅炉清洁能源改造和站区建筑节能、照明灯具节能改造，站区单位能耗大幅降低；在污水治理方面，公司实施了湖东电力机务段、湖东供电车间、迁西站区、柳村南站二场等污水管网改造，提标改造了涿鹿站区污水设施和侯马北机务段喷漆库挥发性有机物治理设施，防治污染设施运行良好；在节能减排方面，公司主要排污指标包括二氧化硫和化学需氧量两项，2022年，排放二氧化硫166.5吨，较计划减排343.5吨，同比下降66%；排放化学需氧量72.9吨，较计划减排12.1吨，同比下降10%。所有排污源没有超标排放情况。

图4-31 铁路沿线环境安全隐患整治现场

多重价值

负重争先承担国家和社会的使命，为交通运输企业低碳减排领航

铁路运输本身作为天然的低排放、高效的运输方式，在能源运输方面有不可替代的独特优势。按照大秦铁路年运量4亿吨计算，年耗电量为34.3亿千瓦时，折合费用22.6亿元，碳排放量105万吨。在同等运量下，换作公路运输，将消耗柴油1645万吨，折合费用1046亿元，碳排放量5974万吨，其能耗成本是大秦铁路的46倍，碳排放量是大秦铁路的57倍。作为国内最大的货运上市公司，大秦铁路弘扬“负重争先、勇于超越”的大秦铁路精神，在努力创造经济效益、推动企业创新发展的同时，积极履行节能减排、环境保护等社会责任，为交通运输企业实现“清洁交通”、助力国家“双碳”目标领航。

智能化改造和驱动“清洁交通”升级，为交通运输企业的生态环保之路树立典范

大秦铁路运用信息化、智能化技术手段，投入力量开展再生制动回馈电能利用、铁路建设生态修复、铁路环境保护系统监管等关键技术研发。仅再生制动电能利用这一项，测试回馈电能就能达 11% ～ 35%，节能环保效应十分明显。同时，大秦铁路开通运营这些年来，更是在全线体现了绿色、低碳、环保、节能的理念。仅 2004 年大秦铁路实施的 2 万吨扩能改造，就相当于用一条铁路的占地和资金，新建了 3 条煤炭运输大动脉。大秦铁路在铁路沿途设立了 74 个抑尘站，进行全面抑尘，有效遏制了空气污染，确保大秦铁路在运量不断增加的同时，朝着生态线、环保线迈进。

作为铁路运输企业和国有控股公司，大秦铁路始终坚持“以人民为中心”的思想和“人民铁路为人民”的宗旨，主动承接“交通强国、铁路先行”的历史使命，弘扬“负重争先、勇于超越”的大秦铁路精神，充分发挥铁路专业性、基础性、网络性、公益性等特征和优势，在努力创造经济效益、推动企业创新发展的同时，以“满足客货运输需求”为核心理念，积极履行运输服务、安全生产、回馈股东、员工保障、维护稳定、合作发展、乡村振兴、社会公益、环境保护等社会责任，致力于实现经济效益与社会效益的有机统一。大秦铁路规划到 2035 年，公司要全面实现铁路现代化；形成基础设施规模质量比较稳，技术设备和科技创新水平比较高，服务品质和产品供给能力比较优的保障体系；实现山西 20 万人口以上城市铁路全覆盖，50 万人口以上城市高铁全通达；要达到科技创新能力显著增强，在既有的世界上先进的铁路重载技术基础上保持领先；绿色安全发展的水平显著提升，充分发挥铁路在绿色发展方面的特有优势，通过技术、人员、制度方面的保障，使企业能够更好地实现可持续发展。

专·家·点·评

大秦铁路践行ESG可持续发展理念，向利益相关方传递了积极的信号，给予投资者可信赖的价值预期，树立了良好的企业形象。30年来，大秦铁路连续保持并不断刷新列车开行密度最高、运行速度最快、运输效率最优以及单条铁路运量最大等多项重载铁路纪录，大秦线作为中国“西煤东运”的战略动脉，宛如一条从西向东的煤河，以每秒6.3吨的流速绵延不断地将“三西”（山西、陕西、内蒙古西部）煤炭输送到渤海之滨。为中国经济持续发展提供源源不断动能的大秦铁路，成为改革开放40年来中国铁路标志性成就。大秦铁路以实现绿色低碳发展为己任，着力发挥铁路运输绿色低碳、节能环保的优势，通过积极推行“清洁交通”，为国家实现“双碳”的宏伟蓝图贡献了巨大力量。

——西安交通大学管理学院副院长、博士生导师　田高良

能源产业案例

国电电力

基本情况

国电电力发展股份有限公司（简称“国电电力”，股票代码600795）是国家能源集团控股的核心电力上市公司和常规能源发电业务的整合平台，主要经营业务为电力、热力生产及销售，产业涉及火电、水电、

风电、光伏发电及煤炭等领域，分布在全国 28 个省、市、自治区、直辖市。截至 2022 年年底，公司资产总额 4128.52 亿元，控股装机容量 9738.10 万千瓦，公司总股本 178.36 亿股，是全国最大的电力上市公司之一。

国电电力的 ESG 实践

背景 / 问题

国电电力集中了国家能源集团以煤电为主的常规能源发电资产，资产规模大、分布区域广，自身减排压力大、管理难度高，在低碳转型和我国新型电力系统建设进程中，国电电力所面临的内外部挑战在国内发电行业中具有代表性。一方面，面对燃料市场价格波动和保供压力，需要维持煤电机组的稳定运行，发挥能源供应“稳定器”和“压舱石”的作用；另一方面，与同业对标公司相比，国电电力以风电、光伏发电为主的新能源资产占比不高，在加速推进新能源资产部署的同时，还需要在能源系统低碳化转型过程中发挥重要作用（见图 4-32 和图 4-33）。

图 4-32　国电电力宣威公司厂区分布式光伏发电

图 4-33　火电与光伏发电：老厂焕新机

一方面，国电电力在我国能源系统低碳转型、保障能源安全和协调发展方面拥有特殊的资源和资金优势，可以有效统筹自身中短期和长期转型，寻求可持续的转型模式和方案。国电电力视煤电转型为必然选择，注重推进煤电绿色低碳转型升级，统筹协调碳资产管理。同时，国电电力还在积极开发新能源，开展储能、氢能、CCUS 等方面的技术研究和试点实践，在推动技术进步、成本降低和应用场景推广等方面尚有广阔的发展空间，有望成为同业中的先行者。

另一方面，在推动新能源发展、探索新型业务模式和增长点以及绿色生态效益的量化方面，国电电力同样面临着同业以及非传统竞争者带来的竞争压力和挑战，需要发挥自身的资源和资金优势，优化策略，加大科研投入，并建立健全科学、合理的绿色绩效评价体系。

行动方案

（1）突发战略核心引领

国电电力的战略定位是成为“常规电力能源转型排头兵、新能源发展主力军、世界一流企业建设引领者”，其内涵与可持续发展紧密关联，指明了公司从传统能源生产模式向清洁化、低碳化和数字化转型，大力发展可再生能源，妥善处理“转”与“增”的存量和增量关系，同时建立世界领先水平的可持续竞争能力和优势的战略发展路径。

- 加快新能源开发，推进“基地式、场站式、分布式”风电、光伏项目科学布局。
- 积极有序发展水电，推进大渡河流域、新疆开都河流域水电建设。
- 加快煤电绿色耦合发展，推进煤电扩容发展和存量煤电“三改联动”，加快火电综合能源转型，拓展供热、固废利用等市场。
- 积极研究布局储能、氢能等新兴产业。

（2）依托技术创新，叠加降碳与生态效益，追求项目自身经济可持续性

大力推进传统火电生产环节降碳和固碳减排技术的开发。国电电力大力推动传统火电转型升级，火电清洁化发展居全国领先水平。以子公司国电建投内蒙古能源有限公司生态林项目为例，该项目在内蒙古伊金霍洛旗投资种植 5850 亩沙柳防护林，在防沙固碳的同时，为煤电机组提供稳定的生物质掺烧燃料资源。该项目每年掺烧沙柳生物质 20 万～40 万吨，代替标煤 11.4 万～22.8 万吨，标煤价格按 750 元 / 吨计算，每年可产生燃料效益 1576 万～3135 万元；按每吨标煤产生二氧化碳 2.6 吨、碳价 50 元 / 吨计算，每年二氧化碳减排可产生效益 1480 万～2960 万元。用沙柳替代燃煤，两台机组每年总可发“绿电”3.8 亿～7.6 亿千瓦时，预计每年减少二氧化碳排放 43.8 万吨，碳减排效益显著。

国电电力全面推进 CCUS 示范工程建设。2022 年，建成国内首套燃煤电厂二氧化碳化学链和矿化利用示范工程，建成国内最大规模的 15 万吨 / 年燃烧后二氧化碳捕集－驱油与封存全流程示范工程并通过验收。国电电力积极开展新能源、储能、氢能等方面的技术研究，建成风光直流

微网耦合电解制 – 储 – 输氢系统集成示范工程，并通过了项目绩效评价。

国电电力不断完善环境管理体系，主动采取污染防治措施：国内煤电机组全部实现超低排放，而且还持续开展并完成 20 余台机组的精准喷氨改造，深度减排烟气污染物；实施煤场、料场全封闭改造，降低颗粒物无组织排放。2021 年，国电电力火电发电量达到 3895.91 亿千瓦时，通过煤电节能减排改造，单位火电发电量的二氧化碳排放同比减少 3 克 / 千瓦时，总体减少二氧化碳排放 117 万吨。

“光伏 +”与环境价值的叠加。国电电力突破省际边界限制和传统陆上光伏开发常规，扩展延伸多省份和多种“光伏 +”模式。以天骄绿能 25 万千瓦采煤沉陷区生态治理光伏发电示范项目为例，它采用“采煤沉降区生态治理 + 光伏发电 + 观光农业”的模式进行新能源项目开发，并于 2021 年 11 月 30 日成功并网发电（见图 4-34）。一方面，该项目为矿区提供 4.6 亿千瓦时 / 年的绿色电力，每年可节约标煤 18.98 万吨，减排二氧化硫约 3663.4 吨、一氧化碳约 50.71 吨、碳氢化合物约 20.73 吨、氮氧化物（以二氧化氮计）约 2081.11 吨、二氧化碳约 45.15 万吨，还可减少灰渣排放约 5.83 万吨；另一方面，在生态恢复、农业、畜牧业和旅游资源开发以及为当地牧民提供就业机会和增收等方面，该项目也能产生现实的经济和社会效益。

2022 年，国电电力所属光伏企业累计完成发电量 22.52 亿千瓦时，上网电量 21.82 亿千瓦时，较上年分别增长 424.52% 和 423.34%。

风电与生态效益协同增效。国电电力抢抓新能源产业发展的窗口期，根据风电消纳条件及技术发展情况，加快推进风电重点项目建设，同时注重项目的 ESG 效益。以子公司浙江舟山海上风电开发有限公司“普陀 6 号”海上风电项目为例，该项目是中国首个在强台风、厚淤泥海域建成的海上风电场，2020 年获得“国家优质工程金奖”（见图 4-35）。项目年上网电量约 7.5 亿千瓦时，每年可节约标煤 24 万吨，可减排二氧化碳 61 万吨、二氧化硫 4378 吨、二氧化氮 1751 吨，减少灰渣 8.8 万吨、烟尘 2.2 万吨，每年可节约用水 210 万立方米，并减少相应的废水排放，环保效益十分显著。该项目同时将海洋生态保护和工程建设有机结合，持续维护海域生态平衡。例如，将人工鱼礁与渔业养殖有效结合，投放 1100 万尾鱼苗，使海上风电场区域鱼的种类和数量大幅增加，提高了海洋生物多样性，优化了海洋生态环境，同时开发增值业务。

图 4-34　天骄绿能采煤沉陷区生态治理光伏发电示范项目

图 4-35　“普陀 6 号”海上风电项目

2022 年，国电电力风电项目累计完成发电量 166.70 亿千瓦时，上网电量 161.85 亿千瓦时，较上年分别增长 9.69% 和 9.70%。

（3）履行央企社会责任，扶贫工作注重“授人以渔”

国电电力坚持以人为本，并建立了完善的用工管理规章制度。扎实推进“人才强企”工程，关注青年人才的培养，为员工提供多层次、多元化的培训资源。2022 年，国电电力劳动合同签订率 100%，择优招录 867 名毕业生，其中研究生 105 人，为企业发展积聚了人才力量。

最早于 2014 年左右，国电电力开始在多地区实施帮扶工作，履行社会责任。例如，在青海开展“八对八”精准帮扶工作，在四川开展教育帮扶、产业帮扶工作，在新疆加强开展基础建设帮扶工作。国电电力在履行社会责任、助力脱贫攻坚和推进乡村振兴方面做出了突出贡献。

国电电力子公司大渡河流域水电开发公司自 2018 年起对口帮扶四川凉山州普格县，助力该县脱贫攻坚和推动乡村振兴，解决当地教育、产业、就业、居住、医疗、文化和治安等问题，2021 年普格县成功实现脱贫摘帽。在此过程中，公司高标准建成两所小学，解决了 2000 余名儿童上学问题；通过草莓种植、红军树村农旅融合项目、技能培训等解决就业问题，推动当地产业发展；进行基础设施建设，解决饮水问题，改善居住环境，加强社会治安；购置医疗设备，开展疾病筛查等，取得了突出的社会效益。

（4）强化公司治理，注重能力提升

国电电力建立了权责透明、运转高效的法人治理体系，积极了解政府、投资者、员工以及客户等多方的期望与诉求，通过积极、高效的沟通方式，让社会公众和相关方了解公司履行社会责任的进展和实践，促进企业与各方可持续发展。

ESG 组织架构。国电电力建立了高效的 ESG 组织机构，设立 ESG

管理领导小组，作为公司 ESG 管理的领导机构。公司总经理、党委书记担任领导小组组长，分管领导和其他班子成员担任副组长，公司各部门负责人担任领导小组成员。公司企业管理与法律事务部牵头负责 ESG 管理工作，各部门结合管理职责分工、业务特点和工作实际，负责相关业务领域的 ESG 管理工作。公司把履行环境、社会和治理相关责任纳入企业发展战略、生产经营等各个环节。

ESG 工作机制。国电电力不断提升员工的 ESG 专业素养，2022 年，利用“国电大讲堂”平台，在全公司系统内开展了两次社会责任 /ESG 知识培训，有效提升了本部及所属单位社会责任履责的意识和能力。此外，还参与了《企业 ESG 评价体系》团体标准的起草制定。

ESG 能力建设。国电电力制定印发《社会责任管理办法》，保障社会责任管理制度化、体系化运行；编制《环境、社会和公司治理管理办法》，提升董事会对 ESG 治理工作高质量开展的决策和监督作用；每年制订社会责任工作计划，制作时间表、路线图，对标对表，挂图作战，以推动社会责任工作高质量完成。

多重价值

国电电力是以传统化石能源为主同时承担电力保供责任的电力央企，在能源转型和践行可持续发展的进程中，国电电力以改革创新为根本动力，坚持可持续、高质量发展战略引领，主动作为，因地制宜，紧密结合公司运营实际，依托科技创新和技术进步，积极推动传统火电转型升级，大力发展可再生能源，力求全方位、全流程降低排放，并兼顾与环境保护、生态修复以及创新商业模式的有机结合。国电电力坚持价值导向，探索经济与生态效益的协同发展之路，其 ESG 实践展现出环境、技术、市场、社会责任和公司治理多重价值与经济效益可持续性有机结合的突出特点。

国电电力 ESG 管理实践获得了社会各界的普遍认可，并荣获多个奖项：

- 连续 14 年发布社会责任报告，2022 年首次参加社会责任报告评级，获评中国企业社会责任报告评级专家委员会四星半（领先级）评价。
- 首次入选“央企 ESG · 社会价值先锋 50 指数”，评分为 87.5 分，达到五星水平。
- 在“2022 金蜜蜂企业社会责任中国榜”评选中获评“影响力 · 领袖型企业”。
- “技术创新驱动火电清洁转型，走出绿色高质量发展并行之路”案例入选《2022 金蜜蜂企业责任竞争力案例集》。
- 荣获“安永可持续发展年度最佳奖项 2022”评委会特别奖、杰出企业奖。
- 被评选为 2021 年中国上市公司高质量发展百强。
- 2020 年获得国际金融论坛（IFF）“IFF 全球绿色金融创新奖”。

专 · 家 · 点 · 评

国电电力案例充分展示了能源央企在我国关键部门和重点领域所具有的责任担当。作为全国最大的电力上市公司之一，国电电力在常规能源转型和新能源发展两条战线上发挥着稳定器和压舱石的作用，以制度化方案促进环境、社会、公司治理目标的有机统一，以系统化改革稳步推进能源领域的保供与转型，以组织化的实施方案保障各项目标的有序实现，在引领中国企业落实 ESG 战略，实现经济目标与社会目标、环境目标的协同发展过程中，发挥着先锋向导和标杆示范作用。

——北京工商大学国际经管学院党委书记、

教授、博士生导师　郭毅

新奥股份

基本情况

新奥天然气股份有限公司（简称“新奥股份”，股票代码 600803），是中国规模最大的民营能源企业之一，在 2022 年《财富》中国 500 强中排名第 116 位，是 A 股市场唯一布局天然气全产业链的公司。截至 2022 年年底，新奥股份已在全国运营 254 个城市燃气项目，LNG（液化天然气）年配送能力超 100 亿立方米，托管运营中国首个大型民营 LNG 接收站——新奥舟山 LNG 接收站，业务覆盖分销、贸易、储运、生产和工程在内的天然气产业全场景。新奥股份打造天然气产业智能运营平台，推动能源产业的数智升级，深入践行 ESG 理念，实现企业可持续发展。

新奥股份的 ESG 实践

背景 / 问题

当今国际局势复杂多变，国内能源结构转型势不可挡，新奥股份所处天然气行业面临内外发展压力。

“双碳”目标下的减排压力。“双碳”目标的硬约束下，能源行业首当其冲成为转型压力最大的行业之一。安永碳中和课题组在《一本书读懂碳中和》中提到，能源供给侧的电力和热力行业占当前整体碳排放的 51%，加快能源行业减排的步伐是碳中和的关键。《“十四五”现代能源体系规划》（简称《“十四五”能源规划》）中提出，要减少能源产业碳足迹，加快对燃油、燃气、燃煤设备的电气化改造；促进能源加工储运环节提效降碳，加强能源加工储运设施节能及余能回收利用，推广余热余压、LNG 冷能等余能综合利用技术。

能源结构转型对天然气行业提出更高要求。在能源结构转型的大背景下，天然气替代煤炭、石油等高排放能源方面的作用越发凸显。根据国务院发展研究中心资源与环境政策研究所预测，到 2030 年左右，中国非化石能源和天然气能源需求合计占比将提高至 40% 以上，天然气将成为中国能源消费结构中的主力军。[㊀]可以预见，中国天然气需求短期内将高速增长，对天然气管网、接收站、储气库等相关基础设施的需求将会不断增加，同时也提出了更高的要求。

现代化、数智化运营的迫切需求。“十四五”期间是加快构建现代能源体系、推动能源高质量发展的关键时期，加快能源产业数字化和智能化升级，是推动质量变革、效率变革、动力变革，推进产业链现代化的关键举措。多用户、多场景、安全生产、精准响应的市场需求，敦促新奥股份向现代化、数智化的方向发展，加快产业转型升级的步伐。

行动方案

（1）新奥股份践行 ESG 理念

新奥股份创新性地提出了“泛能”理念：从用户需求出发，以能量全价值链开发利用为核心，因地制宜，打造清洁能源优先、多能互补的用供能一体化的能源系统。新奥股份的天然气业务，通过减少下游的范围三排放，推动实现全社会的碳减排。同时，它也积极布局可再生能源和氢能、储能、CCUS、地热和生物质等低碳产业，提出多种综合的低碳能源解决方案。

1）ESG 战略

新奥股份承诺 2030 年实现碳达峰，2050 年实现公司自身碳中和。公司积极制订绿色行动计划，针对各业务板块分别设立减排目标和节能减排方案，持续推进温室气体减排工作。同时，新奥股份积极发展泛能业务，助力清洁能源及可再生能源技术的成熟及商业化应用。

㊀ 国务院发展研究中心资源与环境政策研究所，《中国能源革命进展报告（2020）》。

2）ESG实践

E：环境方面

保护生物多样性，坚持生态修复。舟山LNG接收站通过补充周边海域的经济水生生物幼体改善渔业生物资源量和渔业资源种群结构，减缓工程建设的生态影响；对王家塔采煤沉陷区开展综合整治修复工作，通过提高植被覆盖率，建设优质牧草地、湖羊标准化养殖场，使工矿生产与生物多样性修复齐头并进。

发展绿色创新技术，实现节能减排。推动天然气、甲醇生产技术设备及整体系统的优化升级，提高工艺生产平稳度和能源利用率；发展CCUS负碳技术研究和二氧化碳回收利用工艺，减少碳排放；提供低碳解决方案，协助产业伙伴实现全周期低碳运营。

探索碳中和的创新举措。新奥股份持续推动各子公司开展碳盘查工作，对能源消耗及碳排放进行精细化管理。2022年，新奥股份与国际权威第三方咨询机构合作，收集了公司范围内《温室气体核算体系：企业核算与报告标准》定义的15个类别的范围3排放，在国内能源行业率先披露天然气产品相关的碳足迹；此外，公司积极探索碳中和LNG产品，并基于天然气产业智能平台——好气网开发碳中和LNG产品，为客户提供具有全生命周期碳标签的LNG智能交易产品与碳中和LNG智能交付服务。

S：社会方面

新奥股份建立数字化平台，实时监控产业链上下游及重要用户用能的压力波动，智能判断用供平衡，为安全稳定的能源供应护航；积极参与行业交流与研讨，与高校、研究所等开展产学研合作，参与社区公益事业，推动社区健康发展，助力打造低碳生态环境；推动公司数字化转型升级，构建能源全场景数字化产业智能平台，提高产业智能化水平。

新奥股份基于 30 余年天然气产业运营经验，沉淀最佳创新实践，打造了天然气产业智能平台——好气网，提供平台化交易服务能力和智能能力，共创共建产业智能生态；通过数智技术连接需求侧和供给侧，提供场景数据，支持以新奥股份及行业的天然气全场景最佳创新实践打造智能产品，赋能并聚合天然气产业生态各方，提升产业整体的能力和效率。

G：治理方面

董事会作为新奥股份全面统筹 ESG 的最高机构，下设 ESG 委员会，负责监管环境、社会及治理的战略规划以及相关目标设定及达成。公司将高管、各业务团队和成员企业的薪酬与 ESG 挂钩（见图 4-36），打造上下一心、人人有责、全面推进的 ESG 治理文化。

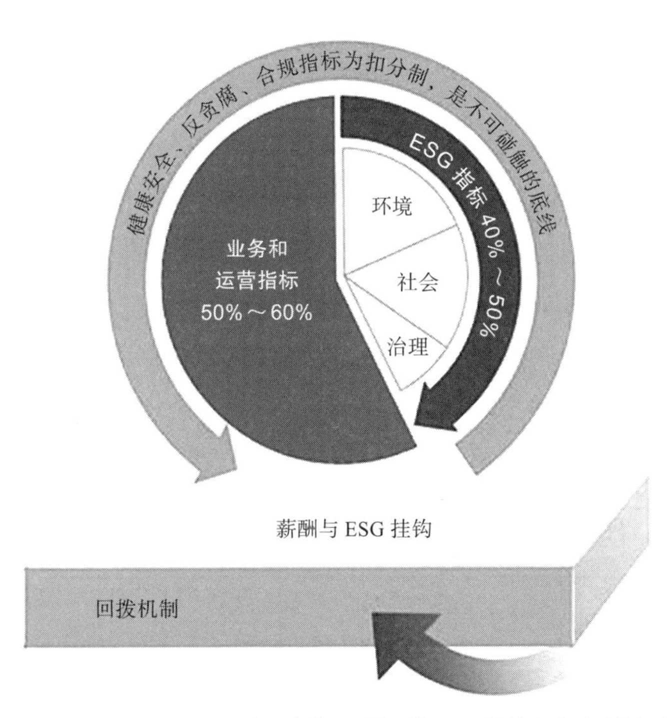

图 4-36 新奥股份非独立董事和高管人员薪酬与 ESG 挂钩程度及回拨机制

3）新奥股份将 ESG 理念下沉至基层业务

2018 年 10 月，新奥股份下属公司新奥舟山建设的 LNG 接收站顺利试车并进入正式运营阶段。该 LNG 接收站是首个国家能源局核准的由民营企业投资、建设和管理的大型 LNG 接收站，它的一、二期处理能力可达到 750 万吨 / 年，共拥有四座 LNG 储罐，规模合计 64 万立方米（见图 4-37）。

图 4-37 新奥舟山 LNG 接收站

A. 推广低碳能源

新奥舟山围绕建设绿色低碳、节能、数智化用能示范站的目标，从供能侧和用能侧两个角度进行规划，来实现绿电替代灰电、同时节能低耗的行业标杆 LNG 接收站（见表 4-2）。

表 4-2 新奥舟山 LNG 接收站的低碳用能项目

序号	项目	投运时间	规格	成效
1	光伏车棚	2023 年 6 月	268 千瓦	年发电量 53.6 万千瓦时，减排量约 424 吨当量二氧化碳
2	冷能双环发电装置	2023 年 2 月	2599 千瓦	年发电量约 1684 万千瓦时，减排量约 17 786 吨当量二氧化碳
3	冷能单环发电系统	2025 年前	1710 千瓦	年发电量约 1477 万千瓦时，减排量约 11 702 吨当量二氧化碳

（续）

序号	项目	投运时间	规格	成效
4	光伏发电	2025 年前	—	年发电量约 222 万千瓦时，减排量约 1758 吨当量二氧化碳
5	低碳能源管理平台	—	—	优化生产能耗，提升运行效率，挖掘用能侧节能潜力，实现用能侧与供能侧互动以及供能侧各类能源的供给匹配调节

新奥舟山 LNG 接收站采用槽车余压回收、槽车预冷等措施来实现降耗增效。在工艺技术流程上，采用节能的再冷凝工艺技术，减少蒸发气体压缩功的消耗；在气化器的选择上，采用丙烷中间介质气化器（IFV），利用海水循环温差汽化 LNG。在保障接收站安全稳定运营的前提下，生产操作人员合理调整膜制氮装置的运行参数，降低液氮消耗；通过海水分流方式来实现 IFV 的冷备用，减少海水泵的运行数量，提高泵的运行效率；优化卸料方式和 LNG 循环流量，减少 BOG（蒸发气）产生量。

B. 甲烷管理

为打造近零碳接收站，切实降低碳排放量，新奥舟山 LNG 接收站严格管控甲烷排放，总结固化了 6 项行之有效的做法：

- 通过技改技措建设并投用 LNG 槽车余压泄放装置，实现对 LNG 槽车内产生的低温 BOG 进行安全泄放，帮助生态伙伴有效地减少和避免槽罐车内 BOG 超压主动放散。
- 优化检修方案，通过储罐蒸发气预冷卸料管线等措施，降低因检修产生的 BOG 放空。
- 优化火炬长明灯运行模式，通过合理控制长明灯点燃数量，降低 BOG 燃烧量。
- 接收站定期委托第三方机构利用 LDAR（泄漏检测与修复）技术对现场工艺装置和法兰连接处进行潜在泄漏点检测，降低甲烷泄漏排放风险。

- BOG 外输调控，根据外输计划合理调整外输模式，并通过低温压缩机 + 高压压缩机运行，合理控制储罐 BOG 产生量，避免火炬放空。
- 卸货措施优化，通过协调船方延长启泵时间和优化进料方式等措施，降低卸货期间 BOG 产生量。

C. 环境保护措施

新奥舟山 LNG 接收站项目作为海洋工程，于 2016 年在项目实施过程中委托专业单位进行了海洋生态修复工作，共投资 447.3 万元，经过两年的增殖放流，该措施取得了显著效果。项目建成投产后，还定期开展海洋环境的跟踪监测以及厂区内工艺设施的 LDAR 检测和修复工作。

D. 无废建设

新奥舟山 LNG 接收站建设贯彻“绿色发展”理念，在推进“无废工厂”建设的各项任务中沉淀了三方面的成果经验：

- 危废转运。合理选择和利用原材料、能源和其他资源，采用先进的生产工艺和设备，减少工业固废的产生量，降低工业固废的危害性。危废转移过程依法委托有资质的第三方机构进行转运、处理，实现危废安全处理率达到 100%。
- 绿色办公。LNG 接收站在日常办公中推广使用电子文件，对废弃包装进行统一收集和回收利用，避免资源浪费。通过各类措施培养公司全体员工的环保意识，提高办公资源利用率，实现绿色办公。
- 生活垃圾处理。通过在厂区内设置生活垃圾分类投放点和垃圾分类宣传栏明确垃圾分类标准，从而实现厂区内垃圾分类。在生活垃圾处理方面和有资质的第三方机构签订生活垃圾清运协议，使产生的垃圾和废水得到无害化处置（见图 4-38）。

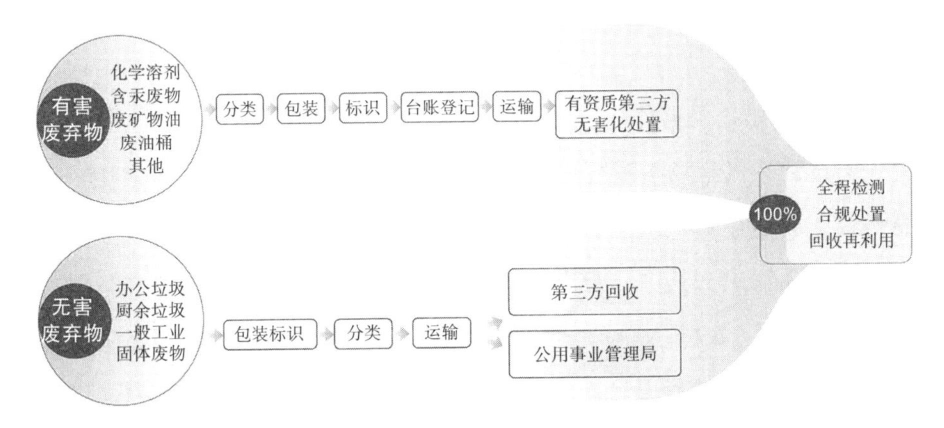

图 4-38 垃圾处理流程

E. 保供责任

新奥舟山 LNG 接收站作为浙江省省内重点气源，为浙江省天然气能源供应承担了重要的保供责任。接收站连接管道项目完成马目分输站扩容改造工程后，外输能力达到 70 亿标方 / 年，可以满足浙石化应急保供需求；LNG 接收站三期项目已于 2022 年 3 月 15 日获得核准，将新建 4 座 22 万方 LNG 储罐及相关配套设施，计划于 2025 年建成投产。项目建成投产后，设计年加工能力可达 1100 万吨以上，助力浙江省能源安全稳定供应。

F. 数智化用能规划

新奥舟山 LNG 接收站数智化建设紧紧围绕码头接卸、储存气化、液态外输、陆域管道、海域管道、场站阀室六大业务场景，聚焦业务数智化、安全数智化，以 DCS[㊀]、SCADA[㊁]等基础物联监控系统为基础，借助新奥集团建设的恩牛网，在运营调度、安全生产等方面进行数智化赋能，

㊀ 分布式控制系统。
㊁ 监控和数据采集。

以提升接收站的服务能力，保障基础设施高效安全运行，提升智慧化指挥决策能力。

G. 产业推广及合作

通过天然气全场景数智化建设，舟山 LNG 接收站形成涵盖多用户智慧运营、智能生产调度、智慧外运等多领域数智功能和产品建设，并实现对外产品输出。其中，舟山液态出货平台、LNG 槽车无人值守智能发运系统（见图 4-39）、沉降位移检测设备和管道智能阴保检测设备，已向行业内生产伙伴进行成果输出，同时与行业内潜在用户进行意向合同沟通交流。

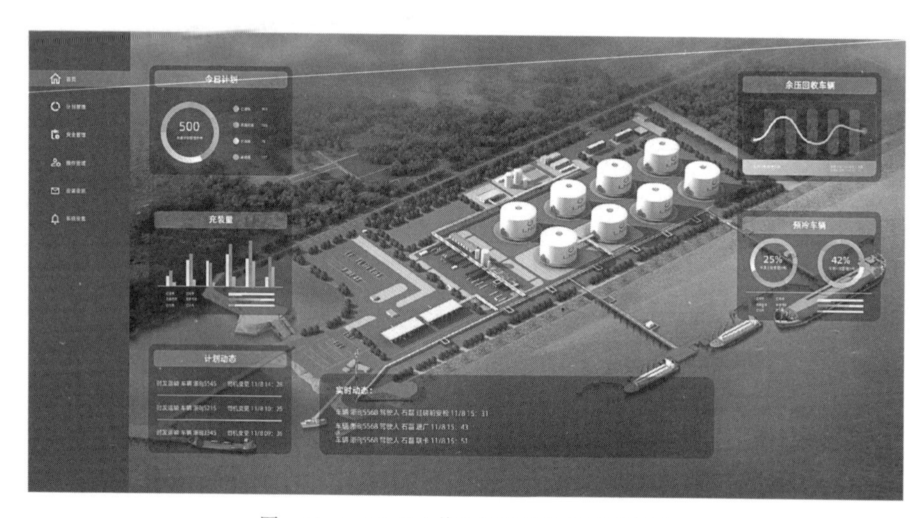

图 4-39　LNG 无人值守智能发运系统示意图

多重价值

低碳减排效益表现

新奥股份自建分布式光伏项目，2022 年可再生能源使用总量达 530.98 万度。甲醇生产业务在减碳方面已实现智慧工厂智能控制；在用碳方面建立了食品级液体二氧化碳生产装置，回收利用甲醇装置排放的二氧化碳，积极研发以二氧化碳为原料的绿色甲醇生产装置，预计每年可减少 5.27 万吨碳排放。拥有 14 项制氢专利技术，在建和交付的制氢项目达 32 个。天然气生产业务开展技术改造和设备优化，推行高耗能设备改造工作；天然气分销业务中，通过采取技术手段以及设备维护减少甲烷排放以及降低甲烷泄漏风险，通过激光云台全覆盖提升甲烷数据的质量。

生态环境效益表现

舟山渔场项目放流条石鲷、曼氏无针乌贼、赤点石斑鱼等，数量超额完成规定的数量，放流后放流品种均生长和活动良好，放流后跟踪调查和效果评估效益明显。

社会责任效益表现

2021 年 6 月，新奥舟山 LNG 接收站二期项目投运后，最大储气能力可供浙江省约 850 万户家庭连续使用超过 40 天，储气调峰能力明显增强。因冬季保供工作表现突出，该项目受到浙江省能源局的高度赞扬。

治理提升效益表现

新奥股份于 2021 年设立了绿色行动计划、气候变化影响应对、ESG 资本市场评级、健康与安全以及公司治理五个专项工作小组，以针对性地推进“2030 年碳达峰，2050 净零碳排放”目标的落地。

总结及成效

ESG 成为实现可持续发展的破局利器。践行 ESG 理念、坚持绿色发展已成为新奥股份生产经营全过程的普遍要求，并且自上而下贯穿于业务的各个层面，新奥股份绿色发展推进机制已基本形成。新奥股份提出“泛能”理念，通过低碳用能、节能增效等措施降低企业碳排，积极推进布局低碳产业，助力行业缓释减排压力；依托科学的治理体系，压实ESG管理责任，下沉至基本民生项目，落实保产保供责任，积极推进天然气业务发展，并借助数智化手段提升服务质量，满足不断增长的消费需求；构建全场景数字化产业智能平台，助推企业数字化转型升级，并通过产业推广及合作，带动整个产业现代化、数智化转型。

新奥股份持续践行ESG理念已初见成效。新奥股份的MSCI ESG评级稳步提升，已从BB级上升至BBB级；被纳入MSCI中国A股指数、恒生A股可持续发展企业指数、恒生A股可持续发展企业基准指数，以及恒生内地及香港可持续发展企业指数等，跻身A股ESG表现最优的30家公司之一；荣获2022年度Wind ESG A股最佳实践奖等，新奥股份获得了行业和社会的广泛认可。企业营收高速增长，2022年同比增长33.04%；天然气总销售气量达362.04亿立方米，约占中国天然气表观消费量的10%；新增长期资源530万吨，并搭建了国际LNG运力池，以具有竞争力的价格获取10艘LNG运力资源。企业正持续快速、良好发展。

专·家·点·评

随着“双碳”目标的提出和“十四五”能源规划的要求，能源企业成为减排的重中之重。新奥股份创造性地提出“泛能”概念，较好体现了ESG理念。公司从用户需求出发，以能源全价值链开发利用为核心，打造清洁能源优先、多能互补的用供能一体化的能源系统，为全社会提供安全、高效、经济、便捷的“能+碳”服务。新奥股份制订绿色行动计划的同时，还关注安全稳定的能源供应、与合作方互利共赢、社区公益事业及公司治理等重要ESG议题，提出多种综合的低碳能源解决方案。公司在国内能源行业率先披露天然气产品全生命周期的碳足迹，承诺2030年实现碳达峰，2050年实现公司自身碳中和。在建设绿色低碳、节能、数智化用能接收站方面成效显著。

新奥股份正不断完善ESG管理，并持续管理好ESG重要议题及其落实，做中国民营企业ESG管理的领军企业，打造绿色低碳标杆。

——金蜜蜂智库首席专家、责扬天下管理顾问创始人　殷格非

晶科能源

基本情况

晶科能源股份有限公司（简称“晶科能源”，股票代码688223）是一家全球知名且极具创新力的太阳能科技企业。秉承“改变能源结构，承担未来责任”的使命，晶科能源战略性布局光伏产业链核心环节，聚焦光伏产品一体化研发制造和清洁能源整体解决方案提供，销量领跑全球主流光伏市场。晶科能源的产品服务于全球180余个国家和地区的3000余家客户，多年位列全球组件出货量冠军。截至2023年第四季度，晶科能源组件出货量累计超过200GW。

晶科能源在行业中率先建立从硅片、电池片到组件生产的“垂直一体化”产能，在中国、马来西亚、越南、美国共拥有14个全球化生产基地。截至2023年年末，晶科能源单晶硅片、电池、组件产能分别达到85GW、90GW和110GW，其中N型产能占比将超过75%，其规模行业领先。晶科能源现有研发和技术人员2000余名，取得了“国家企业技术中心”“国家技术创新示范企业”“制造业单项冠军”等多项殊荣，主导制定了IEC等多项国际国内行业标准，不断拓展光伏技术的多元化规模应用场景，积极布局光伏建筑一体化、储能等领域，着力打造新能源生态圈。

晶科能源的 ESG 实践

背景 / 问题

近年来，全球各国不断遭遇极端天气事件，2022 年世界很多地方都经历了创纪录的持续高温干旱天气。2023 年 1 月，世界经济论坛发布《2023 年全球风险报告》，指出气候变化应对不力是全球面临的最严重的长期风险。随着极端天气事件频发、全球气候变化风险加剧，气候治理和清洁能源转型已成为全人类的共识。

作为全球领先的清洁能源解决方案提供者之一，晶科能源视全人类可持续发展事业为己任，借由不断创新的光伏技术和可靠的光伏产品，为全球提供清洁、安全、便宜、智慧的光伏电力，以经济、绿色、可行的方案应对气候变化。在严于律己之外，晶科能源同样对供应商开展环境倡议，逐步推进绿色供应链进程。晶科能源希望携手上下游伙伴持续提升气候风险管理水平，促进产业结构低碳转型，为全球绿色低碳发展贡献更大的力量。

行动方案

晶科能源积极为全球气候变化应对事业贡献力量。在实现自身绿色低碳发展的同时，晶科能源将可持续发展理念全面融入供应链管理，驱动负责任的供应链理念纵深发展，持续降低光伏行业整体供应链环境社会风险，推动绿色供应链建设，引领行业绿色发展。

（1）搭建供应链管理体系

晶科能源持续关注气候变化对供应链的影响，与上下游合作伙伴携手，增强供应链应对气候变化风险的综合能力。晶科能源制定了《供应商管理制度》《供应商开发管理规定》《可持续采购政策》等供应商管理相关制度和程序，在供应商的开发与准入、分类与分级、退出机制等方面做出明确规定，其中环境合规情况、环境管理体系认证等为核心供应商准入的重要考量指标（见图 4-40）。为进一步提升可持续供应链管理能力，晶科能源于 2022 年成立了供应链可持续发展部门，以推动公司内外部相关方更加深入理解和执行可持续供应链策略。

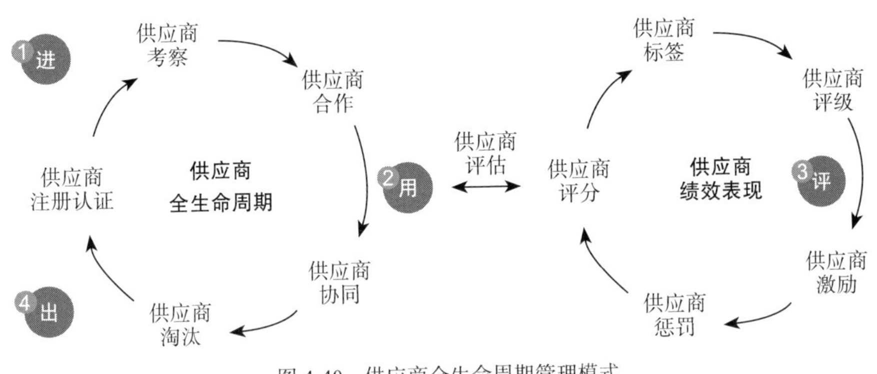

图 4-40　供应商全生命周期管理模式

（2）设定供应链减排目标

晶科能源积极响应政府“力争 2030 年前实现碳达峰，2060 年前实现碳中和”的承诺，主动采取行动应对气候变化，助力实现《巴黎协定》提出的“把全球平均气温升幅控制在工业化前水平以上 1.5℃之内”的长期目标。2021 年 11 月，晶科能源宣布签署并向 SBTi 提交《企业雄心助力 1.5℃限温目标承诺函》，表明公司设立科学碳目标并力争实现 2050 年价值链净零排放的决心与承诺。

建立全面的温室气体排放清单是设立科学碳目标的首要步骤，也是识别主要排放源、追踪减排进展的重要数据基础。2022 年，晶科能源根据最新的《温室气体核算体系：企业核算与报告标准》《科学碳目标设定手册》，系统梳理并确立了包含价值链上下游的温室气体排放清单，并基于 SBTi 建议的方法和要求，制定了减排目标及路线图。晶科能源已按照 1.5℃减排路径和《科学碳目标设定手册》要求，完成了减排目标的内部规划。在范围 3 层面，晶科能源设定的减排目标为：以 2022 年为基准年，不晚于 2032 年，将范围 3 每功率单位产品的主要采购原材料温室气体排放量减少 58.2%。目前该目标正处于 SBTi 最终审核阶段。

（3）推行负责任的采购

2022 年，晶科能源升级了《供应链合作伙伴行为准则》（见图 4-41），在环境等方面对供应商提出更明确的要求。为帮助供应商提升环境等方面的 ESG 能力，晶科能源还配套制定了《供应链合作伙伴行为准则指引》。目前晶科能源直接供应商的《供应链合作伙伴行为准则》签订更新工作正在有条不紊地进行，最终目标为实现全覆盖。

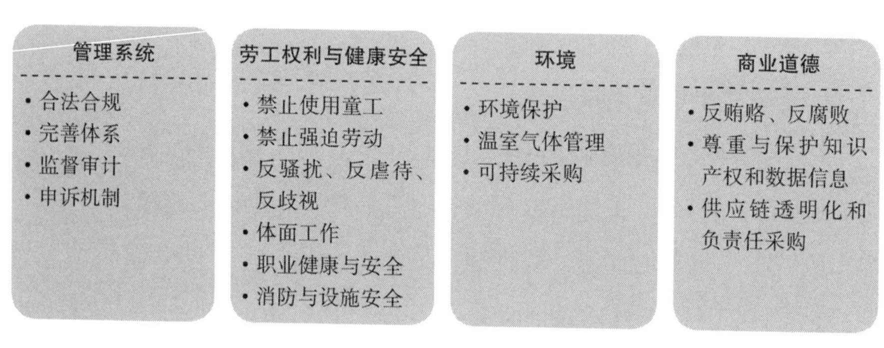

图 4-41 《供应链合作伙伴行为准则》关注的 ESG 核心议题

晶科能源还构建了基于 CARE 框架的供应链 ESG 管理体系（见图 4-42），规范供应商 ESG 行为，推动供应商 ESG 管理进一步规范化、系统化。在 CARE 供应链 ESG 管理体系下，环境为重要的关注内容。

此外，晶科能源还构建了具有自己特色的供应商“SEER”（social, environmental and ethical responsibility）审计体系，其中环境维度审核绩效占比 20%。根据供应商整体 ESG 表现，晶科能源将供应商划分为“红灯、黄灯、绿灯”三个类型分类管理，其中黄灯为达标期望。

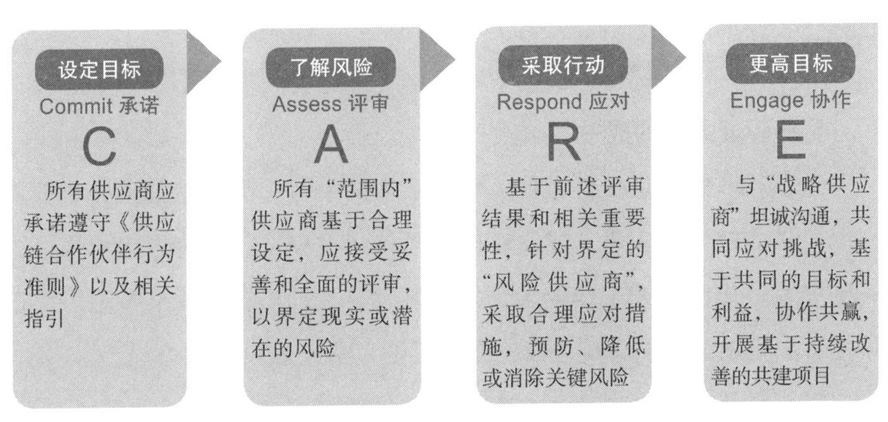

图 4-42　基于 CARE 框架的供应链 ESG 管理体系

（4）提升供应商绿色发展能力

晶科能源注重为供应商赋能，从推动供应商开展环境自评、实施供应链减排计划等维度，构建供应商赋能体系，携手供应商成长。

在推动供应商开展环境自评层面，晶科能源逐步完善绿色供应链体系建设，持续推动供应商开展环境自评，帮助供应商识别环境机遇及风险。自评内容主要涵盖危险品管理、污染防治、节能减排等。2022 年，共有 55 家供应商开展了自评。

在实施供应链减排行动计划层面，晶科能源启动“供应链碳排管理赋能计划”，赋能合作伙伴推进节能减排。2022 年，该计划推动超 200 家供应商参与赋能学习，55 家供应商开展碳盘查，这有利于持续降低产业链碳足迹。

2022 年，晶科能源积极开展范围 3 温室气体盘查。为了更高效、更准确地完成盘查，晶科能源对纳入碳盘查范围的供应商开展关于碳排放源识别、温室气体数据收集方法、产品全生命周期评估（LCA）等方面的知识培训，同时还挑选出 5 家核心品类供应商开展现场辅导，帮助供应商更高效地完成碳盘查。

多重价值

整体管理方面的成效

生态环境保护是功在当代、利在千秋的事业。晶科能源高层非常重视绿色供应链体系建设，成立供应链可持续发展部门，将思想和认识统一到绿色供应链建设工作上来，采取科学有力的措施，找准差距，矫正偏差，以推动绿色供应链建设工作取得更大的成效。

赋能提升方面的成效

培育绿色文化是实现绿色供应链目标的重要途径。晶科能源以务实的行动开展供应链减排行动计划，在推动供应商伙伴减少碳排放的同时，也能够降低整体价值链碳排放和晶科光伏产品碳足迹。

品牌建设方面的成效

近年来，上市公司 ESG 信息披露率和披露质量逐渐提升。晶科能源积极主动承担 ESG 责任，搭建 ESG 信息披露矩阵，主动对外披露 ESG 信息。晶科能源在 ESG 披露体系中融入大量绿色供应链建设的内容，向外界传递绿色供应链的重要作用和价值，展示了公司在绿色供应链建设方面的优秀践行，提升了中国企业在打造绿色供应链方面的世界影响力。

在可见的未来，光伏产业作为新能源产业基石之一，其商业需求的巨大潜力将会持续影响中国和全球能源系统向低碳化、零碳化趋势发展，新能源企业也会因为所受到的期待而受到更多社会关注与讨论。这就会从侧面督促企业履行应尽责任，持续搭建、升级和打造绿色供应链是必由之路。

秉持“改变能源结构，承担未来责任”的使命，晶科能源将在履行社会责任的道路上稳步前行，全面推动绿色供应链体系的建设和执行，携手更多供应商助力零碳未来。为了中国光伏品牌能够树立国际新形象，为了在应对全球气候危机中贡献更多力量，为了人类社会的可持续发展，晶科能源在当下着力打造绿色供应链，已经准备好了在机遇与挑战并存的世界里执光前行、狠狠生长。

专·家·点·评

晶科能源在发展过程中秉承“改变能源结构，承担未来责任”的使命，积极战略性地布局光伏产业链核心环节，聚焦光伏产品一体化研发制造和清洁能源整体解决方案的提供，率先建立“垂直一体化”模式，并通过搭建供应链管理体系、设定供应链减排目标、推行负责任的采购、提升供应商绿色发展能力等行动，不仅关注自身绿色低碳发展，还主动承担了产业链核心企业角色的责任，将可持续发展理念全面融入产业上下游的供应链管理，助力降低光伏产业链环境的社会风险，引领产业绿色发展。在有效的ESG治理下，晶科能源取得了对内管理与赋能、对外品牌与宣传等多方面的成效，成为一家全球知名且极具创新力的太阳能科技企业，为应对全球的气候变化贡献力量。

到目前为止，我国光伏产业在规模、技术水平、市场应用等方面已位居全球前列，包括晶科能源在内的国内头部绿色能源企业在全球多个国家均有生产基地。以晶科能源为代表的绿色能源企业如何更好地走出去，如何更好地实现习近平总书记所倡导的“人类命运共同体”，这是对晶科能源等企业所提出的更高要求。我们期待，晶科能源通过自身的优秀实践，更加有效地为全球的环境保护和可持续发展做出更大的贡献。

——清华大学经管学院副教授、

互动科技产业研究中心主任　张佳音

天合光能

基本情况

天合光能股份有限公司（简称“天合光能”，股票代码688599）致力于成为全球光储智慧能源解决方案的领导者，通过为全球客户交付低碳可再生能源产品并提供绿色、可持续服务，赋能全球各行各业向低碳零碳转型。天合光能凭借领先的光伏技术与高可靠性的光伏产品，为全球提供领先的清洁、安全且智慧的光伏电力。

绿色是国家与社会发展的底色。天合光能通过建设光伏项目把沙戈荒地、废弃矿场改造成绿洲和大型清洁能源基地，利用农林牧渔业使土地资源达成互补，实现经济效益、社会效益、环境效益的多赢，绘就一抹亮丽的生态光伏“绿”。

天合光能的ESG实践

点亮“沙戈荒”助力沙漠治理：科左后旗100MW光伏治沙储能项目

科左后旗100MW光伏治沙储能项目位于科左后旗甘旗卡镇哈图塔拉嘎查与好力保哈日乌苏嘎查境内，建设规模100MW（见图4-43）。项目充分利用了通辽当地丰富的太阳能资源以及土地资源，建设光伏治沙+储能电站，改善能源结构，保护生态环境，同时探索经济发展新模式，对满足当地用电负荷的需求具有重要意义，以最大限度地实现节约煤炭等化石能源和水资源的绿色发展目标。

为了确保产品与系统的可靠性，天合光能对组件边框、跟踪支架进行了加固，并采用多项专利技术，以降低故障率。以支架为例，采用天合专利球形轴承技术，很好地解决了立柱弯曲、地势起伏、沉降、基础施工偏差可能带来的安装质量隐患，降低了风沙卡住转轴的概率，非常适合沙漠地区。

图 4-43　科左后旗 100MW 光伏治沙储能项目

项目贯彻“山水林田湖草是一个生命共同体”理念，树立“绿水青山就是金山银山”的强烈意识，在建设光伏发电的同时，进行沙漠生态治理。项目总体布局坚持预防、治理、利用有机结合，实施多种防治措施，加强综合治理，推进防沙治沙重点工程，实行灌草结合，生物措施与非生物措施结合，实施人工造林、封沙育林育草和工程固沙等措施，在外围沿道路设置重点防护区，着力构建生态安全屏障。打造好生态保护修复区与生态保护利用区，采取生物措施和工程措施，以封为主，结合人工造林和补播草籽开展沙化土地治理工作。

项目区板下及板间开展生态农林牧业开发，种植优良牧草及道地药材等。项目建成后场区内的沙化土地得到有效防治，提高了科尔沁沙地植被覆盖率，可以有效地遏制科尔沁沙地的扩展，同时可输出清洁能源及绿色有机农林牧产品。项目将太阳能发电 + 生态治理 + 乡村振兴政策 + 助力当地养殖业发展相结合，打造高效的牧光复合建设模式，助力提高生态环境质量，并推动当地养殖业发展，促进地方经济可持续发展。

点“光”成“金”废金矿上生“黄金”：国能藤县桃花光伏发电项目

国能藤县桃花光伏发电项目位于广西壮族自治区梧州市藤县平福乡

桃花矿区，该地区属于喀斯特地貌，地形较为复杂，低山、丘陵、平原错综分布。该项目采用了天合光能210至尊超高功率组件，其具有的创新技术能够适配更多应用场景，即使是山地、不规则地等复杂地形，也能灵活布置（见图4-44）。

图4-44 国能藤县桃花光伏发电项目

该项目首次并网容量17.44MW，年上网电量达2373万千瓦时，可以节约标准煤约0.75万吨，减少二氧化碳排放约1.88万吨，能有效实现节能减排、降本增收。天合光能210至尊超高功率组件兼具高功率、高效率、高发电量及高可靠性四大核心要素，能有效降低光伏发电的度电成本，在提高项目收益率的同时，为电站运营保驾护航。

该项目所在地矿产资源丰富，曾为当地输送了大量的矿产资源，在如今“碳达峰、碳中和”目标的引领下，加速当地生态环境治理进程，废弃矿山的绿色低碳化改造势在必行。采取新能源开发与矿山生态治理有机融合的方式，既能把荒山废矿打造成绿水青山，又能把绿水青山变成“金山银山”。

无畏“高海拔”，高原绿电带动生态富民：中核尼木 60MW 牧光互补储能光伏发电项目

中核尼木 60MW 牧光互补储能光伏发电项目位于西藏自治区拉萨市尼木县境山岗村和河东村，海拔高度 4228 米，所在地气温气压低、空气稀薄、干燥、日温差大，受高海拔山地光伏电站地形制约，其建设场地地表起伏不平，施工难度大，对运输、施工、设备选择等都有着专门的要求。该项目采用“牧光互补 + 储能”的开发利用模式，不仅可以有效解决当地用电需求，还可以提高当地群众的收入，对促进当地经济发展、优化资源配置、保护生态环境具有重要意义。

经仔细选型，最终天合光能 210 至尊超高功率组件脱颖而出，中核尼木 60MW 牧光互补储能光伏发电项目采用了天合光能 655W 及 660W 超高功率组件（见图 4-45）。以高可靠、高发电、高功率、高效率保障供电需求，帮助当地牧民增收致富，有力助推乡村振兴发展。

图 4-45 牧光互补储能光伏发电项目

该项目运营期内年预计平均发电量 10 188 万千瓦时，每年可节约标准煤约 3 万吨，减少二氧化硫排放约 0.2 万吨，减少二氧化碳排放约 8 万吨。牧光互补模式下，可以提高土地利用率，延长牧场寿命；同时，光伏与养殖行业的结合将促进中国养殖业由粗放型向现代化和集约型转变，让养殖舍内能够拥有较好的生长空间。

光伏电站不仅带来了生态的良性循环，更提供了脱贫致富的参考思路。牧光互补模式能够使土地资源实现高效利用，带动荒漠、荒山坡等区域的经济发展，改善光伏电站周边的生态环境，达到经济效益、环境效益双赢。在保护生态环境的同时，牧光互补还可以有效促进养殖户收入的稳定，实现绿电供能、生态保护、经济发展“三丰收”。光伏电站能够让贫瘠高原上的不毛之地生出“绿意葱茏”和“黄金万两”。

“光伏茶园”照亮致富路：云南西双版纳农光互补光伏茶园 51MW 项目

云南西双版纳农光互补光伏茶园 51MW 项目是中国首座与茶园结合的太阳能光伏电站，是云南省农光互补示范项目，于 2015 年并网发电。该项目选用了天合光能 51MW 双玻组件，打造“农光互补”光伏茶园，既是茶园也是电站。

该项目场址为茶园，在茶树上架设天合光能的透明双玻组件，既不影响茶树生长，还将空间立体高效利用，大大提高土地和光能的利用率，实现农业与光伏产业的互补（见图 4-46）。

该项目每年减排二氧化碳 80 000 吨，年发电量 8000 万度，项目选用了天合光能 Duomax 双玻组件 197 800 块。这些双玻组件正反两面皆由钢化玻璃构成，既对极端气候与恶劣环境具有较高的适应性，又能抵御湿气和农药的腐蚀。双玻组件所构成的光伏系统还能为茶园提供良好的光线和温度控制，改善农作物的生长环境。

光伏农业是一种新的土地综合利用方式，是传统农业与清洁能源紧密结合的产物，该项目不改变土地属性，不但有利于生态环境的保护，缓解用地矛盾，还可以产生清洁电力，扩大供电可再生能源的比例，实现双向效益。

图 4-46　云南西双版纳农光互补光伏茶园 51MW 项目

“棚下养殖、棚上发电”致富新思路：双辽畜光互补电站

双辽电站是天合光能在东北地区的首个电站项目，也是天合光能在“光伏 +”项目中的又一尝试。光伏与畜牧业结合形成“畜光互补”的新优势。双辽电站项目位于吉林省中部的双辽市辽西街鹿场，项目全部采用天合光能组件，共计 89 040 片。项目选择“固定倾角”和“部分可调”两种安装方式。

该项目地选址平整开阔无遮挡，辐照条件好，适合发展多种业务模式；草原地带，无粉尘污染，能够减少清洗组件的投入，有效降低运维成本（见图 4-47）。双辽电站建成后，电站所在区域可以发展畜牧业，在单位面积上创造更大的经济价值；而且太阳能清洁能源的特性也保证了电站运营环保无污染，维持牧区生态系统平衡，有助于畜牧业的发展。

图4-47 双辽电站项目

当光伏与畜牧业相遇，“棚下养殖、棚上发电”的模式不仅利于生态环境的改善，缓解用地矛盾，让畜牧业绿色发展，还可以利用光伏产生清洁电力，实现光伏发展和农业生产双向效益。

海洋滩涂地，书写新“光”景：100MW海洋滩涂渔光互补发电项目

该项目位于广东台山海晏镇，项目采用天合光能高效光伏组件。由于是在海洋滩涂地区建设光伏电站，特殊的气候环境对光伏组件也有着更高的要求。首先，海上光伏项目面临高温、高湿的环境，PID现象[1]难以避免；其次，海水易产生盐雾，需要特别注意电气设备等金属的腐蚀问题；最后，海水及滩涂环境还增加了前期安装施工和后期维护的难度等。天合光能不断研发突破，因地制宜地定制化系统解决方案。针对海洋环境，天合光能的光伏产品经过长期反复的测试，保障全生命周期安心发电。

该项目利用海水“渔光互补”模式将光伏发电和渔业养殖有机结合，在水面上方架设光伏板阵列，通过太阳能发电，在下方水域进行特色渔

[1] 指太阳能电池与边框长期被施以高压电，电池发电量显著降低的现象。

业养殖，实现了上可发电、下可养殖的滩涂海域空间复合利用，极大地提高了单位面积土地的经济价值。在发展清洁能源的同时发展地面滩涂养殖，做到了经济与环保两不误（见图 4-48）。

图 4-48　海洋滩涂渔光互补发电项目

通过合理布置光伏板的覆盖面积，绿色清洁的太阳能光伏板可以充分发挥其遮阳效果，抑制藻类繁殖，降低水面温度，为鱼虾提供更好的生长环境。如今，台山海晏滩涂已成为当地鱼虾、蟹类等特色水产繁殖的福地，渔民在管桩下劳作的脸庞洋溢着丰收的笑容。上可发电、下可养殖的“渔光互补”模式不仅改善了当地生态环境，还实现了渔电双丰收，走出了一条自然与科技美妙融合的绿色增收路，让古朴的小镇焕发出现代化的蓬勃活力。

光伏发电“点亮”乡村振兴：广西河池市大化瑶族自治县板兰村屋顶光伏发电项目

板兰村屋顶光伏发电项目位于广西河池市大化瑶族自治县板兰村，

由中国大唐援建的屋顶光伏发电项目顺利实现全容量并网发电。该项目全部采用天合光能全新一代至尊超高功率光伏组件，单片功率可高达670瓦，项目在河池市属于第一个村级大型屋顶分布式光伏发电项目，也为板兰村带来了“大化县光伏第一村”的美誉，在提供清洁电力的同时，还为村民增收提供了新渠道，巩固拓展脱贫攻坚成果，引领乡村振兴。

该项目采用“自发自用、余量上网”模式，充分利用板兰村委与板兰小学教学楼屋顶建设分布式光伏，初步规划总容量达700千瓦，采用天合光能670瓦超高功率组件，搭配使用组串式逆变器（见图4-49）。一期项目建成后，每年可以为电网提供清洁电能64.26万度，每年可以节约标准煤约200.49吨，减少二氧化碳排放约640.67吨。此外，每年还可以减少大量的灰渣及烟尘排放，节约用水，并减少相应的废水排放，节能减排效果显著。670瓦组件让板兰村的村民在有限的屋顶上“晒”出了更多阳光收益，板兰村屋顶光伏发电项目每年将给村集体经济带来20万元左右的收入，成为村民降低用能成本、促进减支增收的新渠道。

天合光能作为大基地场景解决方案领军者，因地制宜地将智慧能源解决方案带给越来越多的用户，不断带来高可靠、高效率、高发电、高价值的产品，持续降低光伏发电度电成本，为光伏系统解决方案的多场景应用提供更优解，在各个场景播撒绿色能源的种子。

多重价值

党的二十大报告指出，要推动绿色发展，促进人与自然和谐共生。习近平总书记多次强调，积极稳妥推进碳达峰碳中和，构建清洁低碳安全高效的能源体系，积极有序发展光能源、硅能源、氢能源、可再生能源。

天合光能作为全球智慧能源的领军企业，肩负起责任与担当，加强科技创新、产品创新，推动绿色发展，推动光伏扶贫，推动乡村振兴，助力构建中国特色 ESG 生态，并助力全球的可持续发展和节能减排。

图 4-49　板兰村屋顶光伏发电项目

科技创新，推动绿色发展

天合光能始终坚持创新驱动发展，长期以来秉承可持续发展理念，利用自身产品、技术创新和制造能力等方面的优势来促进可持续发展。天合光能通过一系列“第一”引领行业向前发展，在光伏电池转换效率和组件输出功率方面先后 25 次创造和刷新世界纪录。天合光能是中国光伏技术领域首个获得国家技术发明奖和中国工业大奖的光伏企业。天合光能全系列 210 至尊组件获得德国莱茵 TÜV 授予的产品碳足迹认证、光伏组件 LCA 认证；天合光能还荣获中国欧盟商会“脱碳领航者”大奖，入选“国家级绿色供应链管理企业”，获评国家级“绿色工厂”。

助力乡村振兴，共同富裕

天合光能在沙漠、戈壁、荒漠地区建设风电光伏大型基地项目，是“十四五”新能源发展的重中之重，作为大基地多场景解决方案的领军者，全面覆盖沙漠、戈壁、荒山荒坡、采煤沉陷区、水面、滩涂等多种复杂场景，提供不同应用环境下的最优解决方案，构建新能源发电、生态修复、帮扶利民、生态旅游、荒漠治理等多位一体的循环发展模式，将无人的荒漠变成光能绿洲。天合光能还在甘肃、河北、四川等地区开展了光伏扶贫工作，结合当地产业特点、资源优势，选择具备光伏建设条件的贫困地区积极开展光伏扶贫项目。

社会责任，全球认可

秉承“用太阳能造福全人类”的初心梦想，天合光能将坚持积极稳健的发展策略，更多承担企业公民的社会责任，关心员工、关爱地球，与合作伙伴、各利益相关方合作共赢，共同为低碳发展、绿色发展、可持续发展贡献更多力量！

未来展望

2023 年全国两会上，全国人大代表、天合光能董事长高纪凡提出了“推动建立中国特色 ESG 国际标准和生态体系，引领中国企业走好高质量可持续发展之路”的人大议案和建议。他表示，随着各国能源安全和绿色低碳转型要求，碳中和成为国际战略要素，是全球企业必须顺应的大趋势。在这样一个风险与机遇并存的时代，我国的跨国企业在全球宏观经济发展、地缘政治与脱碳目标的多重压力和影响下，急需提升有效应对百年未有之大变局下多维度、跨系统、不确定性能源安全和发展潜在风险的能力，在全球 ESG 体系大环境下保持长期高质量可持续发展，有步骤有计划的顺应能源结构的改革。

专·家·点·评

作为可再生能源领域的企业，天合光能天生就在绿色赛道上具有绿色发展的优势。然而，如何进一步将可再生能源产业发展与环境治理以及其他产业的发展融合起来，创造出更大的综合性效益，成为这个行业领军企业的更大挑战和机遇，也是塑造企业ESG竞争力的重大考验。

作为大基地场景解决方案领军者，天合光能的7个实践都是将光伏项目与现实问题解决融合的创新做法，既有光伏发展与沙漠治理、荒山废矿治理相结合，也有光伏发展与茶园、畜牧业、渔业养殖等互促，更有通过光伏项目带动农民增收、引领乡村振兴的行动，创造出绿色产业发展与环境效益、社会效益紧密融合，形成相互促进、协调关系的新模式。这也正是ESG竞争力更具价值之处。

——《可持续发展经济导刊》社长兼主编　于志宏

房地产建筑业案例

中国建筑

基本情况

公司简介

中国建筑集团有限公司（简称“中国建筑”，股票代码601668）正式组建于1982年，是中央直接管理的国有重要骨干企业，是国务院国资委选取的10家创建世界一流示范企业之一，是全球最大的投资建设集团之一，业务遍布国内及海外100多个国家和地区。中国建筑是全球规模最大的投资建设集团之一，位居《财富》世界500强企业2022年榜单第9位，位居2021年度美国《工程新闻纪录》（*ENR*）“全球最大250家国际承包商”榜单首位。公司连续 8 年获得标普、穆迪、惠誉国际三大评级机构信用评级 A 级，为全球建筑行业最高信用评级。中国建筑 17 次获得国务院国资委年度经营业绩考核 A 级，是上证 50 指数、富时罗素中国 A50 指数、MSCI 中国 A50 互联互通指数中的建筑企业优秀代表。中国建筑始终重视 ESG 工作，落实新发展理念，坚持高质量发展，不断把 ESG 治理与经营管理相融合，增强可持续发展能力，推动经济绩效、环境绩效、社会绩效的整体提升。

行动概要

为响应国家绿号召，贯彻国家对“双碳”战略的推广，中国建筑下属供应链公司作为中国建筑与上游供应商的关键枢纽，推出“清流计划”绿碳供应链建设行动。绿碳供应链的关键在于充分发挥供应链公司的核心驱动作用，带动广大上游单位作为绿碳行动的主力军，形成一个核心与多点并进的组织结构，从而使中国建筑成为绿碳供应链的领先示范企业，为地产行业及上下游制造企业树立标杆。

中国建筑的 ESG 实践

背景 / 问题

国家对绿色建筑供应链提出新要求。2020 年 9 月 22 日，国家主席习近平在第七十五届联合国大会上宣布，中国二氧化碳排放力争于 2030 年前达到峰值，努力争取 2060 年前实现碳中和。2021 年 10 月 24 日，中共中央、国务院发布了《关于完整准确全面贯彻新发展理念做好碳达峰碳中和工作的意见》。同时，可持续绿色建筑已成为未来建筑发展的必然方向。因此，为了实现建筑材料领域的健康可持续发展，建设资源节约型以及环境友好型建筑，采用绿色建筑材料是必经之路。“碳中和”也预示着绿色建材未来将有巨大的潜力和市场。根据调查机构 Navigant 的最新报告，全球绿色建筑材料市场从 2013 年的 1116 亿美元增长至 2020 年的 2540 亿美元，2020 年中国建材市场的规模约达到 4.23 万亿元，其中高附加值、高端化建材的需求同比增长 9.3%。本案例就“双碳”背景下的绿色建筑供应链展开研究，并对优质的绿碳供应链示范企业开展考察和进行推广，以追求成为绿碳供应链的先行者。

同时，绿碳建筑供应链还存在诸多问题。一是绿碳建筑供应链缺乏顶层制度设计和整体规划。虽然我国是低碳的先行者，但总体上仍然处于原创性政策探索和创新阶段，尚未形成明确的绿碳供应链建设制度和全方位保障体系，也未形成一套完整的评价体系和考核机制。二是绿碳建筑供应链建设存在发展不平衡、不充分的问题。绿碳建筑供应链是一项长期、系统的工程，“双碳”发展的本质是要实现社会经济发展与温室气体排放脱钩，并不是降低发展，而是要转变发展方式，实现高质量发展。但有时往往只关注一个或者少数几个方面，比如忽视产业链、供应链安全，结果是只谈低碳，放弃了发展的其他目标。三是对绿碳建筑供应链发展的投入和激励不足，公众和社会力量的参与度较低。目前，绿碳供应链主要以政府的财政投入为主，社会资本的参与意愿不够强烈，缺少市场力量的推动。另外，一般公众和相关利益主体对绿碳供应链的关注度较低，缺乏对低碳建设的热情和认知。

行动方案

（1）明确绿色材料认证，奠定发展基础

中国建筑与权威检验认证机构北京建筑材料检验研究院有限公司（BMT）开展交流，据 BMT 介绍，绿碳供应链的建设重点在于材料的选用与推广，现阶段国家大力推行的绿色产品、绿色建材既是对“双碳”计划的一种解读，也是绿碳供应链建设可发挥的着力点。绿色建材是指在全生命周期内可减少对天然资源的消耗和减轻对生态环境的影响，具有“节能、减排、安全、便利和可循环”特征的建材产品。中国建筑是中央企业，也是地产行业的龙头企业、供应链建设的先行者，通过选用绿色建材，既可以促进上下游企业注重从设计、生产到销售的产品全生命周期的可持续发展，也为申请绿色建筑认证添砖加瓦。

| 案例一 | 发布绿碳供应链征集令

经认真研读、解析政策文件、国家标准文件《绿色建材产品分级认证实施通则》（CNCA-CGP-13：2020），中国建筑向所涉及的材料类目的合作供应商广发征集令，收集已取得的绿碳认证情况，包括产品层面的绿色产品、绿色建材、碳足迹评价、十环认证等，企业层面的绿色工厂、绿色企业、ISO 5001 能源管理体系认证等。征集过程取得了供应商的广泛支持，共计 161 家供应商参与绿碳供应链征集令的响应。

（2）深入一线考察调研，做到摸清底数

结合绿碳供应链征集令的响应情况，中国建筑组织考察团队对优秀的绿色工厂进行考察，主要学习优秀企业的厂房集约化、原料无害化、生产洁净化、废物资源化、能源低碳化等绿色工厂建设的优秀管理经验，总结它们的创建亮点，对以资源节约、环境友好为导向的采购、生产、营销、回收及物流等体系进行归纳学习。

中国建筑考察依据 GB/T 24040《环境管理生命周期评价原则与框架》、GB/T 24044《环境管理生命周期评价要求与指南》等相关标准，对工厂程序文件、人员上岗、生产制造过程、质量管理、废气废水处理等内容进行实地评估，综合筛选出管理水平优异、环境友好度高的工厂作为典型示范企业。

（3）深入进行成果推广，取得务实成效

根据征集情况与考察结果，中国建筑对合作供应商的绿碳建设情况进行了综合评选，精选出马可波罗陶瓷砖等十大品牌进行推广，推广方式包括微信公众号发布推文，通过官方邮箱向合作单位发送函件等，以追求取得良好的模范带头作用。

| 案例二 | 优秀供应商十大品牌评选

中国建筑向所有合作的材料供应商发出倡议书，推动这些企业开展绿碳认证工作。自 2022 年开始，中国建筑将绿碳供应链认证情况纳入供应商评估，鼓励所有合作单位进行绿碳认证，并优先选取优秀供应商。

（4）严格供应链管理，规范供应环节

中国建筑通过资料核查、领导面谈、实地考察、材料检测、企业对标及内外部调研等方式，每年都会评估潜在供应商在管理模式、生产工艺、材料质量、社会及环境行为规范等各方面的表现，只有通过评估的供应商才会被列入公司的合格供应商名册，获得参与投标的资格。同时，公司会对供应商的 ESG 情况进行审查，包括是否有质量管理、环境管理及职业健康管理三体系认证，是否有排污许可证以及为员工缴纳社保情况等指标，对比供应商同行实力情况再做出供应商筛选考虑。

中国建筑按照《供应商管理手册》管理供应商，供应商也会被要求签署公司的《供应商行为守则》。2022 年，公司旗下中海地产 100% 的供应商已签署《供应商行为守则》和《廉洁协议书》，共计 166 家，年内仅有 2 家供应商因违反环境、社会等方面的要求而被纳入不合格供应商名册。公司继续实施供应商审查，并在供应商考察标准中将供应商行为守则的内容纳入新的评估中，2022 年新增 39 家供应商按照新的标准进行了审核。如果供应商违反守则，公司会要求供应商进行改进，而多次或严重违规的供应商则可能会被警告、罚款及终止合作，又或者会被列为不合格供应商，取消其投标资格。

| 案例三 | 年度综合评价

中国建筑的成本管理部每年都会联同设计、工程、客服及营销等多个职能部门，对承建商及供应商进行总部到地区层面的年度综合评价，检视供应链中的风险。对于集采供应商，公司每年度会进行一次供应商评级；对于承建商和非集采供应商，公司会组织每年两次定级。承建商的评价重点针对进度、质量、安全、成本、效果、维修配合等多个方面，供应商主要针对相关管理制度和文件的检视、项目验收、质量检测及生产厂房第三方飞行检查等，2022 年共计开展 1855 次。评级均设定为 A 级优秀、B 级合格、C 级欠佳、D 级不合格四个等级，而被评为 D 级的供应商会被视为“不合格供应商”，两年内不可参与投标。其中，A 级集采供应商 27 家、B 级 123 家、C 级 15 家及 D 级 1 家。同时公司也进一步加强承建商管控，2022 年，共有 425 家 A 级工程类承建商、27 家 A 级集采供应商被评选为中海地产的“战略供应商”，另有 167 家供应商、承建商因供货及时性及项目施工管理配合度被列为“不合格供应商”。

多重价值

中国建筑“清流计划”绿碳供应链的最大意义在于倡导与引领作用，以自身和庞大的供应链合作单位为支点，在业内形成一种环保绿色、可持续、人与自然有机结合的工业生产模式。通过上下游联动，建立起一条从原材料、半成品到成品的绿色可持续工业生产链条。以木制品为例，可以实现从树木开始到户内家具的全生命周期的绿色生产，这是建材行业实现“碳达峰、碳中和”的必经之路。

积极践行社会责任

中国建筑历时半年对所有集采供应商的绿碳认证情况进行推广、宣传与复核，共计已有 74 家供应商在绿碳供应链建设方面做出成效，占比达到46%，居于行业领先水平。同时，中国建筑为有意向进行绿碳认证，但缺乏专业水平或者生产管理能力的企业提供专业指导意见，提供第三方专业评估支持，在可持续发展的道路上谋求互利共赢。

推进运行机制常态化

为保障绿碳供应链建设形成长期有效的管理机制，避免一阵风过后即恢复原貌的形式主义，中国建筑牵头，各材料供应商参与，研究建立了绿碳供应链建设的长效机制，主要包括四大机制。

机制一：中国建筑与所有集采供应商签订《可持续发展管理承诺书》，并签入合同文件，由供应商主动对绿碳供应链建设做出承诺。

机制二：绿碳供应链审核纳入招标审核的关键环节，作为材料供应商入围中国建筑供应商库的重要内容。

机制三：建立绿碳供应链产品库、工厂库，对已取得成效的工厂、产品清单进行审核认证后记录入库，入库信息包括认证编号、认证类目、认证有效期等关键数据，并实时更新数据库。

机制四：鼓励先进，激励后进。中国建筑每年对所有材料供应商的资料情况进行评审，优选出十大品牌进行推广奖励，打造绿色、高端的引领品牌。

相关方经济价值

2022年，中国建筑下属供应链公司取得了ISO 9001质量管理体系认证、ISO 14001环境管理体系认证、ISO 45001职业健康安全管理体系认证。同时中国建筑屡获殊荣，包括安永可持续发展“年度最佳奖项2022优秀案例”（社会行动引领），以及精瑞科学技术奖“绿色供应链企业”，这些荣誉肯定了中国建筑管控供应链的成果。中国建筑不断致力于提升供应链管理，推出了“清流计划”绿碳供应链建设行动。“清流计划”由其供应链公司作为核心牵头单位，牵动161家集采供应商参与。其主题在于推广选用质量安全、低碳环保的产品，主要成果包括：①投资 200 万元建设“质量管理系统”（QMS）并获得国家发明专利；②建立从绿色设计、绿色选型、绿色采购到绿色使用的产品全生命周期绿色低碳管理；③带动供应商进行绿色产品和绿色建材的认证，并推广优秀企业。

专·家·点·评

根据中国建筑业协会统计，全国建筑全过程排放量在全国总碳排放量的占比超过 50%，其中建筑材料生产阶段的碳排放约占全国碳排放比重的 28%。显而易见，建筑行业在减少碳排放方面的努力对中国实现“双碳”目标至关重要。

中国建筑作为中央企业和地产行业的龙头企业，通过旗下供应链公司的“清流计划”绿碳供应链建设行动，发布绿碳供应链征集令，主动选用绿色建筑材料，通过对供应商 ESG 履责情况进行严格的评估和复审管理，促进和强化广大上游企业对产品全生命周期可持续发展的关注，在减少建筑材料生产阶段的碳排放方面主动作为，很好地发挥了采购商带动供应商在 ESG 履责方面的重要倡导和引领作用，是建筑行业供应链建设的先行者，其供应商 ESG 管理实践是值得各行业企业借鉴的优秀案例。

——清华大学苏世民书院副院长、清华大学经管学院教授、
清华大学绿色经济与可持续发展研究中心主任　钱小军

零售与消费品业案例

大家乐

基本情况

大家乐集团（简称“大家乐”，股票代码 00341.HK）成立于 1968 年，

并于 1986 年 7 月于香港联交所上市，是亚洲最大的餐饮上市集团之一。集团扎根中国香港逾 50 年，以提供美食和便捷、舒适的就餐体验而享有盛誉，在本地快餐市场稳占领导地位。时至今日，集团涵盖速食餐饮、休闲餐饮、机构饮食以及食物产制业务，每天为顾客提供超过 30 万份餐点，在香港被称作大众的食堂。大家乐在 1992 年成功进驻内地市场，目前业务覆盖整个大湾区，截至 2023 年 9 月 30 日，旗下共有 543 家门店。大家乐在坚持可持续发展方面取得的成就、品牌口碑及市场信誉多年来得到充分认可，先后荣获中国烹饪协会颁发的"中国餐饮百强企业"等殊荣。集团的目标是成为消费者最信赖的中国快速休闲餐饮第一品牌。然而，如今的大家乐不仅是一家成功的企业，更是一家致力于可持续经营的企业。

大家乐的 ESG 实践

背景 / 问题

随着全球 ESG 发展势头日益强劲，香港在推动可持续发展方面也不遗余力，并取得了显著进展。香港企业的 ESG 披露实践呈现着上升趋势。越来越多的企业意识到采用可持续营运方式的重要性，并积极向利益相关方和投资者透明地报告其 ESG 实践及应对气候变化的进程。作为本地快餐市场的领头企业，大家乐正积极将 ESG 原则融入营运。大家乐旨在减少业务营运的碳足迹、用水量及有机废物，促进负责任的食材采购，并对当地社区产生积极影响。认识到商业成功与环境管理之间的相互联系，大家乐致力于采用可持续的做法，不仅造福地球，而且还能与有环保意识的顾客产生共鸣。

气候变化是一个迫切需要全球关注的问题，快餐业在塑造可持续消费模式方面发挥着至关重要的作用。对于大家乐来说，应对气候变化及管理其对营运的潜在影响至关重要。通过减少温室气体排放、实施节能实践和探索可再生能源，大家乐正在努力减少碳足迹。此外，大家乐通过使用可持续食材、减少使用一次性塑料餐具等措施，持续支持提高顾客对气候变化的认识。这种对 ESG 和气候变化的承诺不仅将大家乐定位为一家负责任的企业，而且吸引了注重企业社会责任的顾客。大家乐透过与他们保持一致的价值观，进一步巩固了其在顾客心目中的形象，并在顾客中建立了良好的声誉。

可持续发展策略目标

大家乐的可持续发展策略建设基于四大范畴——“以客为先”“员工为本”“专注食物”及“保护环境”，并辅以“信息安全及私隐”和“商业诚信”两项基本元素。集团遵循联合国可持续发展目标（UN SDGs），致力于支持可持续发展的全球议程，并将集团方针与九项联合国可持续发展目标保持一致。这九项目标最符合业务及可持续发展策略，并与集团可持续发展策略的一个或多个范畴相关，以便公司做出最大的贡献。

可持续经营实践

（1）可持续发展管治架构

集团董事局是大家乐的最高管治机构，负责指导集团业务及可持续发展策略。集团管理局由首席执行官带领，获董事局授权监督可持续发展事宜的管理工作，并定期举行会议，评估及管理有关可持续发展的重要议题。在管理局的指导下，可持续发展委员会分别督导香港和内地的可持续发展策略及措施，负责订立目标、制订行动计划，确保相关政策施行得宜，并符合香港联交所的相关规定及最新的业界最佳实践指引。

在营运层面，集团为各项可持续发展范畴任命范畴领袖。执行小组协助范畴领袖推行可持续发展措施、政策，以及在行动计划部门的支持下跟进可持续发展表现及识别有待改善的领域。

（2）环境保护

大家乐非常注重环境保护，采取多种方式降低自身对环境的影响。首先，大家乐在生产过程中采用了节能环保的设备和管理方法，减少了能源消耗和废弃物排放。

全面推行节能设备：大家乐大部分分店均已安装节能洗碗机，内地分店覆盖率达 100%。集团仍不断引入其他节能设施，如智能电炒锅及电炉，改善设施的冷气系统和应用“空调大堂”技术等，以达到节能碳减排目标。

积极引入清洁能源和可再生资源：大家乐内地食品加工厂开始使用当地政府由热电联产过程中所产生的蒸汽，从而减少了锅炉系统产生的排放。此外，集团鼓励使用可再生及低碳燃料，通过回收运营中产生的废食油，将其再造为生物柴油。集团车队 21% 的车辆使用生物柴油，从而形成可持续循环模式。

可持续包装：包装是餐饮业运营中常见的废物之一，为减少运营中使用的即弃塑料餐具数量，大家乐不断寻求改善新物料来源、应用新科技及掌握最新市场信息。集团在大家乐的部分品牌旗下使用由森林管理委员认证的可持续物料制造纸杯，并将逐步在旗下其他品牌推行，在某些门店引入由植物纤维制成的可生物降解外卖餐盒。

全方位厨余分类及收集计划：厨余是餐饮业主要的废物源头，大家乐致力于减少和回收厨余。集团将食品加工厂和分店所产生的厨余进行收集、分类和称重，并分析相关数据以研究如何减少运营中所产生的厨余。香港部分厨余送往小蚝湾的有机资源回收中心，将其转化为生物气体作发电及堆肥之用；内地厨余则送往政府指定的回收地。大家乐的厨余分类及收集计划致力于达到减废目标，减少对环境的影响。

（3）科技创新

大家乐在厨房中采用智能化设备，如智能炒锅、自动烤箱等，可以减少人力投入和工作强度，提高工作效率和品质稳定性。此外，为提高服务效率，其餐厅推出了移动点餐服务，消费者可以通过手机 app 或扫码等方式进行自助点餐、支付和取餐，减少了人力和时间成本，提升了消费体验。

（4）可持续采购

消费者对健康及可持续食品的需求日益迫切。大家乐在采购中充分考虑社会和环境因素，推动可持续食材的采购，并加强与其价值观相符的供货商合作。为回应对有关残留在食物中的抗生素和激素的关注，集团在各业务推广无添加抗生素及激素的产品。为支持可持续渔业，集团向已获得水产养殖管理委员会及海洋管理委员会认证的供货商采购海鲜。

（5）履行社会责任

大家乐一直致力于履行社会责任，通过多种方式回馈社会。首先，大家乐积极参与公益活动，如捐赠物资、资助贫困地区的孩子等；其次，大家乐提高员工的福利待遇，为员工提供良好的工作环境和培训机会，提高员工的生活质量和工作技能。此外，大家乐还通过社会责任报告向公众展示其在社会责任方面的实践和成果，促进社会各界对其社会责任的认识和理解。

（6）扩大经济效益

大家乐的可持续经营不仅关注环境和社会责任，也关注经济效益。为了实现可持续经营，大家乐在经营过程中注重合理利用资源、提高效率和降低成本，同时也注重提高产品质量和服务水平，以满足消费者的需求和提高品牌的价值。大家乐的经济效益良好，不仅在香港本地市场取得了成功，也在海外市场获得了良好的市场地位和知名度。

多重价值

大家乐的可持续经营实践不仅给公司自身带来了积极的影响，也对行业和社会产生了影响。

对公司的影响

大家乐的可持续经营实践带来了多重好处。首先，公司的环境形象得到了改善，获得了消费者和公众的认可和好评，提高了品牌价值和市场竞争力；其次，公司在社会责任方面的表现也获得了公众和员工的赞誉，提高了员工的归属感和忠诚度，增强了公司的社会形象和声誉；最后，公司的经济效益也得到了保障，稳定了公司的运营和发展。

大家乐于 2023 年连续第九年入选恒生可持续发展企业基准指数成分股，并获得 AA 评级。在国际资本市场，大家乐在 MSCI ESG 评分中获得 A 评级，在全球受评估的公司中排名前 10%。MSCI 指数是全球最具影响力的股票指数之一，ESG 评级涵盖了数千个数据点，大家乐获得如此高的评级，代表大家乐在企业 ESG 披露方面的透明度极高，且在公司治理、劳动力管理、食品营养、产品安全、原材料采购、包装材料和废物管理等方面，都在国际大型餐饮企业中处于领先地位。

对行业的影响

大家乐的可持续经营实践也对整个快餐行业产生了影响。首先，大家乐的环保实践和资源利用效率成为行业标杆，促进了行业的环保和可持续发展；其次，大家乐的社会责任实践也引领了行业的社会责任意识，推动了行业的发展和进步；最后，大家乐的经济效益表现也成为行业的参考标准，促进了行业的健康发展和竞争力的提升。

对社会的影响

大家乐的可持续经营实践对社会产生了积极的影响。首先，公司的环保和社会责任实践有助于减少对环境的污染和对社会的负面影响，提高了社会的可持续发展水平和品质；其次，公司的经济效益表现有助于促进社会的经济发展和创造就业，为社会创造更多的财富和价值；最后，公司的可持续经营实践也促进了消费者的环保和社会责任意识的提高，对社会产生了正面的影响。

总的来说，大家乐在可持续经营方面的表现和实践得到了多个指数评级机构的认可和肯定，同时在环保实践、社会责任、供应链管理和数字化转型等方面采取了一系列的措施，制定了具体的可持续发展战略和目标。这些努力不仅有助于公司自身的可持续发展，也为行业和社会带来了积极的影响，展现了大家乐在可持续经营方面的实力和责任担当。在推动可持续发展的大趋势下，大家乐保持着为民众提供健康及可负担饮食的经营理念的同时，也通过自我完善和革新，带动了整个餐饮业朝可持续发展的方向转变，成为行业领先企业之一。

专·家·点·评

大家乐的可持续策略建基于四大范畴：“以客为先”“员工为本”“专注食物”及“保护环境”。在治理层面，大家乐在环保实践、社会责任、供应链管理和数字化转型等方面采取了一系列的措施，制定了具体的可持续发展策略和目标。在落地层面，大家乐推行节能设备，积极引入清洁能源和可再生资源，将厨余垃圾转化为生物气体作发电及堆肥之用，以及使用可生物降解的外卖餐具。这些努力不仅有助于公司自身的可持续发展，也为行业和社会带来了积极的影响。

——中国上市公司协会 ESG 专业委员会专家委员、
北京工商大学教授、安永研究院顾问委员　王鹏程

苏美达

基本情况

公司简介

苏美达股份有限公司（简称“苏美达”，股票代码 600710）成立于1978 年，是中央直接管理的国有重要骨干企业、世界 500 强中国机械工业集团有限公司的重要成员企业、沪市主板上市企业。苏美达崛起于中国改革开放和全球经济一体化进程之中，主营业务包括供应链、产业链两大类。供应链业务（即供应链集成服务）包括大宗商品运营与机电设备进口；产业链业务涵盖大消费、大环保、先进制造等领域，主要产品（服务）包括纺织服装、家用动力产品、生态环保、清洁能源、船舶制造与航运等。苏美达年主营业务收入规模逾千亿元。

行动概要

“十四五”期间，在我国加快构建“双循环”新发展格局和实现“双碳”目标的背景导向下，全面促进行业绿色转型将成为大势所趋的重要举措。苏美达为贯彻落实党中央、国务院关于“碳达峰、碳中和”战略决策部署，牢记“锻造自身所长，服务国家所需”的使命担当，不断打造自身业务的数字化，并通过赋能传统高能耗、高污染企业实现对行业进行绿色和数字化重塑，通过技术赋能上下游企业牵引产业链绿色发展。

苏美达的 ESG 实践

背景 / 问题

中国是一个工业大国，传统重工业企业较多。重工业企业往往存在设备陈旧、高污染、高排放，以及传统线下业务安排成本高等问题，使得生产制造过程和产品往往被冠以“高碳”的标签。近几年来，国家全面推进美丽中国建设战略和“双碳”目标的实现，推动形成国内国际双循环相互促进的新发展格局。因此，大量的重工业企业需要调整策略以符合当下的国家发展战略，而通过用先进的低能耗、低污染机电设备对老旧设备进行替换以及使用更环保的原材料，就成了重工业企业转型发展的便捷之路。但是大型机电设备进口一直存在门槛高、供需各方集中度低、沟通成本高、交易信息不对称等痛点和难点，使得这条减碳的便捷之路并不能轻易地向任何人开启。此外，在产品出口领域，由于国际市场对于绿色产品的偏好，使得我国部分行业的“高碳”产品在国际贸易中难觅一席之地。

行动方案

（1）用“苏美达达天下”全球设备交易平台推动数字化供应链业务

苏美达以贸易起家，正是在业务的积累中观察到企业为进口先进机电设备难寻门路，为了助力这些传统企业成功踏上转型之路，苏美达才开始探索将数字化与实体经济深度融合，推出了“苏美达达天下”全球设备交易平台。这是苏美达评估了设备进口贸易各环节的痛点和难点后，为将其各个击破而搭建的一个线上全流程采购生态圈，它以设备采购为核心，实现了资源与信息交互、上下游协同，能够为用户提供设备资源、商务咨询、物流服务的全流程商业解决方案，苏美达将进口全流程中的各个参与方通过此平台高效连接在一起。

苏美达筛选其20多年进出口贸易中积累的资源，将符合国家产业政策的优质供应商纳入平台供应商库，通过大数据分析为有需求的客户精准地引进先进高效、节能环保的技术装备，进口环保材料，并通过高效调配物流方案有效降低运输过程中的碳排放。全流程的线上展厅参观、线上投标签约、线上物流监控等方案大大降低了买卖双方的交易成本，使得有设备替换需求的企业能够轻松地踏上低碳转型的便捷、高速之路，此举也大大促进了国内制造业的升级，提高了制造水平。例如，为帮助客户提高钢材生产效率，减少生产过程中的耗能，苏美达为某钢铁客户从奥地利引进了 ESP 生产线。相比较传统热轧，ESP 的能耗比传统热带钢轧机减少约 40%，耗水量降低 70% ～ 80%，同时还可以减少温室气体和有害气体的排放。又如，苏美达与某纸业企业签订在建 100 万吨环保再生高档包装用纸续建项目进口流浆箱和压榨设备合同，压榨设备具备可靠的脱水性能，可以大大减少蒸汽的消耗，使整个造纸过程更加节水节能，真正助力造纸企业实现高成纸质量和低能耗生产。

目前，“苏美达达天下”平台累计用户数超 15.7 万，装备展示厅入驻品牌超过 600 个、展示产品超过 1000 款。新冠疫情影响了很多行业的发展，而苏美达借力数字化融通整合国内外资源，让一直身处于传统行业的企业体验到数字化的巨大能量和广阔前景，在这个特殊的时期也使得其自身业务逆势上扬。依托“苏美达达天下”的成功实践，苏美达还入选了第五届中国国际进口博览会（简称“进博会”）“数字展会平台建设运营合作伙伴”，全程负责“数字进博（2022－技术装备）”线上展区的开发、建设和运维工作，助力科技化进博会。

（2）以技术赋能产业链上下游业务

在苏美达的 20 年进出口贸易过程中，除了体验到机电设备进口难的问题，也体会到了“高碳”产品在国际市场上受到的“冷遇”，国际客户往往更倾向于选择环境友好产品，这就使得我国的“高碳”产品遇到了出口难的问题，而这一问题在纺织业尤甚。

中国是全球第一纺织大国，传统纺织品行业每一道工序都耗费大量能源，产生较多污染，特别是其中的印染环节，而工厂为了达到国家环保要求，需采购大量设备集中处理生产过程中的废水，从而耗费了巨大的人力物力，无形中提高了产品的生产成本。为提升行业竞争力以及实现可持续发展，苏美达通过数年不断地研发创新产品原料与生产工艺，研发出了无水印染的技术，并于2020年申请了专利。这项技术的意义在于在生产过程中更高效地利用水资源、减少碳排放。传统印染工艺是将面料浸泡在放满化学染料的染缸中，在高温和高压的作用下着色；而无水印染是在纺丝过程中利用色母粒直接上色，让染料均匀分散在纤维的表面和内部，在纺纱的同时直接上色，整个印染过程完全不使用水，并且面料后整环节可循环用水，比传统工艺节水50%，所以它从根本上消除了带有化学染料的废水排放，避免了环境污染，相应地也就降低了废水处理的成本，实现了纺织业的低碳转型升级。

苏美达用此项技术赋能中国纺织业的上游企业，使其在节约成本并降低碳排放的同时，还增加了产品在国际市场上的竞争力。2021年和2022年，公司实现无水印染产品出口额分别增加75%和40%，接单量持续呈现出良好的增长态势，带动上游面料产量飞跃式增加，产业链牵引成效凸显，为助力中国纺织品在国际贸易中赢得一席之地迈出了坚实一步。

多重价值

数字化贸易赋能传统高能耗企业，助力其产业升级并带动行业发展

“苏美达达天下”数字平台助力国内数以万计的企业融入创造“双循环”“低碳发展”的转型实践中，促进了传统高能耗制造企业提高制造水平和实现低碳绿色发展，为社会带来了显著的减排效应，也因此成功入选中国上市公司协会发布的“2021年数字化转型典型案例”。

“苏美达达天下”平台让各利益相关方彼此借力、互相成就，平台已经成为一个共建、共商、共享的数字化平台，同时刺激了同行业同业务属性企业推动数字化转型，促进了垂直一体化生态的构建。

厚植绿色发展底色，产业链牵引成效凸显

苏美达依托专利技术开发绿色产品，实现创新技术产业化应用，在提升产品竞争优势、满足客户低碳环保需求的同时，也为中国纺织业上下游企业的绿色发展提供了技术支撑。苏美达因其获得 MADE IN GREEN 标签[1]而能够帮助中国企业有效地应对国外绿色贸易壁垒。

SGS[2]为苏美达无水印染技术产品颁发了“碳足迹”和“碳减排”两项证书，根据 SGS“双碳”检测结果，苏美达无水印染产品相比同等重量、同样功能的常规染色产品，从摇篮到大门[3]的碳排放减少约 20%；在染整阶段，碳排放减少约为 62%。

超越“利润唯上”的商业理念，企业价值源于公益，以可持续理念灌溉下一代

苏美达将校服生产过程中的裁损耗料、超期库存寄到贵州偏远山村，通过与当地公益组织“泥土日记”的合作，组织村妇利用当地蓝靛染、扎染等非遗传统手艺升级改造为手工艺文创产品。遵循国际公平贸易协定，以市场价回购支持妇女手工坊和当地儿童教育。

截至 2022 年年底，该项目改造裁损，次品，超期库存的白色、浅色、蓝色衬衫，号召供应商捐赠边角料，累计折合为升级改造了超过 42 000 米纯棉耗料，并帮助贵州黔东南地区 200 余名村妇持续 7 年有稳定收入，40 余名乡村妇女直接实现“家门口脱贫”“脱贫不返贫”，助力减少当地留守儿童的数量。该项目入围“2020 金蜜蜂企业社会责任・中国榜”。

苏美达联合北京感恩公益基金会、女童保护基金、中华社会救助

---

[1] OEKO-TEX 协会推出的一款面向消费者的可追溯供应链的产品标签，被绿色和平组织评为要求最严格的绿色标签之一。

[2] 国际公认的检验、鉴定、测试和认证机构，是专业的第三方产品认证中心、检测机构和无损检测公司。

[3] 这是测量隐含碳的方法中最常见的衡量标准，指的是材料开采和生产的排放量总和，不包括建筑运营、运输、拆除和处置的碳排放量总和，因此也被称为“供应链碳”。

基金会和教育组织，以“美”介入教育，以教育为切入点发起“我请你做梦”“美的守护”“暖烛行动”等服装捐赠公益项目，截至2022年年底，共计捐赠63万余件服装，惠及全国25个省自治区的5400所村小、33万余名村小师生，让师生们穿上了温暖的新衣。苏美达不断推行“循环”的理念来惠及社会公众，通过技术手段变废为宝，将废弃物资幻化出生机与价值。

专·家·点·评

苏美达牢记“锻造自身所长，服务国家所需”的使命担当，不断打造自身业务的数字化，并通过赋能传统高能耗、高污染企业实现对行业进行绿色和数字化重塑，通过技术赋能上下游企业牵引产业链绿色发展。苏美达围绕搭平台、建生态，努力成为“全球设备交易服务平台”，不断创新服务：一方面，帮助中国企业更加便捷地了解和引进高端装备，推动中国智造提档升级；另一方面，将更多中国装备放到“苏美达达天下”海外站上，帮助中国装备“走出去”，扩大中国装备制造的全球影响力。

——中国上市公司协会ESG专业委员会专家委员、
北京工商大学教授、安永研究院顾问委员　王鹏程

生命科学与健康行业案例

金宇生物

基本情况

公司简介

金宇生物技术股份有限公司（简称“金宇生物”，股票代码600201）作为处于中国动物保健行业核心地位的企业，先后建立了“兽用疫苗国

家工程实验室”“动物生物安全三级实验室”（ABSL-3）和“农业农村部反刍动物生物制品重点实验室”三个动保产品研发平台，具备了研发与评价非洲猪瘟、口蹄疫、布病等重大动物疫病疫苗的条件与资质。公司秉承“护佑动物安全，保障人类健康”的使命，通过对养殖场疫病防控痛点的调研，持续在兽用生物制品领域深入研究，推出一系列高效、优质的动物疫苗产品。

金宇生物的动保产品涵盖了猪、禽、反刍和宠物四大系列百余种疫苗和 40 多种诊断试剂，覆盖全国市场并出口周边国家。金宇国际生物科技产业园建成投产后，率先在行业内实现和推动了智能制造与智慧防疫体系，为我国动保产业的转型升级与国际化迈出了重要一步。

行动概要

金宇生物贯彻可持续发展的方式，生产经营过程优化与 ESG 发展相辅相成，实现了可持续发展与长期价值的有机融合。

金宇生物作为全球动保行业首家整体实现智能制造的企业，搭建了全隔离布病生产车间和动物生物安全三级实验室以防止活菌外溢，为一线员工提供了安全的生产和研发环境，杜绝了生产和研发过程中的环境污染和职业病感染风险。

聚焦百年尚未攻克的非洲猪瘟，金宇生物锚定 mRNA 技术路线，对抗原进行持续优化。金宇生物探索百年难题，为生猪养殖业健康发展保驾护航，为解决我国重大民生问题贡献力量。

金宇生物主动承担社会责任，口蹄疫多价苗在国内首次实现效力检验替代工作的突破。口蹄疫检测新技术使疫苗的质量评价不再需要依赖本动物，大幅度降低了检验成本和生物安全隐患，极大改善了动物福利，降低了动物饲养培育耗能。

依托建成的智慧防疫大数据平台，金宇生物整合各省市监测及免疫数据，及时发布预警，为客户提供差异化的解决方案，带动了动保行业生产效能的整体提高。

金宇生物的ESG实践

背景/问题

动物疫病的复杂性与输入性风险：养殖业规模化的不断提升，使养殖场流行性疫病逐渐呈多病原混合、隐形等特点，而且随着中国与世界各国贸易的广泛性与便利化，国外各类动物疫病传入我国的风险日趋增加。近年来，非洲猪瘟已经扩散到全球多个国家和地区，呈现出全球流行的趋势，给全球养猪业造成了不可预估的经济损失。非洲猪瘟病毒的传播途径广泛，具有高致病性、高传染性、高死亡率的发病特点，严重时致死率可达100%。

疫苗研发环境存在员工职业暴露风险：部分疫苗的制造过程由于生产车间封闭性不足，导致活菌外溢，给生产操作人员和外界环境的安全带来潜在的暴露风险。例如，从事疫苗和诊断制品生产、研究、应用的人员以及从事布鲁氏菌病防治的工作人员都属于布病职业人群，感染布病后会反复出现低热、高热或间歇热的临床反应。

疫情引发的农牧民的牲畜死亡造成财产损失严重：当疫情发生时，持续蔓延且难以控制的疫情会导致农牧民的牲畜死亡率上升，给牧民群众造成极大的经济损失。据测算，动物疫病每年给畜牧业造成的直接经济损失达20%～30%。㊀

行动方案

（1）杜绝职业病危害，守护员工健康

布鲁氏菌病是世界上最常见的一种人兽共患传染病，世界动物卫生

㊀ 林湛椰．关于强化我国动物防疫体系的几点思考与建议[EB/OL]. 2021-03-07。

组织把布鲁氏菌病定为重大人畜共患病，这种病对我国养殖业和农牧民身体健康造成极大危害。

金宇生物为防止活菌外溢造成生物污染，从生物安全角度，实行严格的生态环境保障要求。金宇生物布病生产车间为独立建筑，车间围护结构严密，具有独立的空气净化系统，排风须经高效过滤器过滤后排放，高效过滤器能够原位消毒并进行定期检漏；公用系统独立设置，不与其他产品共用；操作活菌区域的空气净化系统为全新风绝对负压，可以确保负压的维持和生物安全。

布鲁氏菌病活疫苗生产的灌装、加塞、冻干进出料、轧盖、瓶外壁清洗工序在负压区内专用的隔离器内自动完成，操作工序与操作人员完全隔离，隔离器在生产前后进行过氧化氢熏蒸消毒，确保隔离器内无活菌残留。发酵通气培养过程、疫苗冻干抽真空过程中的废气必须经过空气过滤器过滤后排放，然后进入空气净化系统排风管道，排风经高效过滤后排出，确保排放无活菌，充分保证了生产操作人员和外界环境的安全。

同时，金宇生物在全国首次独家引进世界动物卫生组织（OIE）标准菌株 Rev.1 株，该疫苗采用眼结膜接种方式，而非国内传统的口服或饮水和皮下免疫方式，这使得防疫人员接触病毒的面积大大缩减，有效降低了感染布鲁氏菌的概率。

项目的实施和应用，可以大大降低国家疫病防控经费和牧民因发生布鲁氏菌病而导致的经济损失。同时，智能制造的全隔离布病生产车间和动物生物安全三级实验室为一线员工提供了安全的生产和研发环境，杜绝在生产和研发过程中的感染风险和职业病危害，守护员工健康。同时，也展现了金宇生物在布鲁氏菌病疫苗研发、疫病防治中对员工、社会、行业所做出的可持续发展和创新方面的贡献，突出体现了金宇生物将长期价值与可持续发展相融合的发展理念。

（2）主动承担社会责任，全力攻克非瘟疫苗

非洲猪瘟作为百年尚未攻克的疫病，曾给中国生猪养殖业造成极其严重的损失，中国每年用以非洲猪瘟防控的经济消耗高达数百亿元，而因为非洲猪瘟造成的生猪损失带来的产业影响，则高达上万亿元。mRNA 疫苗作为在新冠疫苗上大放异彩的新兴技术，出色的安全性已被行业认可，金宇生物认为这将是对抗非洲猪瘟，以及解决其他行业卡脖子疾病的最优解法。

金宇生物主动承担社会责任，是中国第一个探索动物 mRNA 疫苗可能性的动保企业。它利用动物生物安全三级实验室的平台优势，已投入超过亿元，从基因缺失、亚单位、活载体（腺病毒）疫苗、mRNA 疫苗、复制缺陷型疫苗等多条技术路线进行研发，已经在动物生物安全实验室进行了超过 3000 头猪的动物实验，收集了大量数据。目前，除了基因缺失亚单位疫苗，金宇生物主要锚定了 mRNA 技术路线，对抗原进行持续优化，从结构、功能等多个角度优化抗原，并通过免疫动物进行免疫原性分析，以及攻毒保护验证。随着 mRNA 技术的迅速发展，这些问题被逐一攻克，金宇生物认为疫苗会是解决非洲猪瘟的最佳方案。

金宇生物利用国家级动物生物安全三级实验室的平台优势，主动承担社会责任，肩负起攻克疫苗“珠穆朗玛峰”的重任，为我国生猪养殖业健康发展保驾护航，为解决我国重大民生问题贡献自己的力量。

（3）应用口蹄疫新技术，改善动物福利

疫苗的质量评价多依赖于动物实验实现，大量实验动物会增加企业饲养培育成本，同时会伴随着潜在的生物安全隐患。

金宇生物在生产检验过程中率先采用口蹄疫抗原含量 146S 检测技术，首次实现口蹄疫多价苗在国内效力检验替代工作的突破，生产企业

在产品质量标准中可增加效力检验的替代方法，此方法使疫苗的质量评价不再需要依赖本动物，并且在 2 小时内就可获得评价结果，极大缩短了原来 38 天的检验周期。

口蹄疫新技术的实现，大幅度降低了检验成本，降低了使用本动物的检测数量以及生物安全隐患，每年动物猪数量节约 2500 头，减少动物及配套成本 600 万元，推动了国内兽用生物制药产业的技术升级，极大改善了动物福利，降低动物饲养培育耗能。

（4）智能化制造升级改造，带动生产效能整体提高

金宇生物是国内首家完成智能化制造升级改造的动物疫苗生产企业，将生产线与工业 4.0 控制技术进行深度融合，建立了多条动物疫苗智能制造生产线。通过设置疫苗生产工艺参数、质量标准，操作规程的数字化，实现了研发、生产、销售、服务的全面智能化、信息化管理，加速了装备、工艺、产品和质量标准的产业升级。通过应用智能化生产技术，产能增加了 50%，单批产成品批量增加了 3 倍，提高产品质量的同时也减少了因为质量波动而造成的产品浪费和环境污染，带动了行业生产效能的整体提高，保障了猪、牛、羊等动物的防疫需求。

金宇生物的“智慧防疫”动物疫病整体解决方案，依托其建成的智慧防疫大数据平台，对所服务客户进行免疫抗体检测、病原流行病学监测，及时分析各省市监测及免疫数据，已积累近 100 万份猪、牛的血清免疫学数据和 8000 多家养殖场的防疫信息。“智慧防疫”通过确定疫苗免疫程序，及时评价免疫效果，从而保障疫苗免疫的实际效果；此外，还对流行病学监测数据进行分析，了解动物疫病流行趋势，及时发布动物疫病疫情预警信息，为我国集约化牧场及散养客户提供针对性的疫病防控整体解决方案，有效地防控动物疫病的发生和流行，保障畜牧业的健康繁殖。

多重价值

管理价值

可持续发展与长期价值有机融合。金宇生物在优化生产经营的过程中推动 ESG 的发展，实现了可持续发展与长期价值的有机融合。坚持科技投入占收入的 10% 以上，用于新产品、新工艺研发与疫病攻克，并不断改善员工、牧民和动物的福利，履行社会责任，减少碳排放约 261.12 吨。

经济价值

疫苗可降低农牧民因牲畜死亡而带来的财产损失。金宇生物推出高效、安全的疫苗产品，以实现人畜共患病的防控，保障农牧民生命安全和身体健康；年均免疫动物数量近亿头次，最大限度地降低了因疫情引发的农牧民的牲畜死亡而带来的财产损失。

社会价值

食品安全可追溯体系提升动物健康。金宇生物为养殖场建立种畜抗体检测疫病防控信息；同时，与成品检验信息互联，形成食品安全可追溯体系，提升养殖场动物健康和食品安全的品牌价值。通过可追溯系统来规范上下游企业的食品生产行为，进而形成市场倒逼机制，有利于推动食品行业整体食品安全水平的提升。

全隔离布病生产车间杜绝职业病危害。全隔离布病生产车间为一线员工提供安全的生产和研发环境，杜绝在生产和研发过程中的感染风险和职业病危害，保障员工的身体健康。

生产智能制造，质量国际标准

金宇生物聚焦动物疫苗主业发展，通过智能化、数字化生产线的建设，实现生产的智能化、信息化管理，加速装备、工艺、产品和质量标准的产业升级。金宇生物不断推出具有创新性的产品，抢占细分市场，依靠不断提升的研发能力，推动企业实现可持续增长。

拉通研发平台资源，丰富技术路径储备

金宇生物通过搭建平台化研发体系，使新产品的开发更加垂直化与精细化，不断贴合客户需求。目前已建立并不断完善多种疫苗开发技术，为应对潜在疫病提供多样化的技术路径选择与储备。

创新营销方案，提倡生物安全

金宇生物积极响应国家相关政策，延伸和扩大疫病防控技术的服务范围，推动“组合免疫”“无针注射”等生物安全防疫理念的普及，举公司全国技术服务团队之力，满足客户的切实需求，实现对养殖终端的服务触达。

专·家·点·评

作为中国动保行业领军企业，金宇生物秉持“护佑动物安全，保障人类健康”的使命，遵循“人病畜防，关口前移”的疫病防控新要求和“绿色低碳”的企业发展新理念，着力打造世界一流的生物科技创新平台，致力于开展动物疫苗关键技术，引领国内动保行业转型升级。在推动国内动保行业技术进步，为我国畜牧养殖业高质量发展以及人畜共患病的防控做出重大贡献的同时，也为企业自身的可持续发展奠定了扎实、雄厚的基础。

——中国上市公司协会ESG专业委员会专家委员、
北京工商大学教授、安永研究院顾问委员　王鹏程

信息通信及科技业案例

阿里巴巴

基本情况

公司简介

阿里巴巴集团控股有限公司（简称“阿里巴巴”，股票代码09988.HK）是中国的互联网公司，也是全球领先的零售商业体之一，业务包括

中国商业、国际商业、本地生活服务、物流、云、数字媒体及娱乐以及创新业务及其他。围绕阿里巴巴的平台与业务，形成了一个涵盖了消费者、商家、品牌、零售商、第三方服务提供者、战略合作伙伴及其他企业的生态体系。为了实现“让天下没有难做的生意”的使命，阿里巴巴助力企业变革营销、销售和经营的方式，提升效率，并为商家、品牌、零售商及其他企业提供技术设施以及营销平台，帮助它们借助新技术的力量与用户和客户互动，更高效地经营。同时，阿里巴巴还为企业提供领先的云设施和服务，促进其数字化转型并支持其业务增长。

2023 年 3 月 28 日，阿里巴巴宣布启动“1+6+N”组织变革：在阿里巴巴集团下，设立阿里云智能、淘宝与天猫商业、本地生活、国际数字商业、菜鸟、大文娱六大业务集团和多家业务公司。业务集团和业务公司分别成立董事会，实行各业务集团和业务公司董事会领导下的 CEO 负责制，阿里巴巴集团全面实行控股公司管理，以释放公司增长潜力。

行动概要

近年来，各方对阿里巴巴 ESG 工作的关注度不断攀升，与此同时，其复杂的业务生态、参差的 ESG 工作进度，让阿里巴巴难以整体掌握 ESG 情况并回应外界利益相关方的关注。为此，阿里巴巴设立了包含可持续发展委员会、可持续发展管理委员会和 ESG 工作组的三级 ESG 治理架构。

阿里巴巴的 ESG 实践

背景 / 问题

多业务赛道发展、商业形态复杂、全球化运营的阿里巴巴 ESG 管理协同面临挑战。阿里巴巴拥有多元化的业务，涉及多样的上下游以及运营模式，并面向全球提供服务，因此不同业务间的 ESG 管理和汇报机制为根据业务自身情况设定、涉及的 ESG 议题在不同的业务下不尽相同，同一业务不同国家间的 ESG 工作进度存在差异，如何在阿里巴巴集团的 ESG 管理架构下建立业务集团对阿里巴巴集团的 ESG 管理和汇报机制、不同业务的 ESG 工作分配、不同业务间的 ESG 协同、不同国家间的 ESG 工作进度进行管理颇具挑战。

作为内部新兴工作，阿里巴巴需要建设 ESG 管理队伍。2021 年 ESG 工作才正式在阿里巴巴内部开始推行，阿里巴巴集团层面以及业务层面均需要深刻了解阿里巴巴及业务运营的专业 ESG 团队，以协调其他业务部门合作共同推进 ESG 工作，并定期向可持续发展委员会汇报集团层面和业务层面的 ESG 进展，确保 ESG 工作有序、有效开展。

行动方案

（1）可持续发展委员会

面对众多利益相关方对 ESG 的关注，阿里巴巴于 2021 年 12 月 14 日决定成立董事会层面的可持续发展委员会（见图 4-50），负责监督整个阿里巴巴集团的 ESG 工作，包括识别和评估 ESG 相关机会和风险，确保对 ESG 战略、目标和实施进行有力的监督和内部管理，评估 ESG 行动和计划的实施以及审核 ESG 相关披露。同时，在响应国家“碳达峰、碳中和”的历史性战略部署上，可持续发展委员会应对环境相关机会和风险进行判断和评估，并向董事会成员报告和建议环境相关事项，对内部环境相关战略规划和落地情况进行监督。

可持续发展委员会由多年来一直致力于环境保护和可持续发展工作的集团独立董事杨致远担任主席，以保证委员会的专业性，截至目前的组成成员包括董事蔡崇信和董事武卫。

在业务层面，阿里巴巴集团并未要求业务公司与集团保持相同的 ESG 治理架构，而是给予业务公司自行判断并建立符合业务模式的 ESG

治理架构的权力。阿里健康、阿里影业、高鑫零售均由董事会作为 ESG 的最高负责及决策机构，定期审阅批准 ESG 战略、目标、重大 ESG 风险，督促 ESG 工作的落实情况。

可持续发展委员会

2021 年，我们在董事会层面成立了可持续发展委员会，由杨致远担任该委员会的主席。可持续发展委员会代表董事会负责监督整个阿里巴巴集团 ESG 工作，包括识别和评估 ESG 相关机会和风险，确保对 ESG 战略、目标和实施进行有力的监督和内部管理，评估 ESG 行动和计划的实施及审核 ESG 相关披露

可持续发展管理委员会

在可持续发展委员会领导下，我们成立了可持续发展管理委员会（SSC），负责规划和执行 ESG 战略目标。我们还设立了 ESG 战略和运营部，直接与业务部门的 ESG 团队协调工作。ESG 战略和运营部负责执行管理委员会制定的战略和项目，建立和维护监测系统以衡量我们的进展

ESG 工作组

ESG 工作组由各业务单元的代表组成，与 SSC 领导的 ESG 战略和运营部协同，共同确保 ESG 战略目标的有效完成，并为之建立和维护 ESG 的衡量和管理系统

图 4-50　阿里巴巴可持续发展治理架构

（2）可持续发展管理委员会

在可持续发展委员会的领导下，阿里巴巴成立了可持续发展管理委员会，负责规划和执行 ESG 战略目标，管理阿里巴巴环境可持续发展，包括碳中和及环境议题的目标制定、策略设计、项目落地。

- 在业务层面，可以从上市子公司对于 ESG 管理的披露一窥究竟，阿里巴巴集团并未强制要求子公司根据阿里巴巴集团的管理架构对 ESG 进行管理，而是子公司可自行根据业务特色及外界环境确定 ESG 工作的统筹管理职能。
- 阿里健康 ESG 工作由首席执行官和首席财务官牵头，向董事会进

行汇报。

- 阿里影业设立由公司管理层组成的 ESG 执行小组，负责统筹 ESG 相关工作，为董事会审议 ESG 议题及决策提供支持，并定期向董事会汇报重大 ESG 风险事件及目标落实情况。
- 高鑫零售成立了由首席执行官与投资者关系总监组成的 ESG 管理委员会，负责制定 ESG 战略与目标、识别 ESG 相关风险、监督 ESG 工作执行，并定期向董事会汇报工作。

（3）ESG 工作组

ESG 战略和运营部与由各业务单元的代表组成的 ESG 工作组受可持续发展管理委员会领导，共同确保 ESG 战略目标的有效完成，并为之建立和维护 ESG 的衡量和管理系统。

在集团层面，ESG 战略与运营部与 ESG 工作组确定了阿里巴巴集团的 ESG 战略七瓣花，并设立了与各业务集团沟通对接的联系人，以保证集团与业务的顺畅沟通。在业务层面，各业务部门可根据自身运营特点，选择需要重点开展的 ESG 战略七瓣花中的方向，自行制定符合集团 ESG 要求的目标。在业务层面，子公司的 ESG 工作小组或相关业务部门负责落实 ESG 工作，并与集团 ESG 工作组和 ESG 战略和运营部保持联系。

通过顺畅的沟通交流机制和落实 ESG 工作的治理机制，阿里巴巴形成了业务相对独立但又符合集团战略和目标的 ESG 工作模式，以适应阿里巴巴复杂的业务形态和全球化的运营模式。

多重价值

由于互联网行业的特殊性，阿里巴巴对社会拥有很强的影响力，它对 ESG 的管理和工作的开展不仅改善了阿里巴巴内部的可持续性，也给外部环境带来了积极影响。

环境价值

促进温室气体减排。阿里巴巴运用自身的社会影响力，推动减少价值链上下游间接产生的温室气体排放，全力推动科技和商业创新。在范围 1、范围 2、范围 3 的温室气体排放范围之外，阿里巴巴承诺用平台的方式，激发自身运营和供应链之外更大的社会参与，并提出“范围 3+”的 15 年减碳目标。2022 年，阿里巴巴建立了“88 碳账户”体系，以“1+N”模式引导消费者绿色生活方式转型，主要为低碳商品、绿色出行、外卖减碳、闲置利用与回收再利用五个方面，覆盖淘宝、饿了么、闲鱼、高德、菜鸟等多种场景。2023 财年，阿里巴巴体系化开发“范围 3+”减碳标准，对外公布了经审计的“范围 3+”减碳量达到 2290.7 万吨。

社会价值

增强社会的包容和韧性。阿里巴巴关注社区发展进程，其中中国的城乡差距是其关注的重点。阿里巴巴发挥其互联网平台特性，在农村地区建立电子商务市场，持续赋能农村产业链发展所需的人才及技术，提高乡村商业的发展韧性。

助力中小微企业高质量发展。阿里巴巴持续发展负责任的科技，并在高效、绿色、包容、先进、开放五个方面持续投入，助力用好科技来服务社会，并秉持“让天下没有难做的生意”的使命，致力于和生态伙伴携手共同构建数字化的商业基础能力和市场链接，赋能其创业和经营。

展望未来

形成新组织架构，阿里巴巴集团对业务集团的管理模式发生变化。在新的“1+6+N”的组织架构下，各业务集团成立了董事会，独立决策，对自己负全责。这种组织架构能够充分释放各业务集团的能力，但如何在此架构下形成有效的 ESG 监督管理，包括业务集团 ESG 管理架构的搭建、业务集团向阿里巴巴集团汇报机制的建立等，将面临挑战。未来阿里巴巴需要在新的架构下加强对业务的 ESG 管控，规范汇报机制和责任化管理，以应对不断增强的外部利益相关方的关注。

专·家·点·评

阿里巴巴作为全球领先的零售商业体之一，通过领先的云设施和服务，构建了涵盖消费者、商家、品牌、零售商、第三方服务提供者、战略合作伙伴及其他企业的生态体系，践行了其所倡导的“让天下没有难做的生意”的使命。在发展过程中，阿里巴巴积极进行组织的深度调整，启动了“1+6+N”变革，通过组织的调整不断激发重大技术和业务创新。但由于业务赛道丰富、商业形态复杂、运营遍布全球，阿里巴巴在进行 ESG 管理协同方面面临不小的挑战。为此，阿里巴巴特别设置了可持续发展委员会和可持续发展管理委员会，加强 ESG 管控，并进一步规范汇报机制和责任化管理，大大地提高了 ESG 管理水平。

作为一家具有全球影响力的电商平台，阿里巴巴不仅需要响应国际的 ESG 管理模式，还应立足中国国情，充分利用其广泛的用户基础、强大的技术实力等优势，在巩固脱贫成果和乡村振兴方面做出自己的贡献，比如电商扶贫、数字乡村建设等。习近平总书记强调：“要把产业振兴作为乡村振兴的重中之重，积极延伸和拓展农业产业链，培育发展农村新产业新业态，不断拓宽农民增收致富渠道。”相信阿里巴巴能为国家的乡村振兴做出独特贡献。

——清华大学经管学院副教授、

互动科技产业研究中心主任　张佳音

万国数据

基本情况

万国数据服务有限公司（简称“万国数据”，股票代码 09698.HK）创立于 2001 年，在美国纳斯达克证券交易所（GDS）和香港联交所主板挂牌上市，是中国和东南亚领先的高性能数据中心运营商和服务提供商之一。截至 2021 年，万国数据的数据中心数量达到 99 个，主要分布于中国核心经济枢纽地区。依托 22 年安全可靠的数据中心托管及管理服务经验，万国数据为客户提供托管和管理服务，比如独特创新的管理云服务，目前所服务的客户主要包括超大规模云服务供应商、大型互联网公司、金融机构、电信与 IT 服务提供商以及国内大型企业和跨国公司（见图 4-51）。

图 4-51　万国数据

万国数据是中国数据中心乃至互联网行业首家承诺在 2030 年实现碳中和以及 100% 使用可再生能源的公司。万国数据的 ESG 愿景是“绿色智能基础设施平台连接可持续未来”。

万国数据的 ESG 实践

背景 / 问题

数据中心是支撑中国经济社会数字化转型、智能升级以及融合创新的新型基础设施，也是国家实现“双碳”目标、构建万物互联的绿色经济生态系统的关键底座之一，具有高技术、高算力、高能效和高安全的特征。高算力对应着高能耗，特别是随着新一代信息技术快速发展，数据资源存储、计算和应用需求大幅提升，对电力的需求和稳定性供给不断提高。如何提升能效并提高电力消耗中可再生能源的占比，是数据中心行业在推动“双碳”目标实现进程中，自身需要解决的首要问题。

全球数据中心行业一般以电能利用效率（PUE）作为能效衡量指标。PUE 是指数据中心总耗电量与数据中心 IT 设备（包括冷却系统、UPS 等）耗电量的比值，一般采用年均值。PUE 数值大于 1，越接近 1 表明用于 IT 设备的电能占比越高，制冷、供配电等非 IT 设备耗能越低。另外，数据中心的水资源利用效率（WUE）也是反映能效水平的重要指标。WUE 指数据中心总耗水量与数据中心 IT 设备耗电量的比值，WUE 数值越小，代表数据中心利用水资源的效率越高。在此基础上，越来越多的精细化管理指标也逐渐被引入，例如服务器电能利用效率（SUE）或数据中心基础设施能效（DCiE）等，反映了当前全球数据中心行业力图降低总体能耗，提升关键 IT 设备用能占比的趋势。

另外，数据中心行业的全生命周期碳足迹主要集中在 TCFD 范围 2 中定义的电力采购部分，因此，数据中心行业普遍重视并采用绿电采购或购买绿证的方式来抵消自身的碳排放。

数据中心行业具有互联网科技赋能潜力巨大和基础设施高能耗的双

重属性，对数据中心来说，实现减碳最直接有效的方式是使用可再生能源。在目前阶段，受限于数据中心需求布局和可再生能源供给的矛盾，数据中心通过绿电采购、绿证购买等手段实现净零排放还存在较大缺口，需要积极探索参与上游可再生能源投资、开发、锁定供应的方式满足自身需求，无论是建设分布式/分散式自发自用资源和系统，还是与可再生能源发电商签订长期购电协议（PPA）锁定绿电供应，数据中心从业者均需要紧密把握市场供需变化和价格波动的风险，精益流程管理，降低能耗，提高能效。同时积极探索新兴技术，如氢能、储能和数据中心结合、质子交换膜（PEM）燃料电池技术替代柴油发电、固态氢燃料电池（SOEC）发电等。

万国数据从董事会层面到执行层面都高度重视可持续发展议题，不仅专门成立了可持续发展委员会，制定可持续发展战略和实施路径方案，还聘请专业机构编制 ESG 报告履行披露责任。作为境外上市公司，万国数据以合规披露为出发点，切实将各项战略目标细分并落到实处，不断通过优化公司全流程管理，在建设和运行过程中提升节能减排水平，提高可再生能源的使用比例，提升能效，降低 PUE 以及参与绿电、绿证交易等手段，践行可持续发展理念，其经验值得广大同业者借鉴和学习。

行动方案

（1）目标建立有据可依

万国数据对中国的数据中心行业发展的内外部环境进行了系统性分析，并结合自身业务发展现状和规划，制定了完整的可持续发展和 ESG 战略及其实施路线图，着重以降低碳排放强度、降低 PUE、提升可再生能源使用比例以及数据中心绿色认证等四个方面为抓手，逐项设定 2030 年远期目标，并制订了具体的实施方案：

- 降低碳排放强度，2030 年实现碳中和。

- 提升能效，降低 PUE，2030 年达 1.20。
- 提高可再生能源使用比例，2030 年达 100%。
- 用绿色低碳的方式开发新数据中心，到 2030 年，自 2020 年以来新投运的自建数据中心 100% 申请绿色建筑认证。

（2）战略落实具体到位

1）环境方面

- 截至 2021 年，万国数据全年可再生能源使用比例达 34.3%，同比上升 11.7%，其中直接采购可再生能源的数据中心数目从 6 家大幅上升至 13 家，采购量激增 261%。
- 强化 PUE 全流程管理，在电力保供形势严峻而被迫增加柴油使用量的情况下，仍实现 PUE 从 2020 年的 1.34 下降到 2021 年的 1.32。
- 万国数据是数据中心行业中第一批在北京、上海、成都、广东、张北等地参与绿色电力交易的企业，也是第一批参与北京碳市场交易的数据中心企业。万国数据不断通过使用绿电交易、绿色电力证书以及开发场地可再生能源系统自发自用等实践，提升可再生能源的使用比例。
- 积极探索实践液冷、储能及氢能等新型能源架构和新技术方案，丰富建设绿色低碳甚至零碳数据中心的实践。除此之外，万国数据也正在将碳排放管理从运营阶段拓展到设计和施工阶段，覆盖完整的数据中心生命周期。

2）社会方面

万国数据通过为客户提供一流的智能基础设施平台，赋能员工，携手价值链，关注社区发展，为所有利益相关方创造价值：

- 万国数据持续为客户提供前沿的数据中心设施，确保一流的可靠性和正常运行时间，并提供独特且专业的客户服务。

- 万国数据持续为员工提供良好的工作环境和职业发展机会，为处于职业生涯不同阶段的员工设立系统的培训项目，建立更健全的多元化和包容性政策并落实相关项目。
- 万国数据持续向公司供应链传播ESG知识，并要求供应商落实ESG最佳实践，加强对供应商ESG绩效的监督，从而增强价值链整体的可持续性。
- 万国数据持续为当地的社区发展做出贡献，并鼓励员工参与到社区发展中。

3）公司治理方面

万国数据从董事会层面到执行层面都高度重视碳中和议题，在做出碳中和承诺前，也大量访谈了外部各领域专家，从而更清晰地了解了行业趋势。公司内部建立ESG管理框架并成立了可持续发展委员会，承诺将从以下三个方面将可持续发展融入所有工作中：

- 将环境影响降到最低。
- 为所有利益相关方创造价值。
- 以严格的公司治理建立信任。

（3）狠抓实效成果显著

低碳减排效益表现：2021年，公司购买绿电超过14亿度，同比增长129%，绿电比例达34.3%。碳排放强度相比2020年降低27%；能源效率提升1.5%，比全球行业平均水平高了16%。自2020年起，万国数据新开发的项目中有68%按照绿色建筑标准建造（见图4-52和图4-53）。

生态环境效益表现：万国数据的数据中心一般在工业用地上建设，而且不存在对外排放污染，对环境的影响非常小，生态环境效益不是万国数据的重要实质性议题。万国数据所有的新建项目都将基于LEED[一]或

[一] 美国LEED体系是一个国际性绿色建筑认证系统。

等效的绿色建筑标准建造，其绿色建筑标准中也融入了生物多样性保护、防止水土流失等元素。

图 4-52　万国数据上海 3 号数据中心太阳能墙

图 4-53　万国数据 Smart DC 电力系统预制模块

社会责任效益表现：2021 年，万国数据向中国扶贫基金会捐赠 500 万元，员工个人捐赠近 26 万元，与河南人民、郑州人民站在一起，共同抗灾（见图 4-54）。除此之外，万国数据携手中国扶贫基金会开启 GDS 公益事业“爱心厨房”项目，在 6 所学校安装“爱心厨房”设备，改善了学校学生供餐条件（见图 4-55）。

图 4-54　万国数据河南水灾救援

图 4-55　万国数据爱心厨房项目

治理提升效益表现：通过增加可再生能源利用、减少碳足迹，万国数据可再生能源使用比例的绝对数量位于行业领先位置；优化运营效率，减少资源消耗，万国数据获国家绿色数据中心认可，2021 年其 PUE 为 1.32，远低于全球平均水平 1.57。

（4）积极创新着眼未来

万国数据积极探索数据中心在未来 10 年综合利用可再生能源（风能、太阳能、水电）的不同模式，验证“东数西算”与净零排放结合的场景，同时探索氢能、源网荷储等技术与数据中心场景的耦合。

多重价值

万国数据有机会成为中国甚至全球领先的新型绿色基础设施。为此，万国数据制定了清晰的战略并聚焦核心的减排领域，依托技术创新，探索节能减排和碳足迹抵消的有效途径。万国数据的 ESG 实践获得了各利益相关方的认可。

万国数据有四座数据中心入选“2021 年度国家绿色数据中心名单”，多座数据中心获得了开放数据中心委员会（ODCC）绿色数据中心 5A 评级及 LEED 金级认证等荣誉。

国际环保机构绿色和平发布的《绿色云端 2022》，对中国 24 家领先互联网云服务与数据中心企业的碳中和表现进行了排名，万国数据在中国数据中心企业排行榜中排名第一。

专 · 家 · 点 · 评

数据中心已经成为支撑经济社会数字化转型的重要基石。在数字经济和气候变化的双重作用下，实现可持续发展已经成为数据中心行业的重要课题。万国数据作为率先承诺在 2030 年同时实现碳中和 100% 使用可再生能源的数据中心企业，已经将可持续发展的理念与自身独特、开放的智能基础设施平台深度融合，展现出行业低碳升级领军者的担当。

在全维降碳、客户赋能、人力资源战略、严格治理等多个议题上，万国数据已经取得显著进展。万国数据不仅持续创造商业价值，而且积极回报社会，展现出强烈的社会责任感。

万国数据作为行业中ESG竞争力领先实践的企业，在增强自身可持续经营的同时，也贡献于全球可持续转型的进程。它的前瞻性和创新性不仅将塑造行业的未来，也将带给其他企业深刻的启示并起到引领作用。

——金蜜蜂智库首席专家、责扬天下管理顾问创始人　殷格非

金融服务业案例

中国银行

背景

2022年6月，银保监会发布《银行业保险业绿色金融指引》，要求银行保险机构从战略高度推进绿色金融，加大对绿色、低碳、循环经济的支持，防范环境、社会和治理风险，提升自身的环境、社会和治理表现，促进经济社会发展全面绿色转型。2023年中央金融工作会议指出，要把更多金融资源用于促进绿色发展，做好绿色金融大文章。银行业作为金融体系的核心，对于推进可持续发展起到了举足轻重的作用。作为全球化程度最高的中资商业银行，中国银行（股票代码601988）将绿色发展融入经营管理与业务发展的各个环节，助力经济社会发展全面绿色转型。

中国银行的ESG实践

整体方针

党的十八大以来，以习近平同志为核心的党中央把生态文明建设作为关系中华民族永续发展的根本大计，开展了一系列根本性、开创性、

长远性的工作。人与自然和谐共生的美丽中国正在从蓝图变为现实。中国银行坚持以“绿色金融服务首选银行”为目标，紧扣金融服务实体经济、推动高质量发展的主体责任，继续完善绿色金融治理架构、夯实政策体系与 ESG 风险管理机制，为绿色发展保驾护航；不断丰富产品服务，依托全球化、综合化经营优势，实现绿色金融产品与服务高质量发展；坚持以创新促发展，以合作谋共赢，积极参与全球气候治理，强化绿色金融能力建设，携手广大利益相关方共促生态和谐；切实将绿色发展理念融入自身运营全过程，助力经济、环境和社会效益有机统一、协调发展。

行动计划

（1）优化绿色治理体系

中国银行充分发挥董事会、管理层在绿色金融领域的组织管理作用，坚持董事会、管理层、专业团队的三层治理架构。董事会（或董事会专业委员会）负责审批绿色金融发展规划、高级管理层制定的绿色金融目标和提交的绿色金融报告，监督、评估绿色金融发展规划执行情况，绿色金融委员会负责集团绿色金融工作统筹管理和专业决策，行领导担任主席，统筹、指导、协调绿色金融各项工作。总行设有绿色金融团队，推动集团绿色金融的具体工作。

（2）夯实环境政策基础

中国银行以“十四五”绿色金融规划为战略统领，不断完善“1+1+N”绿色金融政策体系。2022 年，中国银行发布了 20 余项配套政策，形成了涵盖 13 个方面的政策支持包，有力支撑绿色金融发展。

中国银行推动信贷资源向清洁能源、绿色建筑、绿色交通等产业倾斜，助力高碳企业转型升级。截至 2022 年年底，中国内地绿色信贷余额（原银保监口径）达 19 872 亿元，同比增长 41.08%，绿色信贷不良率低于 0.5%。中国银行充分发挥全球化优势，积极参与具有国际影响力的标杆性绿色项目，支持全球已运行的最大规模海上风电场等项目，在彭博“全球绿色贷款”和“全球可持续挂钩贷款”排行榜中，均位列中资银行第一。中国银行持续提升综合化服务水平，提高绿色金融供给与需求的适配性，打造“中银绿色 +”品牌，推出五大类数十项绿色金融产品与服务，覆盖贷款、贸易金融、债券、保险等领域，绿色债券的发行、承销、投资均保持市场领先。中国银行还创新个人绿色金融产品，推动消费端实现绿色转型，助力形成绿色消费新风尚。

（3）深化客户 ESG 风险管理

中国银行参考 TCFD 和中国央行与监管机构绿色金融网络（NGFS）对气候风险的定义及分类，从物理风险和转型风险的角度，识别并分析气候风险对中国银行主要风险（如信用风险、市场风险、流动性风险、操作风险、声誉风险、国别风险、信息科技风险等）的传导路径和影响。

风险管理流程。中国银行制定了《客户环境（气候）、社会和治理风险管理政策（2022 年版）》，经由风险总监担任主席的绿色金融委员会审议通过，以加强对信贷及投资全流程的管理，包括客户分类、尽职调查、业务审批、合同管理、资金拨付、贷后管理、投后管理等各个环节。综合经营公司制定了 ESG 风险管理相关政策，覆盖投行、保险、基金、租赁、理财和投资等行业。中国银行积极支持“一带一路”绿色低碳建设，加强境外项目 ESG 风险管理，停止向境外新建煤炭开采和新建煤电项目提供融资。

风险识别。中国银行依据潜在的环境（气候）与社会风险程度、所属行业和发展阶段等因素，将客户分为 A、B、C 三类，在相关业务管理系统中进行标签标注；定期对分类进行重审，如遇突发事件引起等级变动，及时在系统内更新。

风险计量。2022 年，中国银行将气候风险敏感性压力测试的范围扩展到电力等 8 个高碳行业，评估中国银行在“双碳”目标下应对转型风险的能力。

中国银行也在内部评价模型相关模块中加入环境（气候）、社会和治理风险相关因子，探索试点 ESG 评估模型，评估客户及其项目的 ESG 风险状况及业务影响，强化 ESG 风险管理能力。

风险评估。为了切实防范业务产生的 ESG 风险，中国银行加大尽职调查和信用审批力度，提高 ESG 风险防控能力。

风险监测和报告。中国银行根据设置的组合及行业层面指标，定期监测棕色行业敞口[1]及占比，并将评估结果通过集团风险报告报送董事会风险政策委员会。同时，将 ESG 相关内容纳入内控合规检查范围，开展绿色信贷数据常态化核查，切实降低“漂绿”风险；建立完善的 ESG 风险报告机制，充分排查和监督集团 ESG 风险状况，并根据情况及时报告。

风险控制和缓释。对于钢铁、水泥、电解铝、煤化工等 ESG 风险较高的行业，中国银行明确特定条件下的授信由总行审批。对积极增长类的绿色相关行业扩大授权支持，下放部分光伏行业的授信审批权限，上收炼焦等部分行业的授信审批授权。

（4）积极践行绿色运营

中国银行将绿色低碳发展理念融入集团管理、业务发展、自身运营全过程。继在国有大行中率先完成集团运营碳盘查工作的基础上，中国银行开展环境足迹盘查工作，覆盖境内外 1.1 万家分支机构。盘查结果显示，2019—2022 年，中国银行集团总能耗降低 4.86%，直接温室气体排放降低 15.58%。

（5）加强绿色金融能力建设

中国银行制定了绿色金融示范机构评价办法及特色网点建设方案，截至 2022 年年底，已评选产生绿色金融示范机构一级分行 8 家、二级分

[1] 是指不合理、能耗高、污染大的产业。

行 12 家，已建成绿色金融特色网点 157 家。搭建了“十四五”绿色金融人才培养体系，加强研究与培训，形成了涵盖战略政策、金融产品、金融标准与信息披露等 8 大主题的课程体系，预计 2025 年将拥有绿色金融人才约 1 万人。

多重价值

2022 年 6 月 1 日，中国银保监会发布《银行业保险业绿色金融指引》，明确银行保险机构应将环境、社会、治理要求纳入管理流程和全面风险管理体系，要求银行保险机构不仅要对客户本身的 ESG 风险进行评估，还要重点关注客户的上下游承包商、供应商的 ESG 风险。中国银行将 ESG 纳入授信管理是对监管要求的有效贯彻落实，全面落实“绿色金融服务首选银行”的战略目标，紧扣金融服务实体经济、推动高质量发展的主体责任，继续完善绿色金融治理架构、夯实政策体系与 ESG 风险管理机制的具体表现。通过提升自身 ESG 水平，助力经济、环境和社会效益有机统一、协调发展，为实现“碳达峰、碳中和”目标不断贡献力量。

中国银行是最早系统披露年度企业社会责任表现的内地金融机构之一，已连续 16 年发布专业化的社会责任报告。近年来中国银行持续强化 ESG 管理，将 ESG 理念全面融入集团经营发展，不断优化社会责任履责与 ESG 信息披露。2022 年 3 月发布的《中国银行 2021 年度社会责任报告（环境、社会、治理）》作为中国银行首份 ESG 报告，专业系统地收录 ESG 内容，向各界全面介绍了中国银行践行社会责任、推动 ESG 发展的相关情况，发布以来受到了多方肯定，在香港管理专业协会举办的“2022 最佳年报奖”评选中荣获“环境、社会及管治资料报告卓越奖”。

除此之外，中国银行主动融入全球绿色治理，已签署或参加联合国负责任银行原则（PRB）、气候相关财务信息披露工作组（TCFD）、“一带一路”绿色投资原则（GIP）等绿色和ESG相关倡议及机制，积极支持联合国《生物多样性公约》第十五次缔约方大会（COP15）配套活动，深度参与国内外一系列标准的制定，与全球共享绿色金融研究成果和发展机遇。作为北京2022年冬奥会和冬残奥会官方银行合作伙伴，中国银行积极践行“绿色奥运”理念，支持绿色冬奥场馆及基础设施项目的建设，全面落实冬奥会网点建设和运营低碳环保要求，实现冬奥会金融服务碳中和。

近年来，中国银行绿色金融发展迅速，获得广泛市场赞誉，已在绿色可持续领域获得诸多国际、国内权威奖项，并在安永首届上市公司可持续发展官高峰论坛暨年度最佳奖项评选中荣获“评委会特别奖”和“年度最佳奖项2022优秀案例”两项大奖。

专·家·点·评

中国银行的ESG管理具有比较明显的行业特色，它聚焦绿色信贷和ESG风险管理，在ESG风险管理机制方面进行了较好的实践，也获得了业内的认可。中国银行在绿色低碳领域的ESG管理既包括银行自身运营中的环境影响，也包括其客户的环境影响。

中国银行的ESG管理重视组织架构和机制建设，在碳足迹盘查、零碳网点、客户ESG风险管理等方面开展了卓有成效的工作。如果ESG管理能从风险防控进一步扩展到市场机遇开拓方面，对银行的业务发展会更加有帮助。此外，除了银行开展的ESG政策和管理以及获得的奖项，如果中国银行能够进一步提供管理政策之下的具体实践，案例会更加丰富和生动。

——对外经济贸易大学国际经济研究院研究员、

技术性贸易措施研究中心主任　李丽

工商银行

基本情况

中国工商银行（简称“工商银行”，股票代码 601398）成立于 1984 年 1 月 1 日。2005 年 10 月 28 日，工商银行整体改制为股份有限公司。2006 年 10 月 27 日，工商银行成功在上交所和香港联交所同日挂牌上市。

工商银行致力于建设中国特色、世界一流的现代金融企业，拥有优质的客户基础、多元的业务结构、强劲的创新能力和市场竞争力。工商银行将服务作为立行之本，坚持以服务创造价值，截至 2022 年 12 月末，向全球超过 1000 万公司客户和 7.20 亿个人客户提供丰富的金融产品和优质的金融服务，以自身高质量发展服务经济社会高质量发展。工商银行将社会责任融入发展战略和经营管理活动，在服务制造业、发展普惠金融、支持乡村振兴、发展绿色金融、支持公益事业等方面受到广泛赞誉。

背景

随着监管推动和人类面对的环境和社会问题加剧，ESG 转型将成为包括金融机构在内的众多企业实现未来发展的必由之路。因此领先金融机构应加速转型，从而获得先发优势，让 ESG 成为自身核心竞争力之一。

工商银行的 ESG 实践

整体方针

工商银行在经营发展过程中，始终坚持经济责任与社会责任相统一，在集团发展规划中就发展绿色金融、支持生态文明建设进行重点布局，明确提出要建设境内“践行绿色发展的领先银行”，并将“加强绿色金融与 ESG 体系建设”作为具体举措推进实施。在工商银行“十四五”时期发展战略规划中，提出“适应时代、竞争领先、普惠大众”的任务使命，强调要顺应能源革命、清洁生产和循环经济新潮流，加快绿色金融创新发展，增强生态文明建设服务水平。

行动计划

（1）将ESG纳入全面治理架构

工商银行将ESG理念纳入经营宗旨，明确董事会及专门委员会在审议、监督、评价ESG工作进展等方面的职责；在管理层成立了绿色金融（ESG与可持续金融）委员会，统筹指导公司成员机构落实公司绿色金融、ESG与可持续金融战略；构建了覆盖各层级员工的培养发展体系，加强全员ESG培训，助力员工实现个人价值。

（2）围绕“双碳”工作加强顶层设计

工商银行为积极服务国家“双碳”目标，制定了《中国工商银行碳达峰碳中和工作方案（试行）》，对全行“双碳”工作进行了系统部署。发布了《关于加强“两高”行业投融资管理的通知》《“碳达峰、碳中和”目标下投融资结构中长期优化策略》《项目贷款评估中环境与社会风险评价指引》《关于完善碳市场金融服务业务布局的意见》等文件，初步形成了涵盖境内境外、短中长期、投融资与自身绿色转型的政策制度框架。

（3）将气候变化纳入全面风险管理

在应对气候变化风险控制方面，工商银行将气候风险管理纳入《全面风险管理规定》，研究将气候因素纳入内部评级，进一步完善气候风险数据库，加强有关气候风险的合作交流。工商银行与中国银行业协会共同发起成立“中国银行业支持实现碳达峰碳中和目标专家工作组”，引导金融行业实现绿色低碳发展。

（4）将ESG因素纳入投融资流程

工商银行在投融资管理过程中积极体现ESG因素。一是自2013年起，逐年修订印发行业（绿色）信贷政策。发布《境内法人客户投融资绿色分类管理办法（2021年版）》，按照贷款对环境的影响程度，将全行境内境外公司贷款客户和项目分为四级、十二类，并将其嵌入行内资产管理系统，将 ESG 因素融入投融资管理流程。二是通过差别化的信贷管理政策，从资金定价、费率优惠、资源保障等方面，持续加强对扶贫、教育、就业、医疗等社会责任领域的金融资源倾斜。三是明确提出将环境与社会风险合规要求纳入投融资全流程管理，在同业中率先开展环境风险压力测试。

（5）减少运营与投融资碳足迹

为响应国家“2030 年‘碳达峰’、2060 年‘碳中和’”的双碳目标，工商银行全面、深入推进全行自身运营的“双碳”工作，从 ISO 14064 定义的范围 1 和范围 2 披露了 2020—2022 年三年的境内碳排放数据。在自身运营端，工商银行积极推动自身建筑和数据中心节能减排，通过扩大自然冷却运用范围、进行机房基础设施置换、持续优化机房气流组织、合理规划 IT 设备布局等技术优化和精细化管理手段，实现数据中心电能利用效率逐年下降，借助分行机房优化转型完成部分二级分行机房上收和模块化改造，在机房节能降碳方面取得较大成效。同时，工商银行积极推进网点低碳建设，将绿色发展理念融入网点的建设与运营，打造绿色低碳、安全高效、舒适便捷的网点新空间。工商银行还持续更新迭代网点装修设计标准，贯彻绿色环保、低碳节能理念，加强网点自然采光和通风换气，探索采用电子化标识标牌和模块化家具设施，加大低能耗、低污染、可回收的环保低碳材料在网点装修中的应用。

工商银行在同业中首家自行研发投产的碳足迹管理数据统计系统，实现了信息数字化填报、标准化审批、自动化汇总。收集的数据包括 3 个大类、58 个小类，累计收集 260 多万条数据，改变了目前业内手工填报、层层汇总的传统工作模式，大幅提高了工作效率，为开展“双碳”工作奠定了坚实基础。

截至 2022 年 12 月末，在绿色低碳投融资方面，工商银行投向节能环保、清洁生产、清洁能源、绿色服务等绿色产业的贷款余额达 3.98 万亿元，居同业首位，增量领跑同业。工商银行积极支持国家能源供应安全和低碳转型战略，全行清洁能源贷款中风电、光伏发电贷款余额占电力行业贷款总量截至 2022 年 12 月末达到 37.8%，高于同期风力及光伏发电在中国电力结构中的比重。

（6）创新 ESG 金融产品

工商银行依托自身的综合业务优势与强大创新能力，成为 ESG 金融产品发展与创新排头兵。一是“贷 + 债 + 股 + 代 + 租 + 顾”的绿色金融产品体系初步建立。截至 2022 年 12 月末，绿色贷款余额 3.98 万亿元（原银保监会口径），规模与增量均保持可比同业第一；累计发行境外绿色债券 179 亿美元；其中，2022 年全年累计主承销各类绿色债券 67 只，募集资金 2248.40 亿元，募集资金全部投放于清洁能源、绿色发展等领域，有效支持了绿色经济的发展。二是普惠金融产品发展形成优势。截至 2022 年 12 月末，工商银行普惠贷款余额 15 503.16 亿元（原银保监会口径），增速为 41.1%，新增首贷户 50 303 户。三是创新 ESG 指数和基金产品。2018 年 12 月，工商银行与中证指数公司联合研发的“中证 180 ESG 指数”上线；2021 年 5 月，工银瑞信推出以该指数为标的的 ESG 主题 ETF 基金；工商银行联合中央结算公司发布“中债 – 工行绿色债券指数”；工银理财联合中证指数发布“中证工银碳中和资产配置指数”。

（7）ESG 信息披露体系逐步完善

自 2007 年起，工商银行连续 16 年编制发布年度社会责任报告，并自 2021 年起开始披露半年度 ESG 专题报告，构建了年度报告、专题报告和常态化信息披露三位一体的 ESG 信息披露体系。工商银行与联合国负责任投资原则组织共同牵头中英环境信息披露试点工作，并在该机制推动下，连续 5 年发布了基于 TCFD 气候与环境信息披露框架的《绿色金融专题（TCFD）报告》。此外还在官网开辟ESG专栏，设置“ESG动态”栏目，实时披露ESG管理成效和工作成果。

中国工商银行通过持续强化ESG管理理念，提升ESG管理水平，努力实现经济效益与社会价值的有机统一，将绿色办公、低碳出行、环保生活融入日常经营，践行大行使命，推动自身绿色发展。

多重价值

践行ESG对于银行来说是“名利双收”的。商业银行不仅可以通过绿色信贷业务取得出色的财务表现，而且能够在ESG建设过程中提升企业形象，提高社会影响力。工商银行积极承担社会责任，不断完善ESG信息披露体系，以符合新发展理念和实现高质量发展要求，并积极履行社会责任，进而推动经济、社会、环境综合价值的提升，为推动ESG深入实践贡献力量。

工商银行制定了清晰的“碳达峰、碳中和”战略目标，持续加强气候风控机制建设，将气候风险纳入银行的全面风险管理体系；通过配置金融资源，支持产业结构优化、能源结构调整、绿色低碳技术研发等领域；不断探索构建绿色创新产品体系，围绕节能环保、清洁能源、生态环境、气候变化等领域，结合自身经营特点，开展产品和服务创新，积极稳妥地为碳市场提供综合金融服务；加强绿色金融交流，积极探索金融支持应对气候变化的新模式、新路径、新机制。工商银行的ESG实践在服务国家战略的同时也推动自身发展，助力经济社会高质量发展。

2022年11月5日，中国工商银行在第五届进博会上正式发布绿色金融品牌“工银绿色银行+”。该品牌立足于工商银行绿色金融长效发展机制，积极倡导“和合、共融、友好”理念，通过发挥工商银行在绿色金融领域的核心优势，以更多助力、更多协作，为绿色发展注入金融活水，让地球家园更美丽，实现"'加'更多，'家'更美"。该品牌入选中央广播电视总台《品牌强国之路》栏目，《中国工商银行 加更多 家更美》在 CCTV-2 播出，节目以工商银行在安吉县的绿色金融成果为切入视角，展示了工商银行如何用绿色金融积极服务助力浙江的绿水青山转化为实实在在的金山银山。

专·家·点·评

企业贯彻落实 ESG 理念，必须突破传统基于成本—收益考量的简单逻辑，确立经济、社会、环境协同发展的深远格局，这需要金融机构发挥经济命脉作用，以绿色金融引领低碳发展和生态文明建设。工商银行不断完善 ESG 治理架构，建立促进"双碳"目标各方面议题系统落实的行动方案，通过创新金融产品，规范信息披露，强化利益相关方沟通机制，以切实行动造福绿水青山，积极践行国有商业银行的责任使命。

——北京工商大学国际经管学院党委书记、教授、博士生导师　郭毅

邮政储蓄银行

基本情况

中国邮政储蓄银行（简称"邮政储蓄银行"，股票代码 601658）可追溯至 1919 年开办的邮政储金业务，至今已有百年历史。2007 年 3 月，在改革原邮政储蓄管理体制基础上，中国邮政储蓄银行有限责任公司挂牌成立。2012 年 1 月，邮政储蓄银行整体改制为股份有限公司。2016 年 9 月，邮政储蓄银行在香港联交所挂牌上市；2019 年 12 月，在上交所挂牌上市。

邮政储蓄银行拥有近 4 万个营业网点，服务个人客户超 6.5 亿户。邮政储蓄银行定位于服务"三农"、城乡居民和中小企业，依托"自营 + 代理"的独特模式和资源禀赋，致力于为中国经济转型中最具活力的客

户群体提供服务，加速向数据驱动、渠道协同、批零联动、运营高效的新零售银行转型。

面对中国发展新的战略机遇，邮政储蓄银行深入贯彻新发展理念，紧扣高质量发展主题，坚持稳中求进的工作总基调，全面深化改革创新，加快特色化、综合化、轻型化、数字化、集约化转型发展，坚定履行国有大行经济责任、政治责任和社会责任，持续提升服务实体经济质效，着力提高客户服务能力，努力建设成为客户信赖、特色鲜明、稳健安全、创新驱动、价值卓越的一流大型零售银行。

背景

党的二十大报告中提出“推动绿色发展，促进人与自然和谐共生”，金融机构应当高度聚焦当前党中央对绿色金融发展的目标要求，准确把握绿色金融对建设金融强国的重要作用，积极支持“碳达峰、碳中和”国家战略和应对气候变化。从行业属性来说，银行业履行了很多社会责任，比如全面落实“六稳”“六保”任务、服务实体经济发展、助力脱贫攻坚、践行普惠金融、推动社会低碳转型、反腐败、反贪污等。银行业通过披露ESG信息，可大大促使其他行业改善其ESG披露信息的广度和深度，促进其他行业进行中国特色的ESG实践。同时，银行在“双碳”背景下举足轻重，有助于评估中国绿色转型进程。邮政储蓄银行通过践行ESG理念，发挥其在绿色信贷、绿色产品创新、绿色金融政策落地等绿色金融领域的重要作用，不断丰富“金融活水”的价值内涵。

邮政储蓄银行的ESG实践

整体方针

邮政储蓄银行在ESG领域持续深耕多年。在绿色低碳发展方面，邮政储蓄银行坚持绿色发展理念，支持联合国2030年可持续发展目标和

《巴黎协定》，采纳负责任银行原则，成为气候相关财务信息披露工作组支持机构，大力发展可持续金融、绿色金融和气候融资（气候投融资），支持生物多样性保护，积极探索转型金融和公正转型[㊀]，努力建设一流的绿色普惠银行、气候友好型银行和生态友好型银行。

在助力经济社会发展方面，邮政储蓄银行积极落实国家战略，创新服务“三农”、城乡居民和中小企业，全力打造有担当、有韧性、有温度的一流大型零售银行，在服务经济社会发展大局中诠释大行担当。邮政储蓄银行以推进“三农”金融数字化转型为主线，以农村信用体系建设为抓手，以“三农”金融业务集约运营改革为支撑，持续巩固线上线下有机融合的核心竞争优势，致力于打造服务乡村振兴的数字生态银行。

在优化公司治理体系方面，邮政储蓄银行董事会高度重视 ESG 建设，董事会下设社会责任与消费者权益保护委员会，推动将 ESG 相关工作融入全行的发展战略、治理结构、企业文化及业务流程，在发展绿色金融、普惠金融、乡村振兴、消费者权益保护等方面发挥大行作用。与此同时，邮政储蓄银行高度重视 ESG 信息披露，定期发布业绩报告、《社会责任（环境、社会、管治）报告》等，不断提升 ESG 信息披露质量，接受利益相关方监督，引导全行不断提升 ESG 管理水平。

行动计划

（1）优化顶层设计，加强战略引领

邮政储蓄银行董事会承担绿色金融主体责任，将“碳达峰、碳中和”及绿色银行建设纳入本行中长期发展战略纲要和“十四五”规划纲要，提出积极支持绿色、低碳、循环经济，助力美丽中国建设。高管层制订落实“碳达峰、碳中和”行动方案，提出建设一流的绿色普惠银行、气

㊀ 用来描述向低碳经济的转变，转变过程中尽可能减小化石燃料带来的社会和经济干扰，同时尽可能扩大对劳动者、社区和消费者的益处。

候友好型银行和生态友好型银行目标。总行、分行及控股子公司成立“碳达峰、碳中和”暨绿色金融领导小组，总体部署和系统推进相关工作。

（2）加大产品创新，支持绿色发展

邮政储蓄银行坚守战略定位，发挥资金优势和网点优势，围绕“污染防治”“节能环保”“生态农业”等重点领域，推出光伏发电设备小额贷款、小水电贷款、排污贷、垃圾收费权质押贷款、合同能源管理项目未来收益权质押贷款、极速贷、小微易贷等绿色金融产品，创新“竹林碳汇贷”“生态公益林补偿收益权质押贷款”“两山贷”等产品，推动绿色金融与普惠金融融合发展。在具体实践方面，邮政储蓄银行落地多笔与可持续发展挂钩的金融业务，推出“绿色票据 + 数字人民币”创新贴现产品“绿色 G 贴”，携手德交所[一]发布“ STOXX 中国邮政储蓄银行 A 股 ESG 指数”，承销全国首单“可持续发展挂钩 + 能源保供”债权融资计划等。邮政储蓄银行获评中国上市公司协会“2022 年 A 股上市公司 ESG 最佳实践案例”、国务院国资委中国大连高级经理学院“2022 年度‘碳达峰、碳中和’行动典型案例”等。

（3）坚持底线思维，加强 ESG 风险管理

邮政储蓄银行发布《中国邮政储蓄银行环境、社会和治理风险管理办法》，将 ESG 要求纳入授信管理全流程。邮政储蓄银行率先与公众环境研究中心（IPE）合作，将蔚蓝地图[二]环保数据接入行内“金睛”信用风险监控系统，将“基于大数据技术的绿色信贷服务”项目纳入中国人民银行营业管理部金融数据综合应用项目试点，致力于推进环境与气候风险管理的数字化转型。邮政储蓄银行开展气候风险敏感性压力测试和 ESG 及气候风险专项排查，还上线绿色标识自动识别和节能减排测算功能。

[一] 德意志交易所，一般指德国证券交易所。

[二] 地图和天气软件。

（4）加强合作交流，提升专业能力

邮政储蓄银行积极参与中国生态环境部、中国人民银行、原中国银保监会（现国家金融监督管理总局）、中国银行业协会、高校研究机构等举办的研讨交流活动，签署《支持全国碳市场发展战略合作协议》《银行业金融机构支持生物多样性保护共同宣示》《银行业金融机构支持生物多样性保护共同行动方案》，出版《商业银行气候融资研究》专著，完成《碳中和目标下商业银行低碳转型路径研究》报告。邮政储蓄银行与国际战略投资者开展专业合作，学习借鉴国际绿色金融领先机构的智慧和经验。

（5）深化绿色运营，提升绿色表现

邮政储蓄银行开展温室气体排放核算项目，了解目前碳排放的基线和差距，科学制订有针对性的碳减排计划；推动节能减排和绿色转型，36家一级分行及控股子公司的主要负责人签订生态环境保护工作责任书；贯彻绿色发展理念，发起“绿色办公、低碳生活”倡议书，推动全行形成节能减排的自觉意识和行动；挂牌成立碳中和支行、绿色支行和绿色金融中心等绿色金融机构25家。

（6）对标国际准则，完善信息披露

邮政储蓄银行通过年报、中报、社会责任（环境、社会、管治）报告、环境信息披露报告、业绩推介及路演等活动，充分披露本行的ESG表现情况，主动对标国际准则，采纳负责任银行原则，加入联合国环境规划署金融倡议（UNEP FI），成为气候相关财务信息披露工作组支持机构，签署了联合国《可持续蓝色经济金融倡议》，成为国内首家签署该倡议的国有大型商业银行。

多重价值

在全球积极应对气候变化的大背景下，践行ESG理念，一方面有助于推动银行加速可持续发展转型，挖掘绿色低碳市场机遇，另一方面有助于银行更好地适应行业监管趋势。此外，将ESG理念纳入企业日常经营，有助于银行实现更加稳健经营、规范治理。在从高速增长转向高质量发展、可持续发展、绿色发展的过程中，邮政储蓄银行深度融合ESG，充分发挥金融的工具优势，“站在人与自然和谐共生的高度”，把更多促进人与自然和谐发展的产品、工具、服务带到更广泛的人群、客户手中，让更多人参与人和自然生命共同体的进程中，更好地践行“绿水青山就是金山银山”的理念，助力实体经济的长期可持续发展。

邮政储蓄银行连续被中国银行业协会授予“绿色银行评价先进单位”，连续两年获得明晟公司（MSCI）ESG评级A级；获评国际金融论坛第二届“全球绿色金融奖——创新奖”、《机构投资者》杂志亚洲区银行和非银行业“最佳ESG”大奖、亚洲金融协会“绿色金融优秀案例”、《环球金融》杂志“亚太地区绿色贷款杰出领导力大奖”、安永可持续发展“年度最佳奖项2022优秀案例”等奖项。

专·家·点·评

邮政储蓄银行充分体现了其对ESG的高度承诺，通过一系列战略性举措，积极推动绿色金融和可持续金融，以促进中国的可持续发展。邮政储蓄银行的愿景和行动计划，特别是碳中和承诺，证明了其在气候变化和绿色发展领域的坚定决心。在产品创新方面，邮政储蓄银行不仅开发了多种绿色金融产品，还将绿色金融与普惠金融相结合，积极响应了政府的号召，助力乡村振兴。此外，邮政储蓄银行积极寻求国际合作，汲取国际绿色金融领域的最佳实践，为其在ESG领域的发展提供了宝贵经验。

——中国上市公司协会ESG专业委员会专家委员、
北京工商大学教授、安永研究院顾问委员　王鹏程

后　记

当前ESG实践仍处于快速发展的进程中。一方面，国际社会ESG相关标准仍在不断演化与完善，许多国家和地区正在制定更严格的ESG相关法规和准则，这促使企业更加重视ESG理念的落地执行，以不断适应新的法规要求；另一方面，随着数据收集和分析技术的进步，企业能够更好地跟踪、衡量和报告ESG表现。这促使企业更深入地了解自身ESG绩效，并采取积极的行动来改进。

本书全面介绍了ESG，希望它可以帮助有志于促进中国高质量、可持续发展的有识之士深入了解ESG的重要性，理解ESG的概念、原则和应用，启发大家积极参与并推动ESG的实践，使ESG理念在企业、投资和社会可持续性方面产生更广泛的影响。

ESG并不是一蹴而就的举措，它需要长期的承诺和努力，但正是这种长期承诺，将为我们的企业、社会和环境带来积极的改变。通过更好地管理环境影响、关注员工和社区的权益、加强公司治理，我们可以建设更加公平、可持续和繁荣的未来。

ESG不仅是企业行为，更是国家发展的一项重要战略。我国政府已经将可持续发展纳入国家发展计划，并制定了一系列政策来支持ESG的发展。我国企业也开始积极采取行动，不仅是为了合规经营，更是为了自身的长远发展以及在全球市场上获得更多竞争优势。

希望本书能够激发你的思考。无论你是企业领导、投资者、政策制定者，还是普罗大众中的一员，你都可以为 ESG 的实践和推广做出贡献。你的每一次选择和行动都可以在推动社会可持续发展方面产生积极的影响。

最后，感谢你花时间阅读本书。ESG 是一个不断演变和发展的领域，安永真诚邀请你继续关注并参与其中。

让我们一起共同建设更美好的商业世界，为国家和社会的高质量可持续发展贡献力量！

本书内容仅为提供一般信息的用途而编制，并非旨在成为可依赖的会计、税务、法律或其他专业意见。若有这方面的需求，请向你的顾问获取具体意见。

安永 ESG 课题组

推荐阅读

读懂未来前沿趋势

一本书读懂碳中和
安永碳中和课题组 著
ISBN：978-7-111-68834-1

双重冲击：大国博弈的未来与未来的世界经济
李晓 著
ISBN：978-7-111-70154-5

一本书读懂 ESG
安永 ESG 课题组 著
ISBN：978-7-111-75390-2

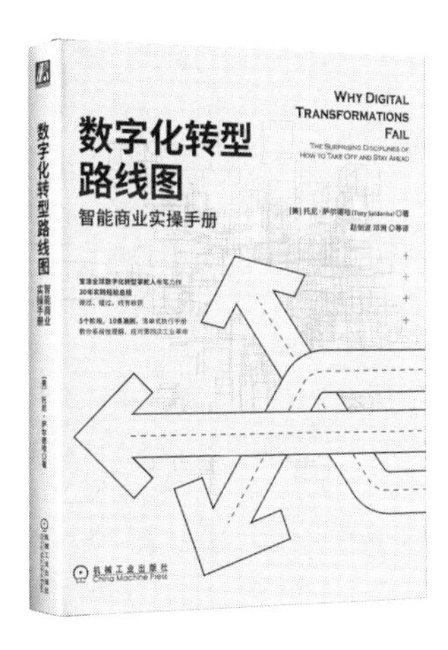

数字化转型路线图：智能商业实操手册
[美]托尼·萨尔德哈（Tony Saldanha）
ISBN：978-7-111-67907-3

最新版

“日本经营之圣”稻盛和夫经营学系列

任正非、张瑞敏、孙正义、俞敏洪、陈春花、杨国安　联袂推荐

序号	书号	书名	作者
1	978-7-111-63557-4	干法	[日]稻盛和夫
2	978-7-111-59009-5	干法（口袋版）	[日]稻盛和夫
3	978-7-111-59953-1	干法（图解版）	[日]稻盛和夫
4	978-7-111-49824-7	干法（精装）	[日]稻盛和夫
5	978-7-111-47025-0	领导者的资质	[日]稻盛和夫
6	978-7-111-63438-6	领导者的资质（口袋版）	[日]稻盛和夫
7	978-7-111-50219-7	阿米巴经营（实战篇）	[日]森田直行
8	978-7-111-48914-6	调动员工积极性的七个关键	[日]稻盛和夫
9	978-7-111-54638-2	敬天爱人：从零开始的挑战	[日]稻盛和夫
10	978-7-111-54296-4	匠人匠心：愚直的坚持	[日]稻盛和夫 山中伸弥
11	978-7-111-57212-1	稻盛和夫谈经营：创造高收益与商业拓展	[日]稻盛和夫
12	978-7-111-57213-8	稻盛和夫谈经营：人才培养与企业传承	[日]稻盛和夫
13	978-7-111-59093-4	稻盛和夫经营学	[日]稻盛和夫
14	978-7-111-63157-6	稻盛和夫经营学（口袋版）	[日]稻盛和夫
15	978-7-111-59636-3	稻盛和夫哲学精要	[日]稻盛和夫
16	978-7-111-59303-4	稻盛哲学为什么激励人：擅用脑科学，带出好团队	[日]岩崎一郎
17	978-7-111-51021-5	拯救人类的哲学	[日]稻盛和夫 梅原猛
18	978-7-111-64261-9	六项精进实践	[日]村田忠嗣
19	978-7-111-61685-6	经营十二条实践	[日]村田忠嗣
20	978-7-111-67962-2	会计七原则实践	[日]村田忠嗣
21	978-7-111-66654-7	信任员工：用爱经营，构筑信赖的伙伴关系	[日]宫田博文
22	978-7-111-63999-2	与万物共生：低碳社会的发展观	[日]稻盛和夫
23	978-7-111-66076-7	与自然和谐：低碳社会的环境观	[日]稻盛和夫
24	978-7-111-70571-0	稻盛和夫如是说	[日]稻盛和夫
25	978-7-111-71820-8	哲学之刀：稻盛和夫笔下的“新日本 新经营”	[日]稻盛和夫